权威·前沿·原创

皮书系列为
"十二五""十三五"国家重点图书出版规划项目

公民科学素质蓝皮书
BLUE BOOK OF
CIVIC SCIENTIFIC LITERACY

中国公民科学素质报告
（2017~2018）

ANNUAL REPORT ON CHINA'S CIVIC SCIENTIFIC LITERACY
(2017-2018)

主　编／李　群　陈　雄　马宗文
副主编／刘　涛

社会科学文献出版社
SOCIAL SCIENCES ACADEMIC PRESS (CHINA)

图书在版编目（CIP）数据

中国公民科学素质报告 . 2017－2018 / 李群，陈雄，马宗文主编 . －－北京：社会科学文献出版社，2017.12
（公民科学素质蓝皮书）
ISBN 978－7－5201－1998－6

Ⅰ.①中…　Ⅱ.①李…②陈…③马…　Ⅲ.①公民－科学－素质教育－研究报告－中国－2017－2018　Ⅳ.①G322

中国版本图书馆 CIP 数据核字（2017）第 314571 号

公民科学素质蓝皮书
中国公民科学素质报告（2017~2018）

主　编 / 李　群　陈　雄　马宗文
副 主 编 / 刘　涛

出 版 人 / 谢寿光
项目统筹 / 周　丽　高　雁
责任编辑 / 高　雁　史晓琳

出　　　版 / 社会科学文献出版社·经济与管理分社（010）59367226
　　　　　　地址：北京市北三环中路甲 29 号院华龙大厦　邮编：100029
　　　　　　网址：www. ssap. com. cn
发　　　行 / 市场营销中心（010）59367081　59367018
印　　　装 / 北京季蜂印刷有限公司

规　　　格 / 开　本：787mm × 1092mm　1/16
　　　　　　印　张：19　字　数：251 千字
版　　　次 / 2017 年 12 月第 1 版　2017 年 12 月第 1 次印刷
书　　　号 / ISBN 978－7－5201－1998－6
定　　　价 / 89. 00 元

皮书序列号 / PSN B－2014－379－1/1

本书如有印装质量问题，请与读者服务中心（010－59367028）联系

北京市科学技术委员会资助

北京市科技专项（编号：Z161100003216129）

中国社会科学院"哲学社会科学创新工程基础学者"资助计划

主要编撰者简介

李 群 应用经济学博士后，中国社会科学院数量经济与技术经济研究所综合室主任、研究员、博士研究生导师、博士后合作导师，主要研究方向：经济预测与评价、人力资源与经济发展、科普评价。科技部、中组部、原人事部、全国妇联、全国总工会、北京市科委等部门咨询专家，教育部研究生学位点评审专家及研究生优秀毕业论文评审专家，国家博士后科学基金评审专家，国家社科基金重大项目评审专家，北京市自然科学基金、科普专项基金评审专家，《数量经济技术经济研究》《南开管理评论》《中国科技论坛》《系统工程理论与实践》《数学的实践与认识》等杂志审稿专家。主持国家社科基金、国家软科学项目、中国社会科学院重大国情调研项目等课题 6 项，主持省部级课题 29 项。构建了一些学术创新模型和概念，例如 L－Q 灰色预测模型、扰动模糊集合和评价模型，取得一定的社会反响，在社会经济领域得到了积极的应用。出版专著 6 部；主编蓝皮书 4 部；发表中外文论文、报纸理论文章、中国社会科学院要报等成果 170 余篇（部）。完成了多项交办的研究任务，为制定国家政策提供了有力支撑，并产生了一定的影响。曾获得省部级青年科技奖和科技进步奖，全国妇联优秀论文一等奖、特等奖，中国社会科学院信息对策研究成果多次获得三等奖、二等奖、一等奖、特等奖。2016 年获得全国科普先进工作者表彰。指导博士生毕业论文获得 2016 年度中国社会科学院研究生院博士生优秀毕业论文一等奖。

主要代表作是：《不确定性数学方法研究及其在社会科学中的应

用》（2005 年）、《人力资源对经济发展的支撑作用：从量化分析角度考量》（2013 年）、《中国科普人才发展调查与预测》（2015 年）、《基于 DEA 分析的中国科普投入产出效率评价研究》（2015 年）、《我国公民科学素质基准测评抽样与指标体系实证研究》（2013 年）、*Analysis of the Relationship between Chinese College Graduates and Economic Growth*（2011 年）。

陈 雄 中国科学技术交流中心科普处处长，主要从事科学技术普及和科学传播活动的研究和策划组织实施工作。主持了国家发改委气候司南南合作基金项目"科技应对气候变化国际合作"（2012 年），参加了国家 973 项目"科技应对气候变化国际合作"课题（2010CB955804）、国家支撑计划课题"气候变化国际谈判与国内减排关键支撑技术研究与应用"任务"我国应对气候变化科技发展的关键技术研究"（2012BAC20B09），主持了国家科技创新战略研究专项"公众获取科普知识主要途径和渠道研究"（ZLY201505）等课题。参与起草了《"十三五"国家科普与创新文化建设规划》。主编了"公民科学素质蓝皮书"《中国公民科学素质报告（2015~2016）》，发表《发达国家应对气候变化科技援外策略研究及启示》（2014 年）等论文数十篇。

马宗文 中国科学技术交流中心科普处助理研究员，主要从事科学技术普及和公民科学素质相关研究工作。作为主要研究人员承担了国家软科学研究计划项目"公民科学素质基准测评方法研究"（2012 年）和科技创新战略研究专项"公众获取科普知识主要途径和渠道研究"（ZLY 201505）等课题研究。参与起草了《"十三五"国家科普与创新文化建设规划》。参加了"公民科学素质蓝皮书"《中国公民科学素质报告（2014）》（主要编写人员）、"公民科学素质蓝皮书"《中国公民科学素质报告（2015～2016）》（主编之一）、"科普能力蓝皮书"《中国科普能力评价报告（2016～2017）》（副主编之一）、"金砖国家黄皮书"《金砖国家综合创新竞争力发展报告（2017）》（执行编辑）等的编撰工作，发表了《中国公民科学素质调查与研究》（2014年）等论文十余篇。

摘　要

习近平总书记对科普事业高度重视，在 2016 年全国科技创新大会上指出：科技创新、科学普及是实现创新发展的两翼，要把科学普及放在与科技创新同等重要的位置。全面提升中国公民科学素质，为中国提升整体创新能力提供源源不竭的动力，是一项需要持续性投入的艰巨任务，也是实现中华民族伟大复兴的历史使命的重要推动力。持续追踪调查中国公民科学素质是在社会全面开展科学普及工作，提升科学普及工作效能的基础性工作。中国社会科学院数量经济与技术经济研究所同科技部中国科学技术交流中心组织编写了"公民科学素质蓝皮书"《中国公民科学素质报告（2017~2018）》。

本报告是《中国公民科学素质基准》颁布后，针对中国公民科学素质和中国科普事业发展状况进行的理论研究与实践经验的归纳，包含了中国公民科学素质研究和中国科学普及事业最前沿的研究成果。全书分为总报告、专题篇、案例篇三部分。

《中国公民科学素质调查研究报告（2017~2018）》是基于 2016年科技部、中央宣传部正式发布的《中国公民科学素质基准》和公民科学素质测评题库（试行），通过对题库进行抽取，组成了 2017年公民科学素质调查问卷，并组织北京、黑龙江、甘肃和广州四地相关力量，在当地开展问卷调查。四地采用统一的调查问卷和科学的抽样方法，委托政府统计部门对当地 18~69 岁的公民（不含现役军人、智力障碍者）进行了调查测试。共采集 8593 个有效样本，并对样本进行多种角度的分析。对推动科普事业发展、全面提升公民科学素质的机制建设，进行了理论研究和实践探索。通过调查测评，达标率分别是北京市 31.35%，黑龙江省 19.07%，甘肃省 15.99%，广州市 26.73%。根据调查结果，在性别、户籍、受教育程度、职业、年龄等方面对 2017 年公民科学素质的最新情况做出了分析。

根据四个地区的测评结果，结合目前中国科普工作开展的普遍情况，提出了提升公民科学素质的建议。首先，应当持续地提升科普资源供给水平，通过对四个被调查地区的经济发展水平和当地公民科学素质的具体分析，科普硬件设施和科普资源等条件同科普工作的四类重点人群素质的提升密切相关，同时科普资源的投入对科普的薄弱环节，如工人、农民的科学素质的提升尤为重要；其次，加强科普工作的研究力度，在加快建立评价指标体系的基础上对区域科普能力进行综合评价，通过对比分析了解一个地区科普发展的状况，找出存在的问题；最后，应从制度建设上进一步完善科普测评工作，加快科普工作制度化建设，完善基于《中国公民科学素质基准》的公民科学素质题库建设，尽快在全国范围开展公民科学素质普查，并从制度上建立配套的测评人员和资金保障，实现公民科学素质测评制度化与常态化。

本书还收录了关于科普工作最新的专题研究报告和案例分析报告。这些报告分别对科普工作在哲学社会科学研究中的地位和作用、科学素质与创新的关系、科普资源共享机制、科学家参与科普工作的现状、农村科普工作、科普能力评价、科普测评方法展开专题研究，并且对科普场馆、科普国际合作、科普区域合作、科普经费管理、科普调研典型地区在近年来的实践活动经验进行总结。

总体而言，全书针对中国公民科学素质这一主题，对公民科学素质测评、调研、提升各项工作开展了最新研究，力求为政府部门研究制定提升中国公民科学素质相关政策提供依据，为科学普及工作提供全面的支撑。

关键词：公民科学素质　抽样调查　公民科学素质基准

序

习近平总书记在党的十九大报告中提出，要"加快建设创新型国家"，"弘扬科学精神，普及科学知识"。现今，世界经济正在深度调整中曲折复苏，新一轮科技革命和产业变革蓄势待发。在这个进入创新活跃期和密集期的世界，在这个新的比肩起跑的时代，各国都在大力推动创新，抢抓发展的先机和主动权。党的十八大以来，以习近平同志为核心的党中央高度重视创新工作，把以科技创新为核心的全面创新摆在发展全局的核心位置，正在深入实施创新驱动发展战略。创新的核心要素是人才，创新驱动实质上是人才驱动。人才成长需要全社会浓厚的创新文化氛围，人才辈出需要全民科学素质的普遍提高。没有全民科学素质的普遍提高，就难以建立宏大的高素质创新大军，就难以实现从科技资源大国向科技创新强国的迈进，也就难以实现从经济大国向经济强国的历史性转变。

2016 年 2 月，国务院办公厅印发《全民科学素质行动计划纲要实施方案（2016—2020 年）》，指出：目前我国公民科学素质水平与发达国家相比仍有较大差距，全民科学素质工作发展还不平衡，不能满足全面建成小康社会和建设创新型国家的需要。2016 年 4 月，科技部和中央宣传部正式印发《中国公民科学素质基准》，为国家公民科学素质建设工作提供了指引和监测指标体系，为各地各部门衡量公民科学素质提供了"标尺"和"依据"，为公民提高自身科学文化素质提供了方向和指导。2017 年 5 月，科技部和中央宣传部印发了《"十三五"国家科普与创新文化建设规划》，规划提出到 2020 年，按照中国公民科学素质基准的测评方法中国公民整体具备科学素质的

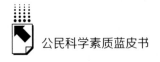
比例大于 10% 的目标。

为了推动《中国公民科学素质基准》的宣传贯彻，指导公民科学素质监测评估工作，中国社会科学院数量经济与技术经济研究所和科技部中国科学技术交流中心在科技部政策法规与监督司的指导下，在前期研究的基础上，根据《中国公民科学素质基准》及其题库，设计并研发了测试题目，组织有关地方联合并委托相关统计部门开展了中国公民科学素质试点统计调查工作。两家单位牵头组织参与基准研究制定和调查测试方法研究的团队，根据最新的调查数据和最新的理论研究，共同编写了《中国公民科学素质报告（2017～2018）》。总报告为在北京、黑龙江、甘肃和广州四地试点调查的研究报告，达标率基本反映了试点调查地区的公民科学素质状况。这在《中国公民科学素质基准》正式发布后，首次验证了基准的科学性和题库的可操作性。十三篇分报告全面审视了公民科学素质的理论内涵和实践外延，分别从不同层面、维度、视角展开研究。特别提出要重视科学精神层面引导、加强哲学社会科学普及、推动创新文化建设、优化科普资源共建共享、共促区域科学素质协同提升等机制、途径、模式等方面的意见和建议，力图与国内外科普界共同分享公民科学素质领域的最新研究成果和实践经验，为推动中国科普事业发展、公民科学素质提升和创新型国家建设贡献力量。

感谢北京市科学技术委员会、黑龙江省科技厅、甘肃省科技厅和广州市科技创新委员会对本次试点调查工作的大力支持。本书还直接或间接引用、参考了其他专家学者的相关研究文献，在此对这些文献的作者表示诚挚的感谢。

由于时间紧，加之编写团队知识和经验有限，纰漏和不妥之处在所难免，敬请各位读者不吝指正。

作者

2017 年 10 月

目 录

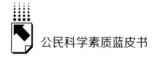
皮书数据库阅读使用指南

总 报 告

General Report

B.1
中国公民科学素质调查研究报告
（2017~2018）

李群　陈雄　马宗文　刘涛　李恩极　毕然*

摘　要：　本报告基于2016年科技部、中央宣传部正式发布的
　　　　　《中国公民科学素质基准》和公民科学素质测评题库
　　　　　（试行），通过对题库进行抽取，组成了2017年公民科
　　　　　学素质调查问卷，并组织北京、黑龙江、甘肃和广州
　　　　　四地相关力量，在当地开展问卷调查。四地采用统一

* 李群，应用经济学博士后，中国社会科学院基础研究学者，中国社会科学院数量经济与技术
经济研究所研究员、博士研究生导师、博士后合作导师，主要研究方向：经济预测与评价、
人力资源与经济发展、科普评价；陈雄，理学硕士，中国科学技术交流中心科普处处长，主
要研究方向：科学技术普及和科学传播、国际科技合作等；马宗文，理学硕士，中国科学技
术交流中心助理研究员，主要研究方向：公民科学素质、科学技术普及和科技扶贫开发等；
刘涛、李恩极、毕然：中国社会科学院研究生院数量经济与技术经济研究系博士研究生，主
要研究方向：经济预测与评价、科普评价。

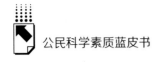

的调查问卷和科学的抽样方法，委托政府统计部门对当地18～69岁的公民（不含现役军人、智力障碍者）进行了调查测试。共采集8593个有效样本，通过对调查测试结果分析，达标率分别是北京市31.35%，黑龙江省19.07%，甘肃省15.99%，广州市26.73%。本报告对样本进行多维度分析，对推动科普事业发展、全面提升公民科学素质的机制建设进行了理论研究和实践探索。

关键词：　公民科学素质　达标率　指标体系　调查问卷

一　调查研究背景

公民的科学素质是衡量一个国家社会经济发展程度的重要指标。高素质的公民是持续不断推动科技进步、构建现代国家治理体系、建设富强民主文明和谐社会的重要基础，是实现中华民族伟大复兴、建设长治久安的社会主义国家的必要条件。2017年，中国"大众创业，万众创新"社会氛围空前高涨，掀起了全民学习前沿科技知识的热潮。中国社会经济全面发展需要更高水平的公民科学素质作为支撑，也对科普工作提出了更进一步的要求。在这样的背景下，进一步开展中国公民科学素质的测评，检测《中国公民科学素质基准》（简称《基准》）和公民科学素质测评题库的科学性，有重要的现实意义。

社会经济全面发展离不开高素质公民这一重要的基础条件。科技工作者需要清醒地认识到目前中国公民科学素质整体上仍然同中国经济发展水平不匹配，并且存在较大的地区和城乡差异。随着国家创新驱动发展战略的部署与实施，高素质人才队伍的需求和中国公民科学素质现状的矛盾日益凸显。通过调查研究，研究科学的调查评估方法，全面掌握中国公民科学素质的现实情况，特别是公民科学素质行动纲要提出的四类重点人群的科学素质情况，是进一步在全国范围内提升公民科学素质，完善和发展科学普及事业，缩减中国公民同国外发达国家差距的基础性工作。《全民科学素质行动计划纲要（2006—2010—2020年）》（简称《纲要》）指出，到2020年，要形成较为完善的公民科学素质建设的组织实施、基础设施、条件保障、监测评估体系。建立完善的公民科学素质监测评估体系是开展科学普及组织实施等各方面工作的基础性研究课题。为了努力实现《全民科学素质行动计划纲要（2006—2010—2020年）》建设目标，国内多家机构对公民科学素质做出了研究、试验和测评。中国科学技术协会（简称中国科协）自20世纪90年代开始，借鉴美国米勒（Miler）体系，对中国公民科学素养开展调查，至2015年已经开展9次中国公民科学素养调查，取得了一定结果。但是米勒体系存在一些固有缺陷，主要表现在指标体系欠完善、调查和研究主体单一、部分科学素质维度的题目偏少，[①] 源于发达国家的"Miler模型"不太适合中国现阶段的国情，其测量结果与中国公民科学素质的真实变化和发展趋势有明显的不吻合。从政策研究的层面来判断，原有的"中国公众科学素养"评估体系不能完全涵盖《纲要》中对公民科学素质的定义，其操作流程也需要进一步完善和优化。[②] 以发达国家为现实基础的米勒模型同现阶段中国公民科学素质水平不匹配，导致测评结果失真，无法反映中国公民科学素质的实际变动情况。特别是米勒体系中公民科学素质的内涵同《纲要》中公民科学素质的定义——"了解必要的

---

① 袁汝兵、王彦峰、王世民：《论我国公民科学素质调查存在的问题》，《科技管理研究》2010年第11期。
② 汤书昆、王孝炯、徐晓飞：《中国公民科学素质测评指标体系研究》，《科学学研究》2008年第1期。

科学技术知识，掌握基本的科学方法，树立科学思想，崇尚科学精神，并具有一定的应用它们处理实际问题、参与公共事务的能力"相去甚远。因此建设并完善中国特色公民科学素质标准，需要借鉴国内外学者和科学普及人员的先进理论、经验和做法，更需要从中国的实际国情出发，结合中国的文化特点和人口结构比例，充分考虑中国的经济发展、科学技术发展和人的全面发展要求。研究科学合理的公民科学素质测评方法，是《纲要》所提出的"较为完善的监测评估体系"中的重要工作之一。科技部中国科学技术交流中心开展了数次中国公民科学素质基准测评，不断完善公民科学素质基准、公民科学素质调查问卷、抽样方法和实施方案。

科技部中国科学技术交流中心基于 2012 年发布的《中国公民科学素质基准（征求意见稿）》的主要精神，从公民生活、劳动、参与公共事务、终身学习和全面发展的若干领域角度，设计了包括科学精神、具体科学知识、科学价值取向多重考量维度的科学素质调查问卷。调查问卷还包括被调查者受教育程度、职业、户籍等多个关于公民的具体信息。

经过反复讨论，共确定 42 道调查题目。中国科学技术交流中心联合北京市、天津市、上海市、重庆市、湖南省和四川省各科技主管部门和科普机构，对公民科学素质进行抽样调查。该调查工作充分考虑了中国实际情况，根据行政区划采用分层抽样的方法，获取 12015 个样本，同时对题目难度进行了可靠性分析。调查结果显示，被测评的六省市，平均达标率为 20.02%。[①] 针对《纲要》所规定的城镇劳动人口、农民、学生、领导干部四类重点测评人群，就其受教育程度、户籍、年龄、性别进行了测算。2012 年开展的中国公民科学素质测评创新性地提出了中国公民科学素质评价指标体系，检验了

---

① 李群、许佳军:《中国公民科学素质报告（2014）》，社会科学文献出版社，2014。

《中国公民科学素质基准（征求意见稿）》的科学性，同时也发现了不足之处，为推动科普事业的发展提供了第一手的调查资料和坚实的理论研究基础。

2015 年，科技部中国科学技术交流中心在修订完善《中国公民科学素质基准（征求意见稿）》的基础上，经过专家多轮讨论，发布了《中国公民科学素质基准（试行）》。为了进一步测试基准的稳定性，中国科学技术交流中心组织专家编制了涵盖获取科学知识能力、科学生活劳动、具备科学思想三个层面的 50 道测评题目，并作为调查问卷在北京、黑龙江、湖南、重庆、陕西、广州开展问卷调查，在调查中委托当地统计调查部门，严格按照人口比例和统计方法进行样本的选取。调查问卷还包括被测评人职业、年龄、受教育程度等基本情况。最终获得的有效样本数量是 12693 个，六地的平均公民科学素质达标率是 21.79%。

调查结果进一步验证了《中国公民科学素质基准（试行）》的可操作性，持续性地支撑了中国公民科学素质调查研究。[1] 为了进一步提供中国公民科学素质调查的持续性研究资料，寻找在新的形势下进一步提升中国公民科学素质的整体水平，提升公民科学素质监测评估、配套设施保证、基础科普人员队伍和科普基地场馆等设施利用效能，完善科普各项工作组织协调的方向，进一步地了解中国公民科学素质的地区差异、城乡差异等情况，验证《中国公民科学素质基准》和中国公民科学素质测评题库（试行）的科学性和实用性，科技部中国科学技术交流中心设计了本次调研的调查问卷，并选取北京、黑龙江、甘肃、广州四地于 2017 年开展了公民科学素质测评，并根据测评反馈结果做出多维度分析。

---

[1] 李群、陈雄、马宗文：《中国公民科学素质报告（2015~2016）》，社会科学文献出版社，2016。

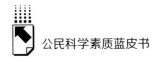

二　抽样调查设计

（一）调查问卷制定

1. 调查问卷设计依据

基准，《辞海》释义为测量时的起算标准。公民具备基本科学素质一般指了解必要的科学技术知识，掌握基本的科学方法，树立科学思想，崇尚科学精神，并具有一定的应用它们处理实际问题、参与公共事务的能力。国内专家对公民科学素质的定义展开了诸多深入的研究。张泽玉和李薇（2007）提出，成功的科学素质基准应该具有通用性、可操作性，能够反映公民对提高自身科学素质的现实需求，能够将科学的本质、科学的精神与方法这类抽象的"软概念"硬化。[1]李健民和刘小玲（2008）对公民科学素质基准的定义是测量和判断公民科学素质水平的基本标准。[2] 因此，中国公民科学素质调查问卷的设计应在《中国公民科学素质基准》指导下，尽量覆盖并充分体现《基准》的指示精神，所设置的测试题目难度尽量适中，能够客观测量当前形势下中国公民的科学素质。本调研报告在借鉴专家意见基础上，联合多家权威机构建设了公民科学素质基准题库。

2. 调查问卷题目设置

2016 年，课题组根据国家正式颁布的《中国公民科学素质基准》规定的 26 条基准、132 个基准点和测评方法，经过数次修订和研讨，在 2015 年测评方法和题目上进一步完善，设计了本次公民科学素质调查问卷。调查问卷第一部分是调查对象情况，包括性别、年龄、户

---

[1]　张泽玉、李薇：《中国公民科学素质基准研究》，《科普研究》2007 年第 6 期。
[2]　李健民、刘小玲：《从能力建设看科学素质的内涵》，《科技导报》2008 年第 16 期。

籍类型、职业、教育程度和重点人群六项；第二部分是测评题目，包括科学基础知识，以理解科学事业、科学价值观、参与公共事务为基础的科学思想，科学生活、科学劳动及其他获取和运用科技知识的能力三个领域的内容，共有36道题目。测评题目来源于公民科学素质测评题库（试行），题目覆盖《基准》中26条基准，对科学精神和科学基础知识等难以测评的基准增加了题目数量，详见表1。

表1　公民科学素质基准的出题数量

序号	基准内容	基准点序号	出题数（道）
1	被调查者应当知道世界是可被认知的，能以科学的态度认识世界	1～5	2
2	被调查者应当知道用系统的方法分析问题、解决问题	6～9	2
3	被调查者应当具有基本的科学精神，了解科学技术研究的基本过程	10～12	2
4	被调查者应当具有创新意识，理解和支持科技创新	13～18	1
5	被调查者应当了解科学、技术与社会的关系，认识到技术产生的影响具有两面性	19～23	1
6	被调查者应当树立生态文明理念，与自然和谐相处	24～27	2
7	被调查者应当树立可持续发展理念，有效利用资源	28～31	1
8	被调查者应当崇尚科学，具有辨别信息真伪的基本能力	32～34	2
9	被调查者应当掌握获取知识或信息的科学方法	35～38	1
10	被调查者应当掌握基本的数学运算和逻辑思维能力	39～44	1
11	被调查者应当掌握基本的物理知识	45～52	2
12	被调查者应当掌握基本的化学知识	53～58	2
13	被调查者应当掌握基本的天文知识	59～61	2
14	被调查者应当掌握基本的地球科学和地理知识	62～67	2
15	被调查者应当了解生命现象、生物多样性与进化的基本知识	68～74	2
16	被调查者应当了解人体生理知识	75～78	1
17	被调查者应当知道常见疾病和安全用药的常识	79～88	1

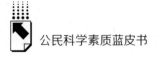

续表

序号	基准内容	基准点序号	出题数（道）
18	被调查者应当掌握饮食、营养的基本知识，养成良好生活习惯	89～95	1
19	被调查者应当掌握安全出行基本知识，能正确使用交通工具	96～98	1
20	被调查者应当掌握安全用电、用气等常识，能正确使用家用电器和电子产品	99～101	1
21	被调查者应当了解农业生产的基本知识和方法	102～106	1
22	被调查者应当具备基本劳动技能，能正确使用相关工具与设备	107～111	1
23	被调查者应当具有安全生产意识，遵守生产规章制度和操作规程	112～117	1
24	被调查者应当掌握常见事故的救援知识和急救方法	118～122	1
25	被调查者应当掌握自然灾害的防御和应急避险的基本方法	123～125	1
26	被调查者应当了解环境污染的危害及其应对措施，合理利用土地资源和水资源	126～132	1

测评题目包括判断题 8 道和选择题 24 道，包括理解科学事业、科学价值观、参与公共事务为基础的科学思想题 13 道；科学基础知识题 14 道；科学生活、科学劳动及其他获取和运用科技知识的能力题 9 道，共有三个领域 36 道题目，具体见表2。

表2　测试题目分布（按领域分）

领域	题号	题量（道）
以理解科学事业、科学价值观、参与公共事务为基础的科学思想	1、2、3、4、5、6、7、8、9、10、11、12、13	13
科学基础知识	14、15、16、17、18、19、20、21、22、23、24、25、26、27	14
科学生活、科学劳动及其他获取和运用科技知识的能力	28、29、30、31、32、33、34、35、36	9

（二）抽样方案设计

为了保证调查能够反映中国各地区的整体情况，被调查地区涵盖了直辖市、西部地区、东部地区，并且在自然条件、社会环境和经济发展水平上具备一定的差异。同时，为了保证调查的科学性，被调查的典型省市样本数应当大于 2000 个样本，本次调查对象是中国成年常住人口（18～69 岁，不含现役军人、智力障碍者）。各地根据省（市）内具体情况，分别设计了分层抽样方案。[①]

1．北京市抽样方案

首先，按照北京市统计年鉴的人口比例，确定农业户口和非农业户口的比例，分别确定被调查的村委会和居委会数量，调查范围为北京市十六个区的常住户，获得样本总数为 2164 个，详见表 3。

（1）调查方式

采用入户访谈、当面调查的方法，现场填写调查问卷。

（2）抽样方法

对居委会、街道、村进行分层随机抽样，具体如下。

1）确定被调查社区或居（村）委会

在北京所有的区内，分别确定 10 个被调查社区或居（村）委会，通过简单随机，抽样选择的方式进行确认，即确定 160 个被调查社区、居（村）委会。

2）确定调查户

在确定社区或居（村）委会的基础上，若抽取到符合条件的被调查户，按照被调查户排序选择间隔六个的方式确定下一被调查户，若没有统计规则排序，如在村委会、城乡接合部等较为复杂的地区，

---

① 许佳军、李群、肖健、王旭彤、汤乐明：《我国公民科学素质基准测评抽样与指标体系实证研究》，《数学的实践与认识》2013 第 11 期。

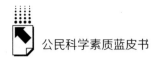

按照等距随机抽样确定被调查户。

3）确定被调查对象

在确定被调查户后，在户内随机选择一名符合条件的对象（北京市常住居民且年龄在18～69岁）来填写调查问卷。当家庭成员中有大于一位符合条件时，选择生日最接近10月1日的成员，来保证年龄分布的均匀性。

表3 北京市公民科学素质调查样本量分配情况

单位：人，个

行政区	总样本量	街道（镇）抽取量	按户籍划分样本量		四类重点人群样本量			
			农业户口	非农业户口	学生（18～20岁）	领导干部及公务员	社区居民	农民
东 城 区	148	13	0	148	28	35	85	0
西 城 区	202	13	0	202	40	49	113	0
朝 阳 区	323	27	26	297	63	54	198	8
丰 台 区	193	11	25	168	37	46	91	19
石景山区	59	5	0	59	12	18	29	0
海 淀 区	294	16	19	275	46	93	142	13
房 山 区	154	11	64	90	28	27	47	52
通 州 区	141	7	64	77	30	35	45	31
顺 义 区	113	10	48	65	21	21	33	38
昌 平 区	104	8	39	65	20	20	34	30
大 兴 区	107	10	47	60	18	23	28	38
门头沟区	51	4	13	38	10	12	19	10
怀 柔 区	56	6	31	25	10	10	12	24
平 谷 区	72	7	34	38	14	14	16	28
密 云 区	88	6	49	39	16	24	9	39
延 庆 区	59	6	31	28	10	10	15	24
合　　计	2164	160	490	1674	403	491	916	354

4）配额要求

在调查中首先不对《纲要》所提到的重点人群比例做出规定，以保证抽样的随机性，在完成整体的抽样后，为了使各个区内的重点人群比例达到统计数量要求，按照实际情况对农民、社区居民、领导干部及公务员、学生进行第二次配合来满足要求。

2. 黑龙江省调查方案

"2017年黑龙江省公民科学素质调查"的具体实施单位是黑龙江省计算中心，按照国家公民科学素质试点调查的总体要求和技术流程等相关规定，在全省7个地市40个区县的247个乡镇、街道和社区、居（村）委会完成了调查问卷现场作业，实际完成有效问卷2128份。

（1）受访者选取

调查对象为黑龙江省18～69岁的常住人口，同时包括城镇和乡村人口，不含现役军人、智力障碍者。对黑龙江省内单位、学校、机关受访者，采用在人数总量基础上的等距抽取；社区、自然村（社）受访者采用随机起点，成功后隔六再抽的方式，如本自然村（社）户数不足，顺延至下一个自然村（社）。本次调查现场执行过程中，由于天气和道路原因，部分调查地无法到达，故启用了备用调查地，详见表4。

表4 黑龙江省公民科学素质调查样本量分配情况

单位：人，个

被调查市	区县	总样本量	街道（镇）抽取量	按户籍划分样本量		四类重点人群样本量			
				农业户口	非农业户口	学生（18～20岁）	领导干部及公务员	社区居民	农民
哈尔滨市	道里区	97	4	27	70	71	0	1	25
	南岗区	101	7	30	71	44	7	25	25
	道外区	9	2	0	9	0	9	0	0
	松北区	62	3	3	59	39	23	0	0
	香坊区	66	7	27	39	0	17	23	26
	呼兰区	74	7	24	50	30	14	15	15
	阿城区	62	4	23	39	15	18	14	15
	通河县	40	3	12	28	10	10	10	10
	延寿县	41	1	15	26	8	14	10	9

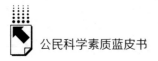

续表

被调查市	区县	总样本量	街道（镇）抽取量	按户籍划分样本量		四类重点人群样本量			
				农业户口	非农业户口	学生（18～20岁）	领导干部及公务员	社区居民	农民
齐齐哈尔市	龙沙区	95	12	38	57	23	23	24	25
	建华区	52	4	17	35	50	2	0	0
	甘南县	73	3	23	50	1	20	30	22
	克山县	74	5	34	40	1	23	25	25
鹤岗市	向阳区	66	18	11	55	25	29	5	7
	工农区	152	49	21	131	1	72	71	8
	南山区	31	14	29	2	0	2	0	29
	兴安区	15	4	3	12	1	5	6	3
	东山区	75	6	72	3	0	3	0	72
	兴山区	1	1	1	0	0	0	0	1
大庆市		249	10	60	189	10	101	94	44
佳木斯市	市辖区	86	2	40	46	13	19	24	30
	向阳区	18	2	1	17	1	10	3	4
	前进区	26	3	3	23	0	15	11	0
	东风区	37	3	7	30	5	4	21	7
	富锦市	45	12	19	26	10	10	10	15
黑河市	爱辉区	282	34	84	198	87	83	51	61
	边境合作区	6	2	0	6	0	0	6	0
大兴安岭地区	加格达奇区	9	3	1	8	1	8	0	0
	呼玛县	24	2	24	0	0	0	0	24
	漠河县	98	9	17	81	23	17	57	1
	松岭区	27	3	0	27	0	16	11	0
	新林区	5	1	0	5	0	5	0	0
	塔河县	18	4	2	16	0	12	6	0
	呼中区	12	3	5	7	4	7	1	0
合计		2128	247	673	1455	473	598	554	503

（2）受访者比例

"公民科学素质调查"共成功完成对 2128 个受访者的面对面访问，其中男性受访者 1233 人，占 57.94%；女性受访者 895 人，占 42.06%。完成 18～29 岁年龄段受访者 601 人，占 28.24%；30～39 岁年龄段受访者 579 人，占 27.21%；40～49 岁年龄段受访者 510 人，占 23.97%；50～59 岁年龄段受访者 358 人，占 16.82%；60～69 岁年龄段受访者 80 人，占 3.76%。受访者在机关、事业单位工作的 598 人，占 28.10%；学生 473 人，占 22.22%；居民 554 人，占 26.03%；农民 503 人，占 23.64%。

3. 甘肃省调查方案

"2017 年甘肃省公民科学素质调查"的具体实施单位是甘肃省科学技术情报研究所。按照国家公民科学素质试点调查的总体要求和技术流程等相关规定，在全省 6 个市州 20 个区县的 60 个乡镇和街道，207 个村庄和社区、居委会完成了调查问卷现场作业，基本情况如下。

"甘肃省公民科学素质调查"共接触 8807 个家庭或个人，实际完成有效问卷 2301 份，入户成功率为 26.13%。样本完成率为 115.05%。在完成的问卷中，实现全程录音的问卷有 1992 份，占 86.57%；复核问卷 298 份，占 12.95%。在 2301 个受访者中，有 2228 位受访者留下了电话号码，占 96.83%；有 73 位受访者无手机、无固话或拒绝留下电话号码，占 3.17%。

（1）调查方式

本次调查采用直接入户面访的方式进行。

（2）抽样方法

1）确定被调查市、区（县）

2）确定被调查单位、学校、机关社区、自然村

对单位、学校、机关受访者，采用在人数总量基础上的等距抽

取；社区、自然村（社）受访者采用随机起点，成功后隔六再抽的方式，如本自然村（社）户数不足，顺延至下一个自然村（社）。本次调查现场执行过程中，由于天气和道路原因，部分调查地无法到达，故启用了备用调查地，详见表5。

表5 甘肃省公民科学素质调查样本量分配情况

单位：人，个

被调查市	区县	总样本量	抽取调查点	按户籍划分样本量		四类重点人群样本量			
				农业户口	非农业户口	学生（18~20岁）	领导干部及公务员	社区居民	农民
兰州市	城关区、七里河区、安宁区、永登县、榆中县	627	50	306	321	143	151	194	139
平凉市	崆峒区、泾川县、华亭县	330	17	180	150	78	71	95	86
酒泉市	肃州区、金塔县、敦煌市	336	59	166	170	83	86	105	62
定西市	安定区、通渭县、临洮县	337	41	173	164	88	76	86	87
陇南市	武都区、成县、康县	335	61	188	147	80	84	86	85
甘南藏族自治州	合作市、临潭县、舟曲县	336	25	163	173	68	75	107	86
合　计		2301	253	1176	1125	540	543	673	545

（3）受访者比例

"公民科学素质调查"共成功完成对2301个受访者的面对面访问，其中男性受访者1223人，占53.15%；女性受访者1078人，占46.85%。

完成18～29岁年龄段受访者840人，占36.51%；30～39岁年龄段受访者494人，占21.47%；40～49岁年龄段受访者390人，占16.95%；50～59岁年龄段受访者309人，占13.43%；60～69岁年龄段受访者268人，占11.65%。

受访者在机关、事业单位工作的540人，占23.47%；学生543人，占23.60%；居民673人，占29.25%；农民545人，占23.69%。

4. 广州市调查方案

"2017年广州市公民科学素质调查"的承担单位是广州市科技创新委员会。委托具有入户统计调查资质的实施单位，按照国家公民科学素质试点调查的总体要求和技术流程等相关规定，调查了全市11个区的86个街道和镇，100个社区和村。完成的有效问卷的所在地分布与常住人口分布基本一致。共实际完成有效问卷2000份，样本完成率为100%。卷面审核份数有2000份，卷面审核率为100%。抽查份数为200份，抽查率为10%。

（1）受访者选取

样本选择符合以下条件：年龄为18～69岁，在广州市居住6个月以上，非现役军人和智力障碍者。在抽样方法上，首先根据广州市各区的人口规模对2000个样本进行分配，然后在选取的区内根据随机方法选择居委会、村委会，然后对年龄、受教育程度、户籍类型进行交叉分类。在确定社区或居委会的基础上，若抽取到符合条件的被调查户，按照被调查户排序选择间隔六个的方式确定下一被调查户。各区调查样本数详见表6。

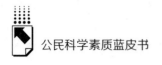

表6 广州市公民科学素质调查样本量分配情况

单位：人，个

区县	总样本量	街道（镇）抽取量	按户籍划分样本量		四类重点人群样本量				
			农业户口	非农业户口	学生（18～20岁）	领导干部及公务员	社区居民	农民	拒答
白云区	340	13	107	233	14	13	295	17	1
从化市	100	5	50	50	7	5	62	25	1
番禺区	220	9	52	168	13	6	163	34	4
海珠区	240	9	28	212	10	7	222	1	0
花都区	160	5	60	100	12	1	108	38	1
黄埔区	140	7	20	120	19	5	100	14	2
荔湾区	140	6	16	124	10	9	121	0	0
南沙区	100	4	25	75	5	3	74	18	0
天河区	220	11	5	215	1	4	213	0	2
越秀区	180	11	31	149	8	16	156	0	0
增城市	160	6	72	88	12	5	100	43	0
合　计	2000	86	466	1534	111	74	1614	190	11

（2）受访者比例

"公民科学素质调查"共成功完成对2000个受访者的面对面访问，其中男性受访者占52.80%；女性受访者占47.20%。

完成问卷的受访者中有30.8%在18～29岁年龄段；有28.7%在30～39岁年龄段；有24.4%在40～49岁年龄段；有11.6%在50～59岁年龄段；有4.5%在60～69岁年龄段。

受访者的受教育程度是大专及以上学历的占总体的比例是31.7%，在样本中占比最高，受教育程度是高中/中专的占31.3%，受教育程度是初中的占29.5%，受教育程度是小学及以下的占7.5%。四类人群占比接近广州市实际情况。

受访者是 18～20 岁学生的有 5.6%，受访者是领导干部的有 1.9%，受访者是公务员的有 1.9%，受访者是社区居民的有 81.0%，受访者是农民的有 9.6%。

占比最高的是商业从业人员和服务业从业人员，占比为 23.2%，其次是各类设备及交通工具操作人员和一线生产工人，占比为 22.2%，各级各类管理人员的占比是 12.9%，以上三类是调查的主要人群。另外，专业技术人员的占比是 10.7%，农林渔牧从业人员的占比是 4.9%，待升学和在校生的占比是 11.0%，退休居民的占比是 8.1%，下岗职工、失业者、家庭劳动者的占比是 7.1%。

三 统计分析方法

（一）计算原则

为了真实反映具备科学素质的居民的实际比例，在统计分析中遵循了以下原则：

一是科学性原则。根据反复论证，选择稳定且充分的分析方法。

二是客观性原则。各地选择统一的标准，减少人为干扰因素。

三是综合性原则。综合考虑公民科学素质中理解科学事业、科学价值观、参与公共事务为基础的科学思想，科学生活、科学劳动及其他获取和运用科技知识的能力。

四是可操作性原则。计算原理通俗易理解，便于推广。

（二）计算指标体系

在对比分析多种指标体系的设计与计算后，根据不同领域的难度系数和专家意见，本次测算最后确定了综合考虑理解科学事业、科学价值观、参与公共事务为基础的科学思想，科学生活、科学劳动及其

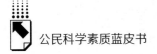

他获取和运用科技知识的能力，按照公民科学素质纲要的要求计算具备科学素质的公民比例。

（三）测评结果修正

由于抽样人群的结构与实际总体人群存在偏差，所以我们需要对测评结果进行修正。以对教育程度一项进行修正为例，具体修正方法如下：假设某地的人口数量为 A，学历在小学及以下，初中，高中/中专，大专及以上的人口数量分别为 $A1$，$A2$，$A3$，$A4$；抽样调查中这四类人群的抽样数量为 $L1$，$L2$，$L3$，$L4$；该地区实际总体人口中这四类人群的达标人数为 $K1$，$K2$，$K3$，$K4$；则修正后的达标率为：

$$\left(A1 \times \frac{K1}{L1} + A2 \times \frac{K2}{L2} + A3 \times \frac{K3}{L3} + A4 \times \frac{K4}{L4} \right) \Big/ A$$

例如，某地区有 10 万人，各受教育程度人口比例分别为：小学及以下 10%，初中 20%，高中 30%，大专及以上 40%；即小学及以下学历 1 万人，初中学历 2 万人，高中学历 3 万人，大专及以上学历 4 万人。抽 2000 份调查问卷，各教育程度人口均等，即各 500 人。假设 2000 人中，达标的人群中，小学及以下学历的有 40 人，初中学历 80 人，高中学历 120 人，大专及以上学历 160 人，则原始达标率为：（40 + 80 + 120 + 160）/2000 = 20%

假设，在同一地区内，同一学历的人群达标率实际情况与抽样是相同的，那么实际达标率的修正方法是：小学学历的实际达标人数为 $1 \times \frac{40}{500}$ 万人；初中学历的实际达标人数为 $2 \times \frac{80}{500}$ 万人；高中学历的实际达标人数为 $3 \times \frac{120}{500}$ 万人；大专及以上学历的实际达标人数为 $4 \times \frac{160}{500}$ 万人。

该地区实际达标率为：

$$\left(1 \times \frac{40}{500} + 2 \times \frac{80}{500} + 3 \times \frac{120}{500} + 4 \times \frac{160}{500}\right)\Big/ 10 = 24\%$$

四 结果与分析

（一）抽样结构分析

在对整体公民科学素质测算的基础上，本报告进一步对被调查对象的性别、年龄分布、户籍类型、职业类别、受教育程度进行具体分析。

1.性别

从性别构成来看，本次调查的男女比例中，除北京市外，其余地区女性比例均略小于男性比例（见表7），基本符合当地男女比例的实际情况。

表7 问卷调查对象性别构成情况

单位：%

地区	男	女
北 京 市	49.67	50.32
黑龙江省	57.91	42.09
甘 肃 省	53.15	46.84
广 州 市	53.17	46.82

2.年龄分布

问卷调查对象的年龄分布情况如图1所示。本次调查各省市年龄梯度均表现出较好层次。各地年龄构成上以中青年为主，中年较少，

60 岁以上人口较少，符合人口公民科学素质调查重点强调人群的特征。四省市均呈现按年龄递减分布。各个年龄段样本充足，且符合人口比例。

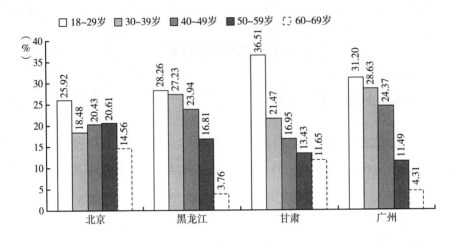

图1　问卷调查对象年龄分布情况

3. 户籍类型

从户籍类型来看，除甘肃省外，其他各省市的问卷调查对象均体现出当前城镇人口高于农村人口的特征（见表8）。在考虑可操作性的基础上，样本选取尽可能接近四省市的实际户籍比例。

表8　问卷调查对象户籍类型构成情况

单位：%

地区	农业户口	非农业户口
北 京 市	22.64	77.36
黑龙江省	30.47	69.53
甘 肃 省	51.11	48.89
广 州 市	23.62	76.38

4. 职业类别

从问卷调查对象的职业构成来看，北京市以学生及待升学人员、离退休人员、各级各类管理人员为主；黑龙江省以各级各类管理人员、学生及待升学人员和家务劳动者、失业人员及下岗人员为主；甘肃省以各级各类管理人员、学生及待升学人员和家务劳动者、失业人员及下岗人员为主；广州市以商业及服务人员、生产工人、运输设备操作及有关人员和各级各类管理人员为主（见图2）。

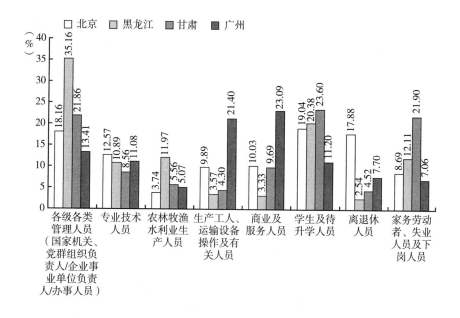

图2 问卷调查对象职业构成情况

5. 受教育程度

从受教育程度来看，四个被调查省市均符合高学历样本量大，低学历样本量低的特点。北京和黑龙江高中和大专及以上学历的人群占总人数的80%以上；广州市小学、初中学历样本比例在四省市中最

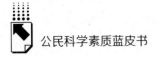

高，约36.62%，广州市大专及以上样本比例在四省市中最低，为32.71%（见图3）。

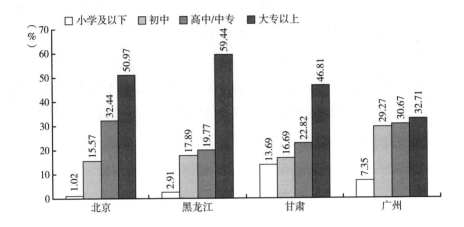

图3　问卷调查对象受教育程度构成情况

（二）各地区总体达标率

本年度四省市平均达标率为23.28%。其中，北京市达标率最高，为31.35%；广州市其次，为26.73%；黑龙江省和甘肃省分别为19.07%和15.99%（各地区的达标率情况见表9）。

表9　各地区达标率结果

单位：%

地区	达标率
北 京 市	31.35
黑龙江省	19.07
甘 肃 省	15.99
广 州 市	26.73

（三）各类人群的达标率

1. 按性别分

从性别来看，本次测评中，男性达标率普遍高于女性达标率，其中，甘肃省、广州市公民科学素质达标率两性差别较大，甘肃省男性达标率高于女性5.81个百分点，广州市男性达标率高于女性3.26个百分点。北京市、黑龙江省男性与女性达标率相差较小，二者相差小于1.5个百分点。黑龙江省是唯一的女性达标率超过男性的地区（见表10）。

表10　分性别达标率情况

单位：%

地区	男	女
北 京 市	31.23	31.18
黑龙江省	18.87	20.28
甘 肃 省	19.08	13.27
广 州 市	28.17	24.91

2. 按年龄分

总体来看，四省市各年龄段的平均达标率分别为：18~29岁：21.01%；30~39岁：21.85%；40~49岁：27.10%；50~59岁：18.13%；60~69岁：23.29%。数据显示，随着年龄增加，各地区达标率的变化趋势略有不同。北京市公民科学素质达标率随着公民年龄增大而呈现递增趋势；黑龙江省公民科学素质同年龄基本无关，各个年龄段的公民科学素质变化不大；甘肃省年轻人科学素质较高，中老年人科学素质较低；广州市公民科学素质最高的年龄段是30~39岁，达标率为31.02%（见图4）。

通过调查结果可以看出，一个地区的经济发展水平对当地公民科学素质的影响是显著的。北京市经济发展充分，各个年龄段人口均受到了良好的教育，并且科普各类资源投入高，已经实现了市民终身学习、全面接受科普的局面，随着年龄增长，所接受的各类科学知识逐步积累。公民科学素质达标率随年龄增加也反映了，在经济发达地区，科学理念与精神的理解程度是一个长期、终身的增长过程。

甘肃省地处西部，属于后发性省份，随着制度化教育水平逐步提升，年青一代接受科普知识的总体水平远高于中老年人群。另外，教育投入和公民科学素质的终身提升情况有正相关关系。

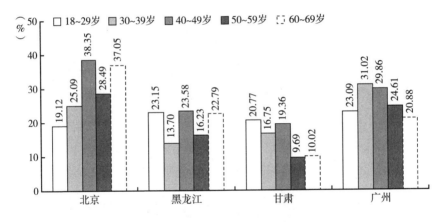

图4 各年龄段达标率情况

3. 按户籍类型分

分户籍类型来看，北京市、黑龙江省、甘肃省均出现了农业户口公民科学素质达标反超非农业户口的情况（见表11）。随着城乡人口流动逐渐频繁，户籍的类别已经不能完全反映公民实际的生活环境和工作岗位，通过户籍已经不足以区分农村、城市居民的科学素质的水平，需要通过更加符合实际的指标来反映被调查对象的科学素质。

表11 分户籍类型达标率情况

单位：%

地区	农业户口	非农业户口
北 京 市	32.38	29.56
黑龙江省	20.63	20.13
甘 肃 省	16.41	15.15
广 州 市	23.36	27.31

4. 按职业分

从地区情况来看，各级各类管理人员的达标率水平与总体达标率水平变化趋势一致，北京市最高，为34.53%，广州市、黑龙江省、甘肃省依次为26.49%、17.17%、5.91%；专业技术人员的科学素质，

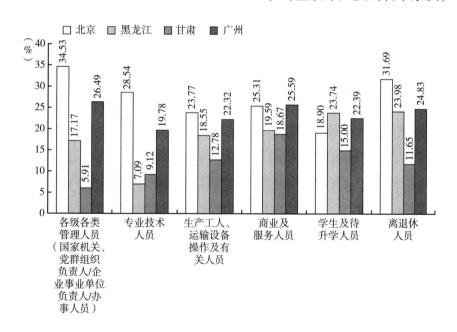

图5 各职业达标率情况

北京市、广州市的达标率较高，分别为28.54%和19.78%，远高于黑龙江省和甘肃省的达标率；生产工人、运输设备操作及有关人员达标率分别为北京市23.77%，黑龙江省18.55%，甘肃省12.78%，广州市22.32%；商业及服务人员的科学素质，四地达标率水平均较高，北京市、黑龙江省、甘肃省和广州市分别为25.31%、19.59%、18.67%和25.59%；学生及待升学人员的科学素质，北京市、黑龙江省、甘肃省和广州市达标率分别为18.90%、23.74%、15.00%和22.39%；离退休人员的科学素质，北京市、黑龙江省、甘肃省和广州市达标率分别是31.69%、23.98%、11.65%和24.83%（见图5）。

5. 受教育程度

教育水平的提高对于提升公民科学素质具有最显著的影响，本年度各教育程度的达标率如图6所示。随着公众教育程度的不断提高，达标率也表现出明显增加的趋势。小学及以下、初中、高中/中专、大专及以上四类人群的平均达标率分别为：10.50%、20.20%、30.22%和34.51%。

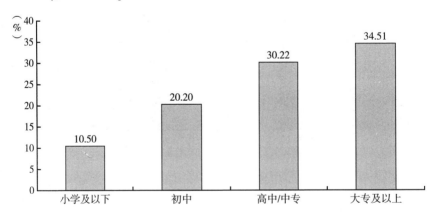

图6 各教育程度达标率情况

注：根据人口比例抽样后，符合条件18~69岁的北京地区小学学历样本比例过小，问卷调查无法准确反映该类别样本的真实公民科学素质，因此同初中学历一并计算。

6. 科普工作四类重点人群达标情况

我们选取学生及待升学人员、领导干部及公务员、城镇劳动人口、农民作为四个科普重点关注人群。在本次调查对象的选取上，由于公民科学素质调查覆盖年龄是 18～69 岁、具备民事行为能力的公民，因此样本中未涵盖《纲要》提及的未成年重点人群。本报告将调查样本中年龄在 18～20 岁、高中或大学在校学生作为调查对象。本次调查中，社区居民中离退休和家务劳动者比例较小，因此采用社区居民来代替城镇劳动人口。

四类人群的达标率见表 12。总体来看，领导干部及公务员的达标率最高，平均达标率是为 34.58%，主要原因是接受调查的此类人群基本上是高学历的群体，知识接触面广，职业中接触各类科普知识和培训的机会较多；农民的平均达标率次之，为 22.86%；城镇劳动人口的平均达标率为 20.14%；而学生群体的平均达标率最低，为 19.04%。从地区来看，学生及待升学人员的达标率广州市最高，为 24.57%；甘肃省次之，为 22.12%；北京市位列第三，是 18.85%；黑龙江省最低，为 16.15%。城镇劳动人口的达标率北京市、广州市显著高于甘肃省和黑龙江省，北京市最高，为 28.61%；广州市次之，为 26.07%；甘肃省、黑龙江省在 15% 左右。领导干部及公务员的达标率广州市最高，为 59.37%；黑龙江省次之，为 39.22%。

表 12　重点人群的达标率情况

单位：%

地区	学生（18～20 岁）	领导干部及公务员	城镇劳动人口	农民
北 京 市	18.85	34.42	28.61	32.79
甘 肃 省	22.12	30.10	16.82	22.76
黑龙江省	16.15	39.22	14.99	13.03
广 州 市	24.57	59.37	26.07	15.33
平　　均	20.42	40.78	21.62	20.98

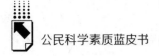
需要注意的是，农民群体的达标率北京最高，为32.79%，较为反常；甘肃省次之，为22.76%；广州市、黑龙江省分别是15.33%和13.03%。这反映了城镇化过程中大量的农村高素质人口通过接受教育等途径，逐步转化为城镇人口。

（四）分领域答对率分析

本次调查根据调查问卷的测评题目，按照《基准》的三个领域分别计算答题正确率。科学生活、科学劳动及其他获取和运用科技知识的能力答题正确率最高，为64.02%；以理解科学事业、科学价值观、参与公共事务为基础的科学思想领域的答题正确率是49.61%；公民的具体科学基础知识答题正确率最低，为44.77%。

从各地区的情况来看，四省市在三个领域的答对率均呈现科学生活和劳动知识答题正确率高，科学基础知识答题正确率较低，科学思想正确率中等的情况。在以理解科学事业、科学价值观、参与公共事务为基础的科学思想领域，黑龙江省最高，为55%，甘肃省和北京市在50%左右，广州市最低，为43%；在科学基础知识领域，四省市较为接近，均在45%左右浮动；在科学生活、科学劳动及其他获取和运用科技知识的能力领域，各地差别较大，北京市最高，为70%，甘肃省、黑龙江省、广州市均低于65%（见图7）。

（五）测试题目的可靠性比较

1.试题难度分析

"难度系数"用以反映试题的难易程度，与难度不同，难度系数越大，题目得分率越高，难度也就越小。题目难度系数的计算公式为：$l=$ 答题正确样本数/总样本数。

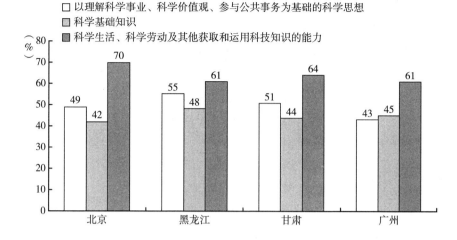

图7　各地区分领域答对率

注：黑龙江、甘肃两省中高中、大专及以上学历样本数量较大，因此该图部分领域正确率同实际情况有偏差。

其中，l 为难度系数，一般认为 $l \leqslant 0.3$ 为较难，$0.3 < l \leqslant 0.7$ 为中等难度，$l > 0.7$ 为简单难度。

领域难度系数等于该领域题目难度系数的均值，即 $l = \dfrac{\sum l_m}{M}$，其中，m 为题目编号，l_m 为第 m 题的难度系数，M 为题目数量。

通过领域难度系数计算公式计算出本次调查问卷的难度见表13。通过分析测评结果，其中以理解科学事业、科学价值观、参与公共事务为基础的科学思想领域较难题3道，中等题9道，简单题1道；科学基础知识领域较难题2道，中等题11道，简单题1道；科学生活、科学劳动及其他获取和运用科技知识的能力领域较难题1道，中等题3道，简单题5道。三个领域较难、中等、简单题目配比合理，三个测评领域难度整体控制在中等水平，符合公民科学素质调查试题的预期。

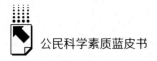

公民科学素质蓝皮书

表 13　题目难度和正确率情况

领域	题目编号	正确率(%)	试题难度	题目平均正确率(%)	领域难度
以理解科学事业、科学价值观、参与公共事务为基础的科学思想	1	70	中等	49.69	中等
	2	52	中等		
	3	33	中等		
	4	77	简单		
	5	49	中等		
	6	29	较难		
	7	42	中等		
	8	28	较难		
	9	65	中等		
	10	43	中等		
	11	29	较难		
	12	61	中等		
	13	68	中等		
科学基础知识	14	58	中等	44.71	中等
	15	42	中等		
	16	69	中等		
	17	49	中等		
	18	42	中等		
	19	71	简单		
	20	40	中等		
	21	35	中等		
	22	28	较难		
	23	47	中等		
	24	10	较难		
	25	53	中等		
	26	32	中等		
	27	50	中等		

领域	题目编号	正确率(%)	试题难度	题目平均正确率(%)	领域难度
科学生活、科学劳动及其他获取和运用科技知识的能力	28	82	简单	64	中等
	29	83	简单		
	30	68	中等		
	31	36	中等		
	32	31	中等		
	33	88	简单		
	34	17	较难		
	35	83	简单		
	36	88	简单		

2. 信度分析

为了保证测评结果的稳定性和结果一致性，测量结果必须保证观测结果中真实值具有较高的比例，但是由于观测值中的误差值是难以避免的，因此需要通过信度检测来确定调查结果的可信性。通常情况下，信度的测量指标有内部一致性信度、折半信度、复本信度、重测信度，其中内部一致性是一种方法简单且应用广泛的方法。本次采用Cronbach α（克朗巴哈阿尔法系数）来衡量调查的内部一致性。具体公式如下：

$$\alpha = \frac{k}{k-1}\left(1 - \frac{\sum S_i^2}{S^2}\right)$$

其中，k 表示调查问卷中测评题项数；

S_i^2 表示第 i 个测评题目被调查者得分的方差；

S^2 表示整个调查问卷总体得分的方差。

通常认为 Cronbach α 系数在 0.6 以上接受测评结果。根据上式对本次公民科学素质调查的四个省市结果进行测算，结果分别是北京市 0.6、黑龙江省 0.79、甘肃省 0.68、广州市 0.61。测评结果表明本次

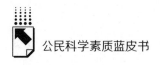

公民科学素质调查信度指标可接受，调查文件和调查结果是可靠稳定的。

3. 效度分析

效度分析包含两个方面：其一是调查问卷必须反映公民科学素质的内涵。本次调查问卷从设计到修订征询了多位科普领域和科技领域学者，对公民科学素质内涵进行了反复的论证研究，体现了"公民科学素质"这一概念的具体内涵。其二是调查应当能够正确测评所要讨论的概念。对测评结果的分析表明，结果符合主观认识和基本常识，且通过信度分析，因此认为本次调查的效度是较高的。

五　建议

（一）提高科学普及有效供给，全面增强各类重点人群科学素质

通过本次调研，中国各类重点人群的公民科学素质同前期测评相比有了一定的提升，但是需要注意部分重点人群如农民、城镇劳动人口的公民科学素质达标率同《纲要》提出的总体发展目标仍有差距。同时，按照受教育程度、经济发展程度、两性差别等划分的不同群体的公民科学素质达标率，各地区仍然存在一定程度的差距。在科普供给能力较强地区，公民获取科普资源渠道呈现多样化、精准化、高级化等特点，如北京市在长期强科普供给的驱动下，已经接近了全民终身接受科普的理想状态。受经济发展水平等因素制约，部分地区公民接收科普信息仍然主要依赖学校的制度化教育。

为了实现《纲要》提出的提升四类重点人群科学素质的目标，必须通过加强各类科普资源建设，加强针对性科普活动，加强科普大篷车、科普宣传展板等建设，结合社会治理和精准扶贫两个工作，加

强科普进社区和科普扶贫活动力度。重点提升城镇劳动人口和农民（居住在农村且从事农业生产）的两个科普短板人群的科学素质。立足现有的场馆设施、人才队伍等科普资源，充分开展各类针对性科普活动，并扩大当前科普活动如各类科普竞赛、科技周等的社会影响力，逐步形成一系列科普活动品牌。

加强科普媒体资源建设，通过科普媒体资源传播的广泛性来减小科普区域差距和城乡差距。提升各类科普媒体资源的制作水平，建立健全科学家、科普作者和出版发行机构的协作机制，努力打造一批科技知识准确、深入浅出、雅俗共赏的优秀科普作品。加强科普作品在新媒体，特别是移动互联媒体上的传播力度。利用社会热点调动公民主动接收科普信息的积极性，让科普资源在全国范围充分共享。

（二）补齐公民科学素质中的短板，保障公民科学素质全面发展

从本次公民科学素质测评的结果可以看出，经过近年来的科学普及宣传，北京市、黑龙江省、广州市公民科学素质较往次测评结果均有了一定程度的提升，甘肃省首次进行公民科学素质测评，结果也超出预期。需要注意的是，公民科学素质的三个领域的答题正确率是不同的，公民科学素质中科学思想、科学基础知识的正确率相对于生产生活科学常识仍然较低，补齐公民科学素质短板任务仍然艰巨。

对科学思想的准确把握，是公众正确理解具体科学知识和生产生活科学常识的基础性前提性工作，可以帮助公众自觉摒弃封建迷信、伪科学。科学思想不同于具体的生产生活科学常识，是高度抽象的科学方法论。公民科学思想层次的提升是科学普及工作的难点。向公民普及科学思想不能通过简单的宣传，对具体科学素质基准的

机械记忆无法上升到具备科学思想这一高度。提升公民科学素质中的科学思想，需要加大科学哲学层面的宣传，这是目前中国科普工作的短板之一，加强科学思想的普及是目前全面提升公民科学素质的重要工作。

本次测评的科学基础知识包括一些物理学、化学、天文学、医学的基本理论和概念，根据本次测评的结果，部分题目正确率较低。在未来的科普工作中，有针对性地提升科普知识的深度，在普及生产生活科学常识的基础上，通过科学家和工程师参与，加强高校和科研院所开放程度，运用多方资源，实现高端科普资源建设，是进一步增加公民科学基础知识的有效方法。

（三）完善科学素质测评题库，全面客观反映公民实际水平

本报告调查问卷基本采用公民科学素质测评题库（试行）中的测评题目。测评题目设置较为科学合理，基本达到了预期。就目前的题库情况来看，部分题目专业性过强，公众对过于学术的语言的题目设置较难理解。在本次调查问卷设计过程中，通过专家评议对随机生成的调查问卷进行了调整，摒弃了部分难度过大，公众较难理解的题目，补充了部分反映科学生活、科学劳动、获取正确科学知识能力的重点题目，并且对三个公民科学素质领域具备公民科学素质的条件做出了判定。尽快完善公民科学素质测评题目，使调查题目整体能够充分体现各个群体的科学素质水平，并正式向社会发布，能够促进全社会各个机构和领域开展公民科学素质测评。

扩大公民科学素质测评题库的内容范围，将公民科学素质测评题库建设成为国家各类管理机构开展专项科学素质测评的综合性试题库，建立多部委联动机制，开展如健康知识科学素质、物理知识科学素质、化学知识科学素质、信息技术知识科学素质等专项测评，为国家进一步开展多部委联合的"大科普"提供合理化建议。

（四）加强科学素质测评工作制度化建设，确保测评工作更具专业性

目前，开展公民科学素质测评的主要资金来源是各地方科普部门，公民科学素质测评没有在全国范围形成制度化的测评，也没有专项财政资金支撑公民科学素质测评工作。在《中国公民科学素质基准》正式发布、公民科学素质测评题库逐步完善的背景下，有必要对全国31个省级行政区开展全面的、制度化的公民科学素质摸底测评，全面掌握中国13亿人口实际科学素质水平。这需要相应的配套资金、管理人员队伍等一系列制度化的工作来保证其顺利实施。

为了进一步发展和完善科学素质测评工作，应当从顶层设计上建立相应的专项配套资金制度，让各地有专项资金开展符合统计规律的分层抽样，并开展入户测评。

专题篇
Topic Report

B.2
加强普及哲学社会科学研究，
落实《中国公民科学素质基准》精神

李群 李慧敏 孙勇*

摘 要： 本报告围绕提升公民科学素质的重要意义及如何推进
该工作进行了深入阐述。在对中国公民科学素质现状
进行分析的基础上，提出了要加强普及哲学社会科学
研究，落实《中国公民科学素质基准》精神，加大科
普投入，打造高水平专业队伍，设置哲学社会科学普
及机构，将哲学社会科学纳入科普活动，以进一步提

* 李群，应用经济学博士后，中国社会科学院基础研究学者，中国社会科学院数量经济与技术
经济研究所研究员、博士研究生导师、博士后合作导师，主要研究方向：经济预测与评价、
人力资源与经济发展、科普评价；李慧敏，博士后，中国社会科学院数量经济与技术经济研
究所，主要研究方向：应用经济学、科普评价；孙勇，副研究员，北京市科技传播中心，主
要研究方向：科技政策、科技传播。

升我国公民科学素质的思路，并对相关推进公民科学素质建设工作的具体举措进行了探讨。

关键词：　科学素质　哲学社会科学　公民科学素质基准

科学素质是公民素质的重要组成部分。公民具备基本科学素质一般是指了解必要的科学技术知识，掌握基本的科学方法，具有一定的科学思想，崇尚科学精神，并在一定程度上能够应用这些科技知识和技能处理实际问题、参与公共事务。对公民个人来说，提高科学素质，有助于增强获取和运用科技知识的能力、提高生活质量、实现人的全面发展；对国家来说，提高公民科学素质，对于建设创新型国家、实现社会经济协调可持续发展、全面建成小康社会以及参与国际竞争等，都具有十分重要的意义。当前国际竞争根本上是综合国力的竞争，而公民的科学素质是国民整体素质中最为重要的内容，是国家综合国力的一个重要体现，具有十分重要的意义。

党和国家历来高度重视公民的科学素质培养，重视科普工作。2002 年，国家颁布并实施了《中华人民共和国科学技术普及法》。中国成为世界上第一个专门为科普立法的国家。此外，还先后制定了《国家中长期科学和技术发展规划纲要（2006—2020 年）》《全民科学素质行动计划纲要（2006—2010—2020 年）》（简称《纲要》）等规章制度，不断完善该领域法律法规体系建设。2016 年，由科技部、财政部、中央宣传部牵头，中央组织部等 20 个部门参与制定的《中国公民科学素质基准》（简称《基准》）颁布，从而为《纲要》的实施建立了监测指标体系，为公民提高自身科学素质提供了衡量尺度和指导。这也意味着，政府为主导、多部门推动、全社会共同参与的公民科学素质建设工作格局基本形成。

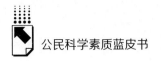

一　提升公民科学素质的重要意义

（一）提高公民科学素质，是建设创新型国家的必然要求

习近平总书记 2016 年在全国科技创新大会、两院院士大会、中国科协第九次全国代表大会上的讲话把科普工作提到了前所未有的战略高度。习近平总书记强调指出："科技创新、科学普及是实现创新发展的两翼，要把科学普及放在与科技创新同等重要的位置。没有全民科学素质普遍提高，就难以建立起宏大的高素质创新大军，难以实现科技成果快速转化。"

建设创新型国家，离不开数以亿计的具备基本科学素质的公民作为社会基础，换言之，没有具备较高科学素质水平的公民群体，没有形成鼓励创新的良好社会氛围，就很难出现创新型人才不断涌现、创新型科技不断推进的良好局面。从这个角度来说，提高公民科学素质是社会自主创新的动力和源泉。

通过不断提高广大公民的科学素质，培养出大量高素质劳动者，在全社会营造鼓励创新、崇尚科学的精神和氛围，推动群众性科学技术革新活动蓬勃开展，打造创新型人才不断脱颖而出的环境，切实增强公众的创新意识和创新能力，才能使全社会的自主创新能力得到切实保证，才能推动创新型国家建设。

（二）加强公民科学素质建设是实现全面建成小康社会目标的重要抓手

党的十六大提出全面建成小康社会奋斗目标，要在 21 世纪头二十年全面建成惠及十几亿人口的更高水平的小康社会，并把全民族思想道德素质、科学文化素质和健康素质明显提高作为四个主要目标之一。党的十八大等会议以及习近平总书记系列重要讲话精神，都把科技创新摆在更加突出的位置。全面贯彻创新发展理念、实施创新驱动发展，是加强科技创新供给、推进供给侧结构性改革的内在要求，也是决胜"十三五"、全面建成小康社会的强大支撑。

小康社会达到更高水平的重要标志之一就是广大公民各方面素质不断提高。同时，加强公民科学素质建设，提高公民科学素质，也是全面建成小康社会的重要要求，实现这一目标，对全面建成小康社会以及实现中华民族的伟大复兴，是一种强大的推动力量。

改革开放以来，我国一直保持较高的经济增长速度，综合国力大幅度提升，但也出现了粗放式发展、部分行业产能过剩、高新技术产业发展不充分、资源环境代价大等问题，影响了经济和社会建设发展进程。这些问题的解决需要转变发展方式、进行产业结构调整升级，而这又依赖科技的不断进步和劳动者素质的不断提高来推动，通过科技进步来提高产业效益，掌握先进科学技术的高素质劳动者能够提高生产中的智力投入，减少资源投入，进而改变我国经济增长过度依赖能源资源高消耗的现状，实现社会经济的可持续发展，早日实现全面建成小康社会的目标。

二　我国公民科学素质现状

中国科协于2015年3～8月开展的第九次中国公民科学素质抽样调查显示，近年来，我国公民的科学素质总体水平增长迅速。2015年我国具备科学素质的公民占全体抽样样本的比例达6.20%，较2010年3.27%的水平提高了2.93个百分点，增长了近1倍；比2005年的1.60%提高了4.60个百分点，折射出我国公民科学素质总体水平较过去有了较大的改观，已进入相对快速的发展阶段。

分地区来看，2015年上海、北京、天津的公民科学素质水平分

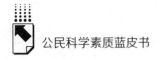

别为 18.71%、17.56% 和 12.00%，位居全国前三位。

江苏、浙江、广东以及山东的公民科学素质水平分别为 8.25%、8.21%、6.91%、6.76%，均超过全国总体水平，位居引领我国区域公民科学素质发展的第二梯队。

福建（6.10%）、吉林（5.97%）、安徽（5.94%）等 13 个省份的公民科学素质水平均超过了 5%，是我国公民科学素质发展的重要组成部分。

重庆（4.74%）、四川（4.68%）、广西（4.25%）等西部地区 12 个省份和新疆生产建设兵团（4.42%）的公民科学素质水平均低于 5%，其中海南、青海和西藏仍低于 2010 年全国的总体水平（3.27%）。

总体来看，全国公民科学素质水平有了很大提升，但也还存在一些不容忽视的现象。

（一）公民科学素质总体状况与发达国家相比仍有差距

与发达国家相比，2015 年我国公民科学素质的总体水平相当于美国 1991 年（6.9%）、欧盟 1992 年（5%）和日本 2001 年（5%）的水平，可以看到，与世界主要发达国家和地区相比，我国公民的总体科学素质状况还有不小的差距。

北京、上海、天津等城市的公民科学素质尽管在国内处于较领先地位，但与发达国家、地区相比差距仍然不小。数据显示，北京和上海的公民科学素质水平达到美国 1999 年的水平（17.3%），超过欧盟 2005 年的水平（13.8%），天津达到了美国 1995 年的水平（12.0%）。

（二）公民科学素质发展状况不平衡

公民科学素质发展状况存在地区间不平衡现象。具备基本科学素质人口的比例与地域差别特别是经济发展水平存在较强正相关关系。一般来说，经济发展水平越高，具备基本科学素质人口的比例越高。2015年第九次中国公民科学素质抽样调查显示，北京、上海、天津等城市以及东部沿海发达地区与西部欠发达地区存在较大的差距。其中，长三角地区公民具备科学素质的比例为9.11%，珠三角地区为8.95%，京津冀地区为8.78%。长三角、珠三角、京津冀三大区域的公民科学素质水平处于区域领先地位。东部、中部和西部地区的公民科学素质水平则分别为8.01%、5.45%和4.33%。京津冀及东部地区与中西部地区公民科学素质的状况差距明显。

同一地区的公民科学素质水平也存在因城乡差异、性别差异、文化水平差异等带来的不均衡问题。以辽宁省为例，2015年，男性公民具备基本科学素质的比例为4.42%，女性的比例为3.97%；城市居民具备基本科学素质的比例为5.11%，农村居民为3.06%。

综上所述，我国公民科学素质水平与发达国家相比差距甚大，公民科学素质的地区、城乡差异也十分明显。

一些研究也显示，我国劳动适龄人口科学素质不高，部分公民对基本科学知识了解程度较低，在科学精神、科学方法等方面更为欠缺，一些不科学的观念和行为普遍存在，个别地区还存在迷信行为。这意味着我国公民科学素质水准还有待进一步提升，目前我国公民科学素质培育与建设方面存在的问题主要有以下几个。

1. 公民科学素质建设的基础薄弱，投入不足

公民科学素质建设过程中的基础设施投入严重不足，长期以来财政对公民科学素质建设的投入水平一直较低。虽然近几年来，科普经费有较大增长，但由于科普经费原有基数小，科普投入总量仍然过少。由于科普经费投入不足，一些地区科技场馆的利用率和展出效果受到制约，有些科技场馆由于经费短缺，已经无法进行正常的科技展览，使本就薄弱的科普基础设施更加无法承担提高公民科学素质建设

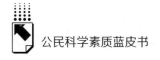

的重任。

科普教育方面经费更显不足，制约着公民科学素质的培育进程。目前我国公民科学素质建设的经费基本依靠政府财政的支持，经费来源单一，鲜有社会资金的投入。由于公民科学素质建设是一项长期的社会公益性的事业，投资较高，收益不明显，很多社会资金尚未涉足这一领域。公民科学素质建设迫切需要构建一个全民终身教育的体系，而经费投入是公民科学素质建设长期发展的基本保障。

2. 推进公民科学素质建设的相关机制不完善

科学技术普及是公民科学素质建设中除教育活动外最重要的一项活动，但这项跟公民科学素质建设直接相关的工作一直被认定是科普工作者的责任，尽管国家一直在号召科研机构、高校以及企业的科技工作者在做好本职科研工作的同时参与科普工作，但成效不大，其中一个很重要的原因就是科普成绩缺乏有效的考核措施，并且没有纳入科技人员晋级的评估考核中，科普成绩与待遇不挂钩。这就造成科技人员从事科普工作的热情不高。

在目前开展的针对科技人员的各类奖项的评选中，评委们也更关注科研成果，很少关注科普成果，导致了科普工作缺乏高层次的专家，热心科普事业的科技人员不多。

此外，公民科学素质建设还没有调动社会力量的广泛参与。公民科学素质建设和培育普遍被认为是学校和科协组织的职责，其他研究机构、企业等普遍没有主动参与到公民科学素质建设活动中来。而在英美等公民科学素质建设工作走在世界前列的国家，除得益于政府的支持外，这些国家的教育机构、科技团体、大众传媒、企业以及民间基金会等在公民科学素质建设方面发挥了很大作用，大部分的公民科学素质建设工作就是由这些主体承担或者支持的。我国可以借鉴国外相关经验，充分调动各方力量参与公民科学素质培育工作。

3. 公民科学素质培育内容的针对性不强

在以往的公民科学素质培育和建设中，存在没有充分考虑社会公众在性别、年龄、受教育程度、职业、城乡、地域等之间存在的差异的情况。在科普教育工作中往往采用"一刀切"的模式，或填鸭式的教育方式，把科技知识灌输给不同受众，而忽略了不同的群体对科学知识的理解水平、对科学方法的理解率等差异。这种以"我说你听"为主的培育模式，由于缺乏传、受主体之间的有效互动，在提高公民科学素质中起到的作用十分有限。

2006 年印发的《全民科学素质行动计划纲要（2006—2010—2020）》提出把未成年人、农民、城镇劳动人口、领导干部及公务员作为公民科学素质建设的四类重点人群，以重点人群科学素质行动带动全民科学素质的整体提高。这就要求我们根据不同地区经济、社会发展水平的差异以及不同群体的公民科学素质基础不平衡的状况，建立多层次和多元化的培育内容和方式。需要我们细分群体，根据不同群体的不同需求和条件，确定有针对性的培育手段或传播内容，注重差异化，做到真正的有效传播。

4. 对哲学社会科学素养的普及重视不够

科普的内容不仅包括自然科学知识，也包括哲学社会科学知识，这是毋庸置疑的。但是，长期以来，对于科普应包括哲学社会科学知识这一点，人们没有给予应有的重视和关注。一提到科学素质，人们马上想到的就是自然科学，涉及科普工作时，公众也习惯性地将它理解为对自然科学和技术知识的普及。这种理解其实是一种误解或狭隘的理解。在实际工作中，也存在着自然科学普及与哲学社会科学普及"一手硬、一手软"的现象。实践证明，人类社会文明的发展进程，国家和地区社会经济的良性发展，都离不开自然科学与哲学社会科学的相辅相成、共同推动。哲学社会科学在公民科学素质领域与自然科学同样重要，就像车之两轮、鸟之两翼，互存互补，缺一不可。

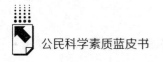

此外，围绕哲学社会科学普及的人员、场馆设施、媒体、活动和产品供给不足，公众获取哲学社会科学知识的渠道不畅。十八大以来，经济发展进入"新常态"，公众对哲学社会科学知识的需求迅猛增长，尤其是对当代中国马克思主义理论、方法和政治经济学等知识需求不断增加，而相应的"供给"存在不足。

三　加强普及哲学社会科学研究，提升公民科学素质

（一）发挥哲学社会科学在提高公民科学素质中的重要作用

科学素质以综合学科的知识为基础，其实质是表达人的科学素质的文化性。公众只有在这个层面上理解科学，才能真正形成推动科学事业发展的不竭的源泉。除了自然科学领域的知识外，对社会科学、人文科学、艺术科学等领域的知识传播也是科普的应有之义。

哲学社会科学是人们树立正确的世界观、人生观、价值观的重要前提，是建设人类共有的精神家园、推动社会进步的重要力量。哲学社会科学的传播普及工作，不仅对繁荣发展哲学社会科学，推动社会主义文化大发展、大繁荣具有重要意义，也是培育民族的科学精神和科学思维的重要内容。离开了哲学社会科学知识的给养，科技也会失去发展动力。

在公民科学素质建设过程中，不乏只重视科学知识的普及，忽略科学精神和科学方法的教育和普及的情况。有研究显示，中国科普图书市场中实用技术类科普图书在市场份额上具有绝对优势。但是，科学的本质并不完全是科技发展。提高公民科学素质，进行公民科学素质建设，既要普及必要的科学知识，又要使公民了解基本的科学方法，领悟一定的科学精神，这是公民科学素质建设的重要内容。在这方面，应重视哲学社会科学的教化育人作用的发挥。如果没有哲学社

会科学知识普及对包括中国优秀传统文化以及世界优秀文化成果的传承与发扬，这些人类文化文明的成果将令人担忧，最终将影响科技进步与发展。

党和国家历来重视哲学社会科学的发展和普及工作，2004年，中央制定并下发了《中共中央关于进一步繁荣发展哲学社会科学的意见》。党的十七大进一步提出："繁荣发展哲学社会科学，推进学科体系、学术观点、科研方法创新，鼓励哲学社会科学界为党和人民事业发挥思想库作用，推动我国哲学社会科学优秀成果和优秀人才走向世界。"做好新时期的社会科学普及工作，推动哲学社会科学的繁荣发展，是树立和落实科学发展观，实现社会经济又好又快发展的重要保证。2016年5月，习近平总书记在哲学社会科学工作座谈会上的讲话指出，一个国家的发展水平，既取决于自然科学发展水平，也取决于哲学社会科学发展水平。一个没有发达的自然科学的国家不可能走在世界前列，一个没有繁荣的哲学社会科学的国家也不可能走在世界前列。

如何在经济发展领域，完成由粗放式增长向集约化生产方式转变；如何在工业化进程中正确处理好各种社会矛盾，使人们迅速适应各种社会变化；如何使广大农村地区居民习得适应现代科技发展的思维意识和生活习惯，都离不开哲学社会科学的指导。可以说，加强哲学社会科学知识的普及，对提高公民科学素质有着重要的意义和作用。

（二）落实《中国公民科学素质基准》，提升公民科学素质建设的广泛性和针对性

公民科学素质水平较为低下，已成为制约我国经济发展和社会进步的瓶颈之一。发达国家早已大力推进全民科学素质的培育工作。早在1985年，美国就提出了"2061计划"，超前规划美国公民科学扫

盲，出现了STS（科学、技术、社会）式的教科书。加拿大有"通过艺术进行学习课程"项目，英国有"两手抓"战略，法国有"动手做"计划，日本有"蓝背书"系列，这些都是典型的提高全民科学素质的做法。

我国也颁布了一系列普及公民科学素质的法律、法规，2016年颁布的《中国公民科学素质基准》是健全监测评估公民科学素质体系的重要内容，为公民提高自身科学素质以及相关研究机构进行调查研究提供了衡量尺度和指导。《基准》共有26条基准、132个基准点，基本涵盖公民需要具有的科学精神、掌握或了解的知识、具备的能力，每条基准下列出了相应的基准点，对基准进行了解释和说明。《基准》适用范围为18岁以上，具有行为能力的中华人民共和国公民。测评时从132个基准点中随机选取50个基准点进行考察，50个基准点需覆盖全部26条基准。根据每条基准点设计题目，形成调查题库。测评时，从500道题库中随机选取50道题目（必须覆盖26条基准）进行测试，形式为判断题或选择题，每题2分。正确率达到60%视为具备基本科学素质。可以说，《基准》的颁布是我国公民科学素质建设过程的重要节点，推进《基准》的落实具有重要意义，将有力推动公民科学素质建设事业的发展。

在推进公民科学素质建设的进程中，一方面，要重视教育的广泛性。所有中华人民共和国的公民都是公民科学素质建设的工作对象，即公民科学素质建设的不受性别、年龄、受教育程度、所处地区、所从事行业的限制，面对的对象是全体公民，要推动全体公民形成较高的科学素质。另一方面，推进公民科学素质建设要有针对性。由于受教育程度、年龄、从事行业等具体因素，不同人群对提高科学素质的要求和接受能力不同，在公民科学素质建设的具体手段上不能搞一刀切，要细分不同人群，有针对性地进行培育引导。就我们国家现实情况以及国家颁布的规章来看，未成年人、农民、城镇劳动人口、领导干部及公务员应该是今后一段时期内公民科学素质建设的重点人群，要求实行有差异化的培育内容和方式。比如针对未成年人，需要让他们掌握必要的科学知识和技能，培养良好的科学态度、情感与价值观，发展初步的科学研究能力，增强未成年人对科学技术的兴趣和爱好，培养他们的社会责任感等。针对城镇劳动人口，则以学习能力、职业技能和技术创新能力为重点，提高第二、三产业从业人员的科学素质。

（三）加强公民科学素质建设的措施建议

鉴于当前我国公民科学素质建设与社会公众的需求还有差距，以及在哲学社会科学普及领域的不足，需要集中力量解决突出问题、补齐短板，这样才能带动全社会科学素质水平的全面提升。建议着力在科普基础设施建设、科普资源整合、科普人才队伍培养、把哲学社会科学纳入科学普及活动四个关键环节上取得进展。

1. 增加公民科学素质建设投入

公民科学素质建设的最大特点就是公益性和社会性。由于收益不明显，这方面投入受到制约。要根据政府的财力和公民科学素质建设发展的需要，逐步提高对公民科学素质教育、科普场馆建设维护的经费，支持公民科学素质建设的进一步发展。政府要转变观念，增强对公民科学素质建设工作重要性的认识，加大资金投入，积极推进实体科技馆、数字科技馆、少年科普馆、科普大篷车等特色科技馆体系建设，将基层科普设施建设纳入社区建设统筹规划。此外，可以探索将高校、科研院所、企业的科普资源向公众免费开放的相关激励政策和保障措施，逐步实现科普资源共建共享。

2. 建立高水平的公民科学素质建设队伍

做好公民科学素质建设工作，高素质的人才队伍是关键。要形成多层次、分布广、功能全、分工合理的公民科学素质建设人才网络。引导相关领域专家学者等高科技人才积极参与，鼓励和支持科研人员在做好本职工作的同时参与科普工作。教育是公民科学素质建设的基础，培育专业知识结构合理、熟悉科普教育规律和理论的科技教师队伍，是使公民科学素质建设事业持续发展的重要措施。大力培养基层科普人才队伍，加强对一线科普人员的职业培训，不断提高他们的科普业务水平。发展壮大科普志愿者队伍，鼓励优秀科技工作者投身科普活动。充分发挥新闻媒体作用，加强科普宣传。

3. 鼓励社会力量参与公民科学素质建设

除了政府投入外，要动员社会各界力量，共同推进公民科学素质建设事业发展。动员国家机关、社会团体、科研机构、企事业单位、社区组织、农村基层组织等社会力量积极投入公民科学素质建设，形成政府引导、全社会共同参与的社会化协作工作格局。大力开展群众性的公民科学素质建设活动，加强志愿者队伍建设。

在公民科学素质建设的经费方面也可以引进社会化投资，开辟社会资金投入渠道，形成多渠道的投入机制，更好地保障公民科学素质建设的发展。《纲要》也指出，采取多种措施，加大政府和社会投入，形成多渠道投入机制。可以借鉴发达国家经验，研究和探索如何对社会组织、企事业单位、个人投资公民科学素质建设事业给予政策优惠，吸引社会组织、企事业单位及个人对公民科学素质建设进行持续性投入，促进公民科学素质的不断提高。

4. 设置哲学社会科学普及机构，将哲学社会科学纳入科普活动

目前，在哲学社会科学相关领域和部门，还很少设置哲学社会科学普及机构，研究哲学社会科学普及的项目与自然科学相比分量较轻。建议在社科院、社科联等部门适当设置科普管理机构，并增加或设立哲学社会科学科普研究项目。建议把哲学社会科学纳入科学普及活动，在全国科普日和各类大型科普活动，如科技周、大型科普展览、科技下乡等活动的开展中，在科普场馆和设施、科学技术馆、自然博物馆和科普教育基地中，依照《基准》要求，加入哲学社会科学普及内容。同时，对公民的科学素质进行抽样调查时，加入哲学社会科学普及的调查内容。

参考文献

［1］李群、陈雄、马宗文：《中国公民科学素质报告（2015～2016)》，社会科学文献出版社，2016。

［2］许佳军、马宗文、董全超：《中国公民科学素质调查与研究》，《中国软科学》2014 年第 11 期。

［3］李洪波：《繁荣普及社会科学　推动社会全面进步》，《鄂尔多斯学研究》2008 年第 3 期。

［4］龚雄：《论我国公民科学素质建设》，厦门大学硕士学位论文，2007。

B.3
科学素质提升和创新文化建设研究

—— 以完善科普法律法规及政策体系为视角

胡慧馨　苗润莲*

摘　要：　公民的科学素质提升和创新文化建设是增强国家综合
实力及国际竞争力的两个内在要求，而科普法律法规
及政策体系的完善是实现上述两个要求的有效途径。
科普法律法规政策体系可以建构一个和谐、稳定的公
民提升科学素质的运作机制与社会环境，而且能够为
创新文化建设目标的最终实现创造一个良好的社会环
境。本报告通过对中国政策法规的梳理，针对现行科
普法律法规体系存在的一些问题，提出了相关建议。
应进一步对下位法进行完善，并制定和落实有关细则，
增强科普法律法规的可操作性和适用性，以完善科普
法律法规及政策体系。

关键词：　科学素质提升　创新文化建设　中华人民共和国科学
技术普及法　科普政策

＊　胡慧馨，清华大学宪法学与行政法学博士，中国社会科学院数量经济与技术经济研究所博士
后，主要研究方向：社区治理、法治指数、科普评价；苗润莲，研究员，北京市科学技术情
报研究所，主要研究方向：科技信息情报。

一 科普法律法规及政策体系梳理

（一）科普法律法规及政策的基本法基础

我国现行《宪法》第十九条、第二十条、第二十二条不仅明确规定了国家有发展科学事业的义务，同时还规定了国家有发展公民科学素质的义务。[①] 上述提及的几个《宪法》规定不仅为公民科学素质建设的法律体系的建立健全奠定了合法性基础及宪法保障基础，也为公民科学素质的建设提供了基本指导思想、立法依据和最根本的法律保障。由此，科普法制政策的宪法基础得以确立。

（二）科普法律法规及政策建设在《科普法》颁布之前的情况

在《中华人民共和国科学技术普及法》（简称《科普法》）颁行之前就已经有部分相关的法律法规在我国各部门科普法律法规及政策中出现，这些科普相关的法律法规主要集中在食品卫生、农业、防震减灾、环保、水土保持、职业病防治等领域（具体情况见表1）。

[①] 《宪法》第十九条规定："国家发展社会主义的教育事业，提高全国人民的科学文化水平。国家举办各种学校，普及初等义务教育，发展中等教育、职业教育和高等教育，并且发展学前教育。国家发展各种教育设施，扫除文盲，对工人、农民、国家工作人员和其他劳动者进行政治、文化、科学、技术、业务的教育，鼓励自学成才。国家鼓励集体经济组织、国家企业事业组织和其他社会力量依照法律规定举办各种教育事业。"第二十条规定："国家发展自然科学和社会科学事业，普及科学和技术知识，奖励科学研究成果和技术发明创造。"《宪法》第二十二条还规定了国家发展文化事业的义务："国家发展为人民服务、为社会主义服务的文学艺术事业、新闻广播电视事业、出版发行事业、图书馆博物馆文化馆和其他文化事业，开展群众性的文化活动。国家保护名胜古迹、珍贵文物和其他重要历史文化遗产。"

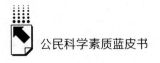

表1　《科普法》颁布之前与科普相关的法律法规

法律名称	颁布时间	具体规定
《中华人民共和国环境保护法》	1989年	第5条规定:国家有环保科普的业务
《中华人民共和国水土保持法》	1991年	第9条规定:各级人民政府有水土保持科普的义务
《中华人民共和国农业技术推广法》	1993年	第3条、第13条规定:农村农业技术推广服务组织和农民技术人员有农业科普的义务
《中华人民共和国科学技术进步法》	1993年	第42条规定:科技社团对社员有科普义务
《中华人民共和国母婴保健法》	1994年	第5条规定:国家有母婴保健科普的义务
《中华人民共和国食品卫生法》	1995年	第3条规定:食品卫生监督部门有食品卫生安全科普的义务
《中华人民共和国固体废物污染环境防治法》	1999年	第6条规定:国家及各级人民政府有固体废物污染环境防治科普的义务
《中华人民共和国节约能源法》	1997年	第6条规定:国家有节能科普的义务
《中华人民共和国防震减灾法》	1997年	第23条规定:各级人民政府及相关部门有防震减灾科普的义务
《中华人民共和国消防法》	1998年	第6条规定:各级人民政府及相关行政主管部门有消防科普的义务
《中华人民共和国气象法》	1999年	第7条规定:国家有气象科普的义务
《中华人民共和国职业病防治法》	2001年	第10条规定:县级以上人民政府卫生行政部门和其他相关部门有职业病防治科普的义务
《中华人民共和国清洁生产促进法》	2002年	第6条规定:国家、社会团体对公众有清洁生产科普的义务

除了上述领域的科普法律法规,中共中央国务院也发布实施过一些与科普相关的重大政策,其中,为了使科普工作有计划、有重点地组织部署实施,国家有关部门曾在1996年、1999年和2002年分别召开了三次全国科学技术普及工作会议,特意提出加快科普立法步

伐，使科普工作法制化、制度化;① 科技部、中宣部、中科协、教育部等 9 部门还印发了科学技术普及工作纲要;② 科技部、教育部、中宣部、中科协和团中央联合发布青少年科学技术普及活动指导纲要;③ 国务院为了在全国范围展开群众性科学技术活动，还将每年 5 月的第三周定为"科技活动周";④ 此外，还出台了其他一系列动员社会参与和促进科普工作的文件，如:《关于加强科技馆等科普设施建设的若干意见》《关于鼓励科普事业发展税收政策问题的通知》《关于加强科普宣传工作的通知》等。通过上述一系列文件可看出，在《科普法》颁行之前，国家行政机关就已经在开展科普工作的过程中明确了国家、各级人民政府等有关部门各自的科普义务，形成了法律、法规、政策建设相互促进的局面。

（三）科普法律法规及政策在《科普法》颁布之后的修订情况

2002 年 6 月 29 日，《中华人民共和国科学技术普及法》正式颁布，这是世界上第一部专门的科学技术普及法，它首次把我国的科普工作纳入法制化轨道，是一部以实践为基础，以国家强制的方式确立科普组织管理体制和社会各方面在科普工作中的责任的国家法律。

《中华人民共和国科学技术普及法》颁行之后，一系列开展科普

---

① 1994 年的《关于加强科学技术普及工作的若干意见》提出:"加快科普工作立法的步伐，使科普工作尽快走上法制化、制度化的轨道"《中共中央国务院关于加强科学技术普及工作的若干意见》，中发〔1994〕11 号。

② 1999 年 12 月 9 日，科技部、中宣部、中科协、教育部等 9 部门联合印发《2000～2005 年科学技术普及工作纲要》。

③ 2000 年 1 月 16 日，科技部、教育部、中宣部、中科协和团中央联合发布《2001～2005 年中国青少年科学技术普及活动指导纲要》。

④ 2001 年 3 月 2 日，国务院将每年 5 月的第三周定为"科技活动周"，在全国范围内展开群众性科学技术活动。

活动的政策文件相继制定。① 更重要的是，在这之后掀起了一轮科普法律修订热潮，通过对其他单行法的修订进一步明确、细化了部门科普的规定（详细情况见表2）。

表2 《科普法》颁行之后的科普法律法规及政策修订情况

修订时间	名称
2002 年	《中华人民共和国农业法》
2003 年	《中华人民共和国放射性污染防治法》
	《中华人民共和国传染病防治法》
2004 年	《中华人民共和国固体废物污染环境防治法》
	《中华人民共和国农业机械化促进法》
	《中华人民共和国未成年人保护法》
2005 年	《中华人民共和国畜牧法》
2006 年	《中华人民共和国农产品质量安全法》
	《中华人民共和国动物防疫法》
	《中华人民共和国节约能源法》
2007 年	《中华人民共和国突发事件应对法》
	《中华人民共和国禁毒法》
	《中华人民共和国科学技术进步法》
2008 年	《中华人民共和国防震减灾法》
	《中华人民共和国循环经济促进法》
	《中华人民共和国食品安全法》
2009 年	《全国人民代表大会常务委员会关于积极应对气候变化的决议》
	《中华人民共和国海岛保护法》
	《中华人民共和国村民委员会组织法》
2010 年	《中华人民共和国国防动员法》
	《中华人民共和国石油天然气管道保护法》
2011 年	《中华人民共和国职业病防治法》
	《中华人民共和国非物质文化遗产法》
2002 年	《中华人民共和国清洁生产促进法》

---

① 《2000—2005 年科学技术普及工作纲要》《2001—2005 年中国青少年科学技术普及活动指导纲要》《全民科学素质行动计划纲要（2006—2010—2020 年）》等。

除《农业法》和《突发事件应对法》做了较大修订（具体修订情况见表3），其余单行法律法规均设置了相应制度与《科普法》进行衔接。

表3　《农业法》及《突发事件应对法》修订情况

《农业法》修订情况	《突发事件应对法》修订情况
1. 在"立法宗旨"中规定：提高农民的科学文化素质；设立单章专门规定农业科技和农业教育，并对农业科普做了详细规定。	1. 总则第7条明确了国家应急科普义务，明确国家应建立有效的社会动员机制，增强全民公共安全和防范风险的意识，提高全社会的避险救助能力。
2. 49条规定：国家有发展农业科普的义务。	2. 第29条规定了不同层级的应急科普义务主体及相应的义务主体的应急科普义务内容，规定县级人民政府及其有关部门、乡级人民政府、街道办事处应当组织开展应急知识的宣传普及活动和必要的应急演练。居民委员会、村民委员会、企业事业单位应当根据所在地人民政府的要求，结合各自的实际情况，开展有关突发事件应急知识的宣传普及活动和必要的应急演练。新闻媒体应当无偿开展突发事件预防与应急、自救与互救知识的公益宣传。
3. 第50条规定：政府有扶持农业科技推广事业的义务。	
4. 第51条规定：国家有建立农业推广机构的义务，规定县级以上人民政府有加强农业技术推广队伍建设和保障农业技术推广机构工作经费的义务；县级以上人民政府有保障、改善农业技术推广队伍、农业技术推广机构工作条件和生活待遇的义务。	
5. 第52条规定：国家对农民、农民专业合作经济组织、供销合作社、企业事业单位等参与农业技术推广工作的人和机构有鼓励义务。	3. 第30条明确了教育主管部门及各级各类学校的应急科普义务，规定各级各类学校应当把应急知识教育纳入教学内容，对学生进行应急知识教育，培养学生的安全意识和自救与互救能力。教育主管部门应当对学校开展应急知识教育进行指导和监督。
6. 第55条规定：国家有发展农业职业教育的义务。	
7. 第56条规定：国家有采取有效措施开展农业实用技术培训、提高农民科学文化素质的义务。	

（四）《科普法》颁行前后地方科普政策及法律法规体系的建设情况

我国绝大部分地区在《科普法》颁行前后就已经建立了地方科普政策及相关法规、规章，形成了地方科普立法的联动效应。地方科普法制的建设使我国一些重要的科普工作制度以法律的形式逐步得以确立（见表4）。作为一股科普的法治力量，地方科普立法合力推动着《科普法》在各地的实施，也使地方公民科学素质建设有了法制保障。

表4　《科普法》颁行前后地方科普法律法规及政策建设的情况

序号	省市	时间	科普条例和规章名称
1	天津市	1997 年	《天津市科学技术普及条例》①
2	北京市	1998 年	《北京市科学技术普及条例》②
3	四川省	1998 年	《四川省科学技术普及条例》
4	湖南省	1999 年	《湖南省科学技术普及条例》
5	陕西省	2000 年	《陕西省科学技术普及条例》
6	宁夏回族自治区	2000 年	《宁夏回族自治区科学技术普及条例》
7	沈阳市	2000 年	《沈阳市科学技术普及条例》
8	郑州市	2000 年	《郑州市科学技术普及条例》
9	广州市	2000 年	《广州市科学技术普及条例》
10	江苏省	2001 年	《江苏省科学技术普及条例》
11	贵州省	2002 年	《贵州省科学技术普及条例》
12	河南省	2003 年	《河南省科学技术普及条例》
13	云南省	2003 年	《云南省科学技术普及条例》
14	山东省	2003 年	《山东省科学技术普及条例》
15	黑龙江	2005 年	《黑龙江省科学技术普及条例》③
16	西藏自治区	2005 年	《西藏自治区实施〈中华人民共和国科学技术普及法〉办法》

① 《天津市科学技术普及条例》(1997)第2条规定:科学技术普及是指用公众易于理解和接受的方式,将科学知识、科学思想和科学方法向公众传播推广的行为。
② 《北京市科学技术普及条例》(1998)第5条规定:科普工作应当坚持科学态度。在科普活动中不得将违背科学原则和科学精神或者尚无科学定论的主张或者意见,作为科学知识传播和推广。禁止以科学为名从事封建迷信、反科学、伪科学的活动。禁止以科学为名传播不健康、不文明的生活方式和有损社会公共利益的内容。
③ 《黑龙江省科学技术普及条例》(2005)第2条规定:科学技术普及是指用公众易于理解、接受和参与的方式,宣传科学技术知识、倡导科学方法、传播科学思想、弘扬科学精神的活动。这一规定显然是一个概念性规则,直接以法律条文的方式明确界定了科普的内涵,同时明确规定了科普的方式,指出了科普的主要内容。这种规定的最大创新在于将"科普"的内涵上升为明确的法定定义,并以法定概念的方式规定了科普的方式和科普包括的内容。

序号	省市	时间	科普条例和规章名称
17	广西壮族自治区	2005 年	《广西壮族自治区科学技术普及条例》
18	青海省	2006 年	《青海省科学技术普及条例》
19	湖北省	2006 年	《湖北省科学技术普及条例》
20	浙江省	2006 年	《浙江省科学技术普及条例》
21	山西省	2007 年	《山西省实施〈中华人民共和国科学技术普及法〉办法》
22	江西省	2007 年	《江西省科学技术普及条例》
23	福建省	2007 年	《福建省科学技术普及条例》
24	重庆市	2008 年	《重庆市科学技术普及条例》
25	南京市	2009 年	《南京市科学技术普及条例》
26	安徽省	2009 年	《安徽省科学技术普及条例》
27	新疆维吾尔自治区	2010 年	《新疆维吾尔自治区科学技术普及条例》[①]

---

① 《新疆维吾尔自治区科学技术普及条例》(2010 修订)增加了一些有特色的规定,在第 11 条科普工作的主要社会力量中增加了"社会科学界联合会";第 24 条增加了扶持少数民族地区科普条款,规定"开展科普工作应当加强对少数民族科普工作的扶持,大力提高少数民族科学文化素质"。同时,为了体现国家支持社会力量兴办科普事业,根据多年来自治区社会力量开展科普工作的实际特点和已有经验,该《条例》第 1 条明确规定了自治区科普工作的主要社会力量及其职责:科学技术协会、社会科学界联合会应当发挥科普工作主要社会力量的作用,组织开展社会性、群众性、经常性的科普活动,支持科技人员进行科普研究、科普创作,协助政府制定科普工作规划和年度计划,为政府科普工作决策提供建议。在科普社会责任部分,该《条例》第 16 条对基层科普组织的义务做了更为详细的规定:城镇基层组织和社区应当结合居民的生活和工作需要,利用社区的科技、教育、文化、卫生、旅游等资源组织社区居民参与各种形式的科普活动。社区所辖单位应当为社区开展科普活动提供便利和支持。农村基层组织应当发挥农村科普组织的作用,推动农村科普活动站、科普队伍和科普宣传栏建设,提高科普服务能力。对于科普场馆功能的发挥,该《条例》第 18 条规定:科技馆、青少年宫、青少年科技活动中心、博物馆、图书馆、文化馆(宫)应当发挥展示、传播、教育功能,面向社会开展科普活动。政府投资建设的科普场馆、设施应当常年面向公众开放,对学生、军人和老年人按照有关规定实行优先、优惠或者免费;运行经费困难的,本级财政应当给予补贴。政府投资建设的科普场馆、设施,不得擅自改作他用。对于科普工作的保障措施,该《条例》结合新疆科普工作点多面广、地区差异大的实际,从科普经费(第 23 条)、少数民族科普读物出版发行(第 24 条)、科普场馆规划建设(第 25 条)和开展科普活动应当享受的优惠政策(第 26 条)等方面,对确保正常有序地开展科普工作的主要保障措施作了更具可操作性的规定。

　　各地对科普法律法规及政策体系进行了相应的探索和建构，总的来说有以下几个特点：①以法定定义的方式明确了科普的内涵，且根据地方实际情况对上位法的制度措施予以补充和细化。[①] ②明确了科普的基本法律原则。科学性、公益性和社会性作为科普的基本法律原则被明确规定进入地方科普条例总则。③明确规定了科普组织和科普工作者的权利与义务。④初步建立了地方科普法制的法律责任体系。[②] ⑤科普工作中的若干重要制度以法律的形式得到了确立。[③] ⑥经过细化

---

① 《贵州省科学技术普及条例》（2002）、《河南省科学技术普及条例》（2003）、《包头市科学技术普及条例》（2005）、《湖北省科学技术普及条例》（2006）、《浙江省科学技术普及办法》（2006）、《江西省科学技术普及条例》（2007）、《山西省实施〈中华人民共和国科学技术普及法〉办法》（2007）、《福建省科学技术普及条例》（2007）《重庆市科学技术普及条例》（2008）、《安徽省科学技术普及条例》（2009）、《南京市科学技术普及条例》（2009）、《甘肃省科学技术普及条例》（2010）、《辽宁省科学技术普及办法》（2011）、《贵阳市科学技术普及条例》（2012）等，均明确以法定定义的方式直接界定了科普内涵。

② 1998 年颁布的《北京市科学技术普及条例》规定："违反条例规定，侵害科普工作者和公民的合法权益并造成损失的，依法承担民事责任。"其他地方的科普条例也都规定了相应的科普行政责任、刑事责任。说明在《科普法》颁布之前，在我国地方科普法制建设中，科普的法律责任体系逐步在地方科普条例中建立，我国地方科普法制中已经形成了科普的行政责任、刑事责任和民事责任的基本法律责任体系。

③ 《福建省科学技术普及条例》第 23 条规定："从事下列活动的，依照国家有关规定享受税收优惠政策：（1）经认定出版综合类科技报纸、科技音像制品；（2）经认定的科技馆、博物馆等科普基地开展的各类科普活动；（3）经认定的科技馆、博物馆等科普基地非商业用途进口科普影视作品；（4）各级政府及其部门、科学技术协会、其他有关单位举办的经认定的各类科普活动；（5）企业事业单位、社会团体对科普事业的捐赠。科普基地、科普活动等的认定工作按照国家有关规定执行。"对科普税收优惠做了更为具体的规定的地方科普条例和规章主要有：《内蒙古自治区科学技术普及条例》（2002）、《山东省科学技术普及条例》（2003）、《河南省科学技术普及条例》（2003）、《广西壮族自治区科学技术普及条例》（2005）、《青海省科学技术普及条例》（2006）、《湖北省科学技术普及条例》（2006）、《浙江省科学技术普及办法》（2006）、《山西省实施〈中华人民共和国科学技术普及法〉办法》（2007）、《江西省科学技术普及条例》（2007）、《安徽省科学技术普及条例》（2009）、《甘肃省科学技术普及条例》（2010）、《辽宁省科学技术普及办法》（2011）等。

的科普奖励和激励制度更为健全和完善。① 对社会科学的普及作了相应的规定。② 对科普工作中的知识产权、科普产业发展作了明确规定。③

二 科普法律法规及政策在公民 科学素质提升中的作用

由于受到教育水平的限制，目前我国公民的科学素质仍然偏低。联合国发布的《2001 年人类发展报告》显示，我国排名第 87 位，处于中等发展水平。④

人才资源与国家的经济实力成正比，国家经济建设和社会发展受公民的科学文化素质和科技人才数量影响。⑤

---

① 《重庆市科学技术普及条例》（2008）第 29 条规定：市人民政府设立科普工作奖，对在科普工作中做出突出贡献的组织和个人给予表彰和奖励。科普成果纳入市科学技术奖励和社会科学优秀成果奖评选范围。区县（自治县）人民政府可根据需要参照设立科普工作奖。《辽宁省科学技术普及办法》（2011）第 24 条第 2 款规定：个人撰写的科普著作、科普论文、科普读物等科普成果，指导科普实践活动所取得的业绩，在专业技术职称评审、评比考核、学术奖励等方面，与其他学术成果享有同等待遇。《黑龙江省科学技术普及条例》（2005）第 4 条规定：县级以上人民政府应当加强科普组织和科普队伍建设，建立、健全科普组织，提高科普工作者待遇，改善科普工作条件，依法维护科普组织和科普工作者的合法权益，鼓励科普组织和科普工作者自主开展科普活动，依法兴办科普事业。《山西省实施〈中华人民共和国科学技术普及法〉办法》（2007）第 21 条规定：县级以上人民政府应当将科普经费列入财政预算，其中，省级财政投入不低于人均 30 元，设区的市、县（市、区）财政各投入不低于人均 20 元，并随着社会经济的发展逐步增加。

② 《浙江省科学技术普及办法》（2006）第 2 条规定：科学技术普及是指用公众容易理解、接受和参与的方式，普及自然科学和社会科学知识，倡导科学方法，传播科学思想，弘扬科学精神，推广科学技术。

③ 《安徽省科学技术普及条例》（2009）第 36 条规定：鼓励科普产（展）品的创作和生产，培育和发展科普产业。鼓励和支持企业、高等院校、科研机构合作创作和生产科普产（展）品。鼓励开展科普产品的知识产权质押贷款。有关国家机关应当加强对科普产品的知识产权保护，维护科普产品创作者和生产者的合法权益。

④ 联合国开发计划署《2001 年人类发展报告》，中国财政经济出版社，2001。

⑤ 刘烈：《科普法的立法宗旨和主要内容》，《法治论丛》2003 年第 1 期。据统计，每万人平均科技人员数，日本为 94.1 人，美国为 75.6 人、德国为 59.2 人，法国为 51.6 人，英国为 40 人，中东欧为 21 人，亚洲新兴工业化国家（地区）为 10 人，拉美为 5 人，中国仅为 4 人，非洲为 3 人。

与发达国家相比，我国公民整体的科学文化素质仍然处于低水平。2001 年，国家统计局及中国科协组织对我国公民的基本科学素养进行了第三次检测调查。按照国际通行的公民基本科学素养检测体系的标准①，到 2001 年为止，具备科学素养的公民比例为 1.4%，是美国的 1/23，欧洲的 1/15。调查结果显示，具备基本科学素养比例较高的群体是专业技术人员、商业工作人员和办事人员，而农民、家庭主妇和无劳动能力的人员科学素养较低。

在这种严峻态势下，要想在世界上立足，赢得竞争优势，必须提高公民的科学文化素质。相关科普法律法规及政策体系的建立和完善就是为了加速提高我国公民的科学文化素质，提供有效的法律保障。

如何提高全体公民的科学素质，是一个复杂的系统工程，这需要建立一套有效的科普规则体系。除了把政府作为规则的执行主体纳入法规，还要将科协等主要社会力量的科普任务详细列入。按照法律法规及政策，有步骤、有计划地推进科普工作，取得世界科普之战的胜利便是指日可待的事情。

三　科普法制政策在创新文化建设中的作用

创新文化建设就是要不断建设适宜创新因子成长、发展的良好文化环境，让社会文化、科学文化主动适应科技生产力发展的需要，使得创新文化由自然情感凝结为德行价值的认同。

科普法制政策的建设过程本质上也是一个"共同契约"的建立过程。科普法制政策是有关科学普及的行为准则、守法程序及道德伦理规范，是为大多数人所共同认可的制定法，制定确立之后就会逐步

---

① 该体系包含三方面内容，即公众对科学术语和概念的基本理解、对科学的研究过程和科学方法的基本理解、对科学技术对社会影响的基本理解。

成为公民的行为规范。作为一种文化价值观念的载体，政府制定的科普政策和科普法律制度会不断改变原有的文化传统。

成文的科普法经由全国人大或人大常委会的法定讨论程序通过，并以固定的形式确定下来，由国家强制实施和监督。它从制度上明确界定了权利、义务，为国家、社会、科普工作者和其他社会公民提供了科普工作可以何为、应当何为的信息和预期。当国家、社会、科普工作者和其他社会公民遵守这种刚性规定，并认可这种规定反映的行为价值取向时，实际上就已经创造了一种崭新的社会文化。一旦这套科普法制政策体系被整个社会的主流行为选择且认可，其中蕴含的价值观念就会成为社会主流的科普文化。不论是正式的科普法律法规还是非正式的政府行政部门科普政策和实施细则，它们都是现代科普秩序的核心，更重要的是，这个体系能够为新科普观念和文化的最终形成和确立提供有力的支撑与保障，推动并牵引传统文化向新的创新文化转型。

任何形式的制度都是内生性的，其本身具有寻利性。对于创新文化来说，科普法律法规也是一种重要的内生性资源，不仅能够为科普创新主体提供一个有效的激励结构与动力机制，营造有利于创新文化成长发展的良好环境和土壤，还能够为科普创新主体构建一个和谐、稳定的运作机制与社会环境。科普政策、法律法规体系创新及其功能的发挥，不只关系到创新活动的正常运行，同时也是影响创新文化因子成长的关键性因素。科普法律法规政策体系的建设在创新文化建设中起到的最大效用在于，它能够为文化建设目标的最终实现创造必需的社会环境；影响并决定着创新文化的发展方向；通过科普法律法规，能够明确利益主体的产权归属、获利行为，促进并发挥各种因素效用的最大化，有效地激励和保护科普产业主体投身创新活动的积极性；能够培养和激发科普产业主体献身科学、成就事业的精神。不管怎么说，科普法律法规政策体系的建设是创新文化形成的基础，是社会科普观念形成的根本动力。

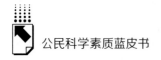

四　科普法律法规及政策在实施过程中存在的问题

（一）过多地注重科学技术的工具性，弱化了对公民科学精神和科学能力的培养和塑造

我国科普法律法规当中，虽然很多地方都规定了科普的内容，包括科学精神及科学思想，但实际上目前我国科普的内容更多的还是关注科学技术对物质文明的作用，主要还是注重科学技术的工具性，弱化了公民科学精神和科学能力的培养和塑造。

从科普设施当中也能反映出我国科学技术发展的文化瓶颈和体制瓶颈。在各地的科技场馆或其他科普设施当中，展教资源"往往设计展示表现得不够充分，仍然局限于塑造受众的科学观念、科学世界观，对科学现象和科学知识的体现仍然显得贫乏"。[1]

（二）很多科普法律法规和政策缺乏可操作性

目前的《科普法》仍然是一部具有较强的指导性的法律，其可操作性并不强。在博物馆、展览馆等科普设施的管理方面缺乏相关规定，科普资金的运用规则也需要明确和细化。

比如，《科普法》第二章规定："科普工作的执法主体是政府，科协等社会团体担负着科普的法定社会责任。"也就是说，以政府为主导，社会普遍参与的职能定位中，政府、科技部门和科协在科普中的处于主导地位。但是，这一原则是不是意味着除了政府、科技部和科协，社会的广泛参与也很重要？国家不能包办科普工作，一个部门更不能独办科普工作？政府和社会团体在科普工作中的作用不能互为

---

[1]　李吉宁：《〈科普法〉的科学视野》，《科普研究》2012 年第 4 期。

替代，是不是要充分发挥社会团体的作用，坚持政府简政放权？不管怎样，这一原则都需进一步解读和细化。

又如，《科普法》第十二条将科协的职能、地位单列，确认科协作为科普工作主力军的地位，"科学技术协会是科普工作的主要社会力量"。但是科协及科普工作者具体承担什么样的任务？具体工作中有没有主要和次要的分工？《科普法》也没有做出详细的规定。

（三）文化产业相关法规政策尚未覆盖科普产业

目前我国国家、社会和公众对科普都有强烈需求，但是科普产业市场化程度不高，整体上还比较分散，企业比较弱小，发展也比较缓慢，缺乏龙头企业。传统的科普展教品产业在整个科普文化产业结构中占据了主要份额。因此，需要全方位、宽领域、多层次地构建和支持科普产业发展的法律法规政策体系，建立健全促进科普产业发展的制度基础，使国家促进文化产业发展的相关政策能够覆盖科普产业。

科普工作涉及社会的各个阶层和各个方面，是全社会的一项系统战略工程，不是一项单一的工作，不能仅靠一部法律把所有的问题规范好，因此，需要尽快完善科普法律法规及相关政策，营造良好的法律氛围，动员全社会的力量将科普事业推向前进。

五 完善科普法制政策体系的建议

（一）对下位法进行完善，实现可操作性

在诸多下位法中，《科普资金保障法》《博物馆法》《展览法》与《科普法》关系最为密切。科普资金作为一项法定支出，与其他专项资金相比，其运作具有特殊性和典型性的特点。审计部门在对科

委领导干部的经济责任审计中，不仅对科技和信息方面的各类专项进行重点审查，对科普资金的使用也有较大关注。为了规范资金的使用，使资金发挥更大效用，需要对《科普资金保障法》进行明确和细化，实现切实的可操作性。博物馆作为国家的文化事业单位，其法人治理结构一直是社会关注的问题。虽然《博物馆法》经过修订后，在第二章有关博物馆的设立条款中，对博物馆的组织管理制度已经进行了完善，包括理事会或其他形式的决策机构的产生办法、人员构成、人气、议事规则等，但相当一部分条款与《科普法》仍然需要衔接，如藏品的捐赠奖励问题，博物馆的设立、变更登记问题，文物保护问题，收费制度问题，在《博物馆法》中虽然表明可参照其他相关法律执行，但具体执行规则还存在很大的模糊性，需要明确和细化。

（二）制定《科普法实施细则》，细化规则

在《科普法实施细则》中，对法律主体违反《科普法》相关规定应承担何种责任，应做出明确规定。比如《科普法》第十六条第二款规定："综合类报纸、期刊应当开设科普专栏、专版；广播电台、电视台应当开设科普栏目或者转播科普节目；影视生产、发行和放映机构应当加强科普影视作品的制作、发行和放映；书刊出版、发行机构应当扶持科普书刊的出版、发行；综合性互联网站应当开设科普网页；科技馆（站）、图书馆、博物馆、文化馆等文化场所应当发挥科普教育的作用。"该条款规定了各类媒体有开设科普栏目的义务，但是假如相关主体没有履行开办科普栏目的义务，主管部门应如何处理，相关主体该承担何种责任，在《科普法》中没有明确规定，也没有下位法跟进。由于没有承担法律责任的相关规定，该项义务对各类媒体其实是无甚意义的。

又如《科普法》第六条规定："国家支持社会力量兴办科普事

业。社会力量兴办科普事业可以按照市场机制运行。"

但是对于科普产业如何市场化运作，应该遵循怎样的市场机制，《科普法》中没有相应的解释说明。《科普法实施细则》应该对此做出明确规定，详细做出科普产业的具体扶持和支持制度及相应的保障措施，将兴办科普事业可遵循的市场机制运行规定明确细化出来，增强科普产业促进政策的约束力和执行力。

（三）推动文化产业政策适用于科普产业发展

地方条例或规章已经成为各地推动科普产业发展的重要政策支撑，因此，有必要对国家和地方的文化政策体系和具体政策内容、文化产业相关政策执行措施进行全面的梳理，继而推动制定地方的科普条例或规章。

首先，细化科普法。结合地方实际情况和社会力量兴办科普事业的具体规定，遵循市场机制运行的规则，细化地方发展科普产业的基本原则、基本制度、主要措施和主要机制。

其次，对"科普产业"进行明确的界定，在《文化产业促进法》当中设立专门的章节，确立科普产业发展的法律原则和法律制度，推动文化产业的相关政策进一步适用于科普产业的发展。

最后，对于对科普产业仅有概括规定或原则规定的地方条例和规章，要尽快制定实施办法，细化相关规定，奠定更加坚实的地方发展科普产业的法制基础。对于已制定科普条例或规章但还没有发展科普产业相关规定的地方，要增加地方扶持力度，启动修订和完善相关程序，制定相关的支持科普产业发展的制度规定。

（四）对《纲要》中关于发展科普产业的政策措施进行细化

在《纲要》对于特定人群科学素质行动计划、公民科学素质的基础工程建设年度方案、公民科学素质行动计划的年度工作方案中，关于科普文化产业的规定要具体化、措施化和机制化，将科普产业园区的建设、科普服务的创新、科普产品的研发、科普产业人才团队的建设、科普资源的开发、整合科普产业示范基地建设、共建共享、科普作品的创作与出版等，系统地加入公民科学素质建设的具体工作和具体工程中。[①]

（五）制定规范的科普认定制度，落实科普税收优惠制度

规范的科普认定制度是科普税收优惠制度落地的基础，科普税收优惠制度的实施离不开规范明确的科普认定制度。发展科普产业需要税收优惠制度的支持，因此，《科普认定制度实施办法》的研究制定就成了当务之急。同时，需要建立规范的关于科普产品、科普企业、科普出版、科普活动、科普传媒、科普基础设施、科普教育基地等的认定制度，明确规定科普认定后享有的优惠政策以及认定的组织管理，并且要明确认定的对象、主体、条件、程序、认定责任承担等事项。

（六）制定具有可操作性的科普产业税收优惠办法

发展科普产业不仅需要科普税收制度的支持和优惠，更需要便捷、可操作、能落实的税收优惠制度。在制定科普产业税收优惠制度的时候，应当听取科普企业的意见，由税务部门协调、组织科普组织及科技行政部门共同参与，并制定便捷、可操作、能落实的长效税收优惠办法。针对不同的科普企业进行相应的减免税政策；对非营利或微利的艺术表演团体单位实行税金减免；对公共图书馆、科研机构、博物馆、艺术院校、文化馆、群众艺术馆等公益事业机构实行减免税

---

① 周建强、安徽省科协：《科普产业发展研究》，《2012年科普产业发展高端论坛》，2012。

政策；对进口的外文原版科普书刊（包括以光盘为载体的科普新型文献等）实行减免税政策；对引进科教片、科幻片、儿童片等非营利性音像制品免征关税；对于国内不能生产或质量标准不高的专用的电影生产设备及零配件，对电影制片单位（洗印单位）在需要进口时视情况下调关税、产品税；对于广播影视、新闻出版、文化艺术、音像、文物等部门上缴的税收和利润，同级财政部门可以视情况予以返还，返还利润可集中用于同级科普组织、主管部门扶持的科普产业；除了用于扶持科普产业，还可设立各种专项资金或扶持基金，由相关科普组织、主管部门来进行基金的设立和管理，可设立科普基础设施建设类基金、创作演出优秀的科普剧目专项资金、科普出版基金、科普文化发展基金、科普电影专项资金、科普音像发展资金、科普资源共建共享基金、科普文物保护资金等；各项资金可用于奖励做出突出贡献的科普工作者和集体，扶持优秀的、民族的、传统的和高层次的科普产品创作，抢救和保护遭到破坏、濒临消失的传统科技文化等，相关工作可由财税、审计部门进行监督；充分利用税收杠杆调整与优化科普产业结构，对低俗的科普产业收取较高税率，对高雅的科普产业收取较低税率；对服务于少年儿童和农民的或是不发达的边远地区的科普产业给予税率优惠。

（七）制定相应法律法规，保护科普知识产权

根据科普产业发展的要求和科普资源共建共享的理念，制定相应法律法规，在充分调研和论证的基础上，制定符合科普实际的保护科普知识产权的政策、法规、办法，建立科普知识产权专有和科普资源共享的机制。建立科普知识产权资源数据库和信息中心，为科普企业提供科普知识产权公共服务，指导科普企业对合法的知识产权进行依法维护；鼓励中外科普知识产权权利人参与科普研发及科普创作，合理有效地激励科普创新和科普创作；对于科普知识产

权的纠纷要建立有效的解决机制，保护科普资源的建设开发，保护科普作品、科普产品、科普服务的传播和利用，保护科普创作、创新人员的合法权益；建立科普知识产权数据库，搭建权利登记系统，有效利用知识产权的权利界定机制，清晰确定不同的权利内容和权利形式（如版权、商标、专利等），并对科普创新、创作主体进行界定。①

参考文献

［1］马德芳、叶陈刚、王孜：《社会责任视角下企业科技创新与文化创新协同效应研究》，《科技进步与对策》2014 年第 6 期。

［2］黄丹斌、洪祥武：《构建中国特色科普理论的思考和探索——基于新常态下的科普创新》，《科协论坛》2016 年第 4 期。

［3］姒健敏：《关于检查科技进步法律法规执行情况的报告》，《浙江人大：公报版》，2014 年 3 月。

［4］王干：《〈科普法〉有效实施的影响因素及对策》，《科技与法律》2005 年第 2 期。

［5］柏长春：《科普政策法规的国际比较及提高公民科学素质的对策建议》，《提高全民科学素质、建设创新型国家——2006 年中国科协年会论文集》，2006。

［6］杜颖、易继明：《完善我国科学技术普及法律制度——纪念〈中华人民共和国科学技术普及法〉颁布两周年》，《科技与法律》2005 年第 2 期。

［7］张义忠：《我国地方科普法制建设中科普内涵的创新与外延拓展》，《公民科学素质建设论坛暨全国科普理论研讨会》，2011。

［8］任福君、任伟宏、张义忠：《促进科普产业发展的政策体系研

---

① 任福君、张义忠、周建强等：《科普产业发展"十二五"规划研究报告》，2010。

究》,《科普研究》2013 年第 1 期。

［9］中华人民共和国文化部调研组:《"文化科技对文化创新驱动力"调研报告》,《艺术百家》2013 年第 5 期。

［10］马仁锋、唐娇、张弢、刘修通:《科技创新带动文化创意产业发展研究动态》,《经济问题探索》2012 年第 11 期。

［11］任福君、张义忠:《科普人才培养体系建设面临的主要问题及对策》,《科普研究》2012 年第 1 期。

B.4
科普资源共建共享机制研究

董全超　刘彦锋　刘建成　李　群*

摘　要：　科普资源共享是中国科普事业的基础性工作，也是有
效提升科普效能和科普资源投入产出比的抓手。本文
通过历年科普统计数据阐述了当前公共科普资源共享
的发展现状，分析了目前科普资源投入偏差、区域和
城乡发展不平衡、科普数据有待挖掘三个主要问题。
据此，本文从大数据技术应用、共享机制建设、数字
资源开发、科技活动组织等方面探讨并提出了提升科
普资源共享水平的措施，并有针对性地提出了下一步
工作的若干建议。

关键词：　科普资源　共享机制　大数据应用

一　引言

进入 21 世纪，中国科普工作特别是科普资源共建共享得到长足

---

* 董全超，博士，中国科学技术交流中心副研究员、副处长，主要研究方向：科普政策、科普
理论研究；刘彦锋，硕士，北京生物技术和新医药产业促进中心副主任，主要研究方向：科
普资源开发与应用；刘建成，工学博士，福建省科技厅社会发展科技处副处长，主要研究方
向：公民科学素质；李群，应用经济学博士后，中国社会科学院基础研究学者，中国社会科
学院数量经济与技术经济研究所研究员、博士研究生导师、博士后合作导师，主要研究方
向：经济预测与评价、人力资源与经济发展、科普评价。

发展。2006 年，国务院颁布的《全民科学素质行动计划纲要（2006—2010—2020 年）》将"科普资源开发与共享工程"作为"十一五"期间重点实施的基础工程之一。2008 年，发改委、科技部等四部门共同发布了《科普基础设施发展规划（2008—2010—2015 年）》，加强科普展教资源的创新和开发、共享与服务被作为未来三年推动中国科普基础设施发展的具体任务。经过全社会共同努力，中国科普基础设施建设取得长足发展：政策环境逐步改善，各类科普基础设施数量明显增加，内容建设得到加强，服务能力不断提高。近年来，大数据技术蓬勃发展，人类社会进入大数据时代。"十三五"时期，为实现建设世界科技强国的目标，如何借助好大数据技术，加快科普资源共建共享迫在眉睫。

在科技领域，资源共享已经取得了不少突出成绩。为加强科技创新基础能力建设，推动中国科技资源的整合共享与高效利用，改变中国科技基础条件建设多头管理、分散投入的状况，打破科技资源条块分割、部门封闭、信息滞留和数据垄断的格局，"十一五"以来，科技部、财政部等有关部门贯彻"整合、共享、完善、提高"的方针，组织开展了国家科技基础条件平台建设工作。目前，已经建成了以研究实验基地和大型科学仪器设备、自然科技资源、科学数据、科技文献等六大领域为基本框架的国家科技基础条件平台建设体系。自 2009 年起，北京市开始建设"首都科技条件平台"，经过几年的努力和实践，实现了一大批科技资源的整合利用，676 个国家级、北京市级重点实验室通过平台走出大院大所，面向社会开放，服务企业创新；梳理了 559 项较成熟的科研成果，促进其转移转化；聚集了包括两院院士、长江学者等高端人才在内的 9003 位专家，形成了仪器设备、科技成果和研发服务人才队伍共同开放的大格局。

科普资源共享是指各科普资源主体之间通过合作和协调，采用技术手段，共同开展科普活动，以实现科普资源的最优配置。[①] 近年来，关于科普资源共建共享的研究已逐渐发展起来。莫扬等在分析总结中国科普资源共享工作的基础上，从深化社会认识、加强政策引导、提高共享服务、开展多样化模式四个方面为中国科普资源共享工作提出建设性建议。[②] 谭文华探讨了如何推进科普资源共建共享的保障、运行、协同、激励、监评等机制，总结出"政府主导建设＋无偿共享""政府引导与市场机制相结合＋有偿共享""政府社会共建＋适度有偿共享"等模式，提出科普资源建设数字化、产业化、国际化、共建共享主体联盟化、服务平台建设特色化等途径。[③] 本文将对中国科普资源共享的发展现状进行分析，并指出目前的工作难点以及存在的问题，探讨科普资源共享工作今后特别是在大数据时代发展的指导思想、战略目标及工作愿则，并有针对性地提出了下一步工作的若干建议。

二 科普资源的概念与分类

对于科普资源的概念和内涵，中国相关学者从不同角度做出了界定。尹霖等人从科普事业发展和科普实践活动两个角度界定了科普资源的内涵。广义的科普资源从科普事业发展视角出发，囊括了科普事业发展的一切必备要素，如人力资源、资金、物质、组织结构、知识、信息等；狭义的科普资源从科普实践视角出发，是指在科普实践和科普活动中一切所需要的要素和资源、包括人力、财力、物力、活

---

① 莫扬、孙昊、牧曾琴：《科普资源共享基础理论问题初探》，《科普研究》2008 年第 3 期。
② 莫扬：《我国科普资源共享发展战略研究》，《科普研究》2015 年第 5 期。
③ 谭文华：《科普资源共建共享的机制、模式与途径》，《中国科技资源导刊》2013 年第2 期。

动、产品、技术、平台等。① 通常而言，科普理论和实践中所涉及的是狭义的科普资源，即在科普实践和科普活动中一切所需要的要素和资源（见表1）。

表1　科普资源的分类

分类方法		科普资源类别
按存在形式划分	物力资源	科普场馆、科普基地、科普宣传设施、科普媒体
	内容资源	数字化或非数字化的文字、声音、图片影像构成的科普作品、实物
	活动资源	基本科普活动、科技节日、科普体验活动等
按表现形态划分	实体资源	以科普基地、科普场馆、科普展品、科普图书等实物形态存在的科普资源
	虚拟资源	以数据、声音、图像等电子信息形态存在的科普资源
按所有权性质划分	公有科普资源	政府财政投入建设所形成的科普资源
	私有科普资源	非财政投入建设所形成的科普资源

资料来源：谭文华《科普资源共建共享的机制、模式与途径》，《中国科技资源导刊》2013年第2期。

三　当前科普工作现状及存在问题

进入21世纪以来，中国科普事业取得长足发展，公民科学素质整体水平得到较大幅度的提升。科技部最新科普统计显示，2015年，全国共有科普人员205.38万人，全社会科普经费筹集额为141.2亿元。截至2015年底，全国共有各类科普场馆1258个（建筑面积在500平方米以上，见图1）。2015年，科普图书种类和总册数均比

---

① 尹霖、张平淡：《科普资源的概念与内涵》，《科普研究》2007年第5期。

2014 年翻番，科普图书种类共计 16600 种，较 2014 年增长 95.13%，册数从 0.62 亿册增长到 1.34 亿册，较 2014 年增长 116.13%（见图 2）。全国共举办科普（技）专题展览 16.11 万次，参观量达到 2.49 亿人次；举办科普（技）竞赛和科普（技）讲座 5.54 万次和 88.85 万场次。①

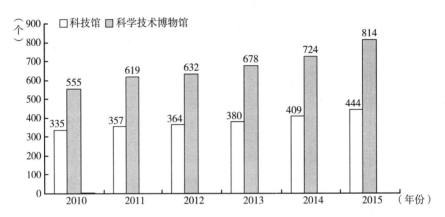

图 1 2010～2015 年全国各类科普场馆增长情况

资料来源：《中国科普统计（2016 年版）》。

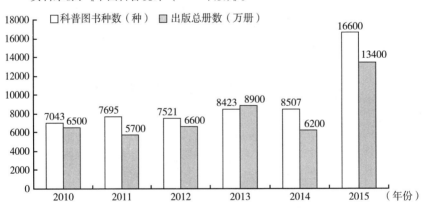

图 2 2010～2015 年全国科普图书出版情况

资料来源：《中国科普统计（2016 年版）》

---

① 中华人民共和国科学技术部：《中国科普统计（2016 年版）》，科学技术文献出版社，2016。

科技活动周、科普日等重大科普活动丰富了人民群众的日常生活。[①] 但是，科普事业发展与人民群众日益增长的科学技术需求之间的矛盾日益凸显，尤其在科普资源共建共享方面，仍面临以下问题和缺口。

（一）科普资源投入出现了偏差

科普资源投入是科普事业发展的必要保障。近年来，中国科普资源投入呈现稳增态势，极大地推动了科普事业发展，但是科普资源投入依然存在偏差。根据 2015 年科普统计数据，科普人员方面，全国共有科普人员 205.38 万人，其中科普专职人员 22.15 万人，科普兼职人员 183.23 万人，比 2014 年略有增加；科普经费方面，全社会科普经费筹集额 141.20 亿元，比 2014 年减少 8.8 亿元，下降 5.88%；科普场地方面，全国科技馆、科技博物馆、科普画廊分别有 444 个、814 个、22.27 万个，其中科技馆和科技博物馆数量比 2014 年分别增长 8.56% 和 12.43%，科普画廊数量比 2014 年下降 4.79%。科普事业进步主要体现在科普产品的涌现上，但是 2015 年全国科普图书、科普期刊、科普音像制品、科普电视节目播放时间、电台播出科普节目时间、科普网站的增长趋势却不平衡，分别为 95.13%、26.93%、12.85%、-2.17%、-4.15%、15.46%（见表 2）。科普电视、电台节目以及科普音像制品是广大群众接收科普信息的主要渠道，尤其是二、三线城市。由此可见，科普宣传方式和科普资源投入需进一步完善。

（二）科普资源的区域性不平衡和城乡差别

当前中国社会经济存在着发展不平衡的问题，科普工作也面临着区域和城乡不平衡的困境。科普人员方面，2015 年东部、中部、西

---

① 尹霖、张平淡：《科普资源的概念与内涵》，《科普研究》2007 年第 5 期。

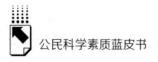

表 2   2010～2015 年部分科普统计指标

年份	科普专职人员（人）	科技馆数量（个）	年度科普经费筹集额（万元）	科普图书出版种数（种）	电视科普节目播出时间（小时）	电台科普节目播出时间（小时）	科普音像制品（种）
2015	221511	444	1412010	16600	197280	145053	5048
2014	234982	409	1500290	8507	201658	151334	4473
2013	242276	380	1321903	8423	223610	181133	5903
2012	231086	364	1228827	7521	184446	162945	12845
2011	224162	357	1052977	7695	187571	163658	5324
2010	223413	335	995157	7043	263926	191555	5380

资料来源：《中国科普统计（2016 年版）》。

部科普人员分别占全国的 43.10%、22.71%、34.19%；科普场地方面，东部、中部、西部科技馆数量分别为 221 个、123 个、100 个，其中东部占全国总数的 49.77%，并且大型和特大型科技馆大多位于东部地区，中西部地区大多是小型科技馆；科普经费方面，东部地区科普经费筹集额为 83.24 亿元，占全国总额的 58.95%，远远高于中部和西部地区（见表 3）。对比东部、中部和西部地区的科普统计数据，可以看出，中国科普资源投入的区域不平衡十分严峻，而且在区域内部，依然存在城乡不平衡的问题，应当承认，这一问题难以在短期内完全消除，但必须引起高度重视。

表 3   2015 年部分科普统计指标

	科普专职人员（万人）	科技馆（个）	科技馆建筑面积（平方米）	科普经费筹集额（亿元）
东部	88.51	221	1862553	83.24
中部	46.65	123	622663	20.53
西部	70.23	100	653190	37.43
合计	205.39	444	3138406	141.2

资料来源：《中国科普统计（2016 年版）》。

（三）科普数据分散，缺乏整合和分析

近20多年来，中国科普工作取得长足进展，也积累了海量的各类科普数据。例如，中国科协已经开展了9次中国公民科协素质调查，每次调查都会涉及青少年、农民、公务员等广大群众的科学兴趣、获取科普知识的渠道、对待科学的态度等问题，并获得大量数据。从2001年起，科技部已成功举办了16届全国科技活动周活动，最近几年活动周参与人次均超过一亿；中国科协也连续多年举办全国科普日活动，每次活动均产生大量的数据。[①] 此外，中科院、教育部、团中央等部门每年也举办众多科普活动，拥有大量的科普场馆和科普基地，创作大量的科普作品。如此海量的信息分属于不同部门，各部门间不同类别的数据并没有建立起关联性，数据相互隔离，形成了一个个的"信息孤岛"。对于这些孤岛信息，各部门也仅仅用于简单的统计分析，缺少对数据的深入挖掘。这就是大数据技术在公共管理领域用之甚少的主要原因。

四 加强科普资源共建共享的建议

（一）运用大数据技术，提高科普工作效能

提升各类科普资源的共享程度，让更多的群众获得提升科学素质必备的知识，运用大数据手段是在现有的科普资源投入下提升科普受众的参与程度、实现精准科普的重要方式。

随着新一轮信息技术革命的盛行，信息技术手段和互联网技术不断融合，大数据时代悄然来临，为人们带来了爆炸式增长的信

---

① 中华人民共和国科学技术部：《中国科普统计（2016年版）》，科学技术文献出版社，2016。

息、知识和数据。大数据被广泛应用于各大领域，也为科学技术普及工作带来了新的机遇和挑战。面对多样化的科普对象，以及人们日益增长的科普需求，大数据不仅为科普工作者带来了新手段、新工具、新技术和新思路，也促进了科技资源和数据的共享。因此，新时期下的科普工作，必须运用大数据的思维，加快促进各类科普资源信息化与数字化，同时，扭转"信息孤岛"形成的定式思维，运用各类网络提升科普覆盖面，让大数据更好地服务于科普工作，实现精准科普。

（二）大力发展流动科技馆

中国科技场馆等科普设施存在空间分布不均的问题，流动科技馆在一定程度上弥补了该缺陷，同时为公众获得科技知识和信息增加了更多的机会。国家科技行政管理部门应发挥引领作用，联合有关部委，就流动科技馆等科普设施问题在全国范围内展开调研、论证，并出台具体发展规划，对流动科技馆下一步工作做出部署，构建流动科技馆可持续发展的长效机制。同时，中央财政以及各级政府应该合力拓宽筹资渠道，激发公众参与，积极吸引社会资金参与科普事业的建设，进一步加强流动科技馆的研发、建设和运营，使流动科技馆走进校园，深入山村，成为科技下乡服务活动的重要手段，并建立相应的扶持和考核的机制。

（三）加强科普数字资源开发

科普资源数字化有助于增强科普资源的可共享性和可传播性。"互联网＋"时代，应加快构建数字化科普资源库，整合和盘活全社会现存的优质科普资源，进一步开发和转化各类科普和教育等资源，实现优质资源的数字化、信息化、集成化、智能化和科普化。制定标准化和规范化的措施标准，整体规划，定期及时发布科普资源建设信息，不断拓展科普资源内容的覆盖面，并发展和完善科普资源数字化建设。增强科普内容的时效性和准确性，建设包含科普图书、科普期刊、科普报告、科普展品、科普藏品等各种形式的数字化科普资源数据库。

在科普资源数字化的基础上，通过打通科普资源发行、投放和展出渠道，扩大科普资源受众面，通过与互联网内容服务企业和社交网络企业合作，推广各类科普数字资源。积极推进科技场馆等数字资源化，实现线上线下结合的立体科普方式。

（四）建立统一的国家科普信息平台

科普工作与科技工作是提升国家科技水平的一体两翼。为了实现科普事业的进一步发展，需要国家科技行政管理部门发挥牵引作用，集成各地方的、各个部门的科普人才、科普场地、科普活动、科普项目、科普成果等数据信息。国家科技管理信息系统正在建设中，该系统整合了各类国家级科技专项和基金，以及众多科技成果，并面向全社会开放。相关政府部门可以借助该平台，结合大数据，对中国科普工作情况进行全方位分析，进而做出更准确的决策，更好地指导各级部门工作。此外，应建设科普资源数据共享服务中心，通过技术手段实现现有的数字化科普资源集成，采用分布与集中相结合的方式对其进行维护，同时在全国范围内逐步建成服务节点，为共享服务中心数据维护、管理、发布，以及开展各类科普活动提供更方便、更快捷、更实用的服务。

（五）健全科普信息资源共建共享机制

建立完善的科普资源共享机制，必须加强顶层设计，但同时要避免行政命令一刀切，应当从科学的制度设计上统一协调，建设跨部门、跨领域、跨学科的科普资源类别统一协调调度机制。这就需要统

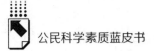

一的科普数字资源标准、科普活动的参与者机制等的规章制度。

完善科普信息规范体系，加强科普信息规范化建设。以实用性、可操作性、简明性为原则，建立科学合理的质量、技术、评估标准和体系。科学的标准和规范更要得到全面的贯彻执行。因此要建立相应的评估系统，加大标准和规范的执行力度，进一步提升建设质量，建立科普信息共建共享机制。

五 结语

本文介绍了科普资源的分类，总结了中国科普工作取得的进展，以及科普资源共建共享面临的一系列问题，提出了借助大数据技术提升科普资源共建共享水平等一系列对策建议。我们相信，经过多年努力，中国的科普资源一定会越来越丰富，越来越均衡，为建设世界科技强国打下坚实基础。

参考文献

［1］李群、许佳军：《中国公民科学素质报告（2014）》，社会科学文献出版社，2014。

［2］董全超、李群、王宾：《大数据技术提升科普工作的思考》，《中国科技资源导刊》2016 年第 2 期。

B.5
科学家做科普工作的义务、责任和途径研究

臧翰芬　祖宏迪*

摘　要：　科学家不仅担负着科研任务，更重要的，他们应该担负起科学普及的责任和义务。随着互联网、自媒体、虚拟现实等科技手段的发展，科学家应当通过互联网和自媒体等现代传播工具和途径进行科普工作，借助"两微一端"各种新手段和新途径，使科普工作更好地服务于大众。应当学习国外科学家参与科普工作的好的经验，例如将对科技项目中配置一定比例的科普经费，设立国家科普基金，改善科学家科普评价激励机制，改善科学家在科普意愿、科普经费和科普时间精力方面的情况，才能为科学家进行科普工作开辟更多渠道和更加广阔的空间。

关键词：　科学家　科普　科普评价　科普途径

21世纪，科技硬实力和国民科学普及等软实力对中国社会经

---

* 臧翰芬，中国社会科学院研究生院数量经济学专业博士生，主要研究方向：科普评价、政策评估和经济预测；祖宏迪，北京市科技传播中心，项目管理，主要研究方向：科学传播、高端科技资源科普化。

济发展、中国的繁荣、人们生活的丰富、个人生活质量与品质的提高，都起着十分重要的作用。各个国家都把教育公众科学知识和科学的普及定位为本国的基本战略，如英国和美国分别把科普纳入国家科技规划，列为国家目标之一。中国的科普率远远落后于世界发达国家。根据科学技术协会的调查统计，中国在 2010 年的科普率是发达国家 80 年代末 90 年代初的水平。[①] 王庭先生最近在四个国家级科研院所中调查了 164 名有职称的科研工作者，其中 54% 的研究人员表示从来没有参加过科普活动，大约 18% 的研究人员声称只参加了一次。[②] 因此，把科学普及工作定位为科学家的责任和义务至关重要。

科技工作包括科技创新和科技普及两个重要方面。中国要像重视科技创新那样重视科学普及，这样才能推动科学普及事业有更大的发展。而自然科学与社会科学是科学的一体两翼，一个社会既要有科学知识的普及又要有人文关怀的氛围。科学普及不仅需要资金支持和公众参与，更重要的是，科学家的重视以及作为核心创作成员去推动和产出各种科普读物、科普作品和科普活动。

一　科普工作是科学家群体的重要任务

自工业革命以来，随着科技进步和专业化分工不断加深，行业间的知识跨度不断增大，即使是高层次的知识分子也难以理解不同行业的尖端科技知识。而在大众生活中，公众更难准确理解科学家们研究的细分领域和专业学术期刊上的专业词汇。科学研究已经越来越远离公众，成了很少数人的"奢侈品"（Luxury Goods）。

---

① 李琛：《卞德培科普研究》，首都师范大学硕士学位论文，2013。
② 李晓光：《论科学家的伦理责任》，《北京科技大学学报》（社会科学版）2007 年第 1 期。

科学的专业化增加了公众理解的难度，人们离科学知识越来越遥远。目前，科学家和公众之间的交流也越来越难，公众对科学知识和科学精神缺乏正确理解，甚至为伪科学、封建迷信提供了温床。许多伟大的科学家都已经认识到科学界与大众割裂的危害。例如，拉比（Rabi，1994）曾经说过，"如果我们不在全社会努力开展科学普及工作，科学家不与大众广为接触，科学精神与传统不仅不能被大众所理解，而且也不可能被所谓公共事务的'有教养'的人们所领会。由此，必然会形成横亘在科学家与非科学家心灵沟通之路上的最大障碍，非科学家无法以愉快的心情和理解力听懂科学家的心声。"

人类获得科学知识的需要是与生俱来的，向公众普及科学知识理应成为科学工作者的责任和义务。科学工作者，尤其是自然科学工作者，对公众科学引导，撰写各自领域的科普书籍，是义不容辞的责任与义务。中国著名科学家钱学森曾经说过，"人民给了我们科学知识，作为一个科学家，有责任再把科学知识还给人民，这是我们义不容辞的社会义务。"科普作为公益性很强的活动，必须让其成为所有科学工作者的责任和义务，才能提高科普工作的地位，发挥科普工作应有的作用，推动社会进步和发展。加强科学家与大众的交流在当前社会的重要性逐步凸显。让公众相信科学，远离盲从、伪科学、反智思潮和封建迷信，是科学家群体的不可推卸的责任和义务。

科学家有义务在推出一种技术后，告知人们其潜在的危害，以防人们遭受不良的后果。传播科学技术的正面知识和反面知识、认真做好科学普及是科学家的社会责任和义务之一，因为有些科学知识对公众和社会是至关重要的。

从汽车发明到原子弹爆炸，从电子计算机技术到纳米技术，科学技术本身是一把双刃剑，在给人们生活带来方便的同时，也给人们带来了巨大的不便。如汽车的发明造成了空气的污染，也有可能使人们变懒惰；原子弹一旦成为邪恶者的武器，就会变成全世界的灾难；还有克隆人、克隆羊，各种克隆技术和基因重组技术，在给病人带来福音的同时也带来了社会伦理等问题。科学家只有把科学价值与人文价值相结合，产生对于公众和社会的智力价值、精神价值、审美价值和思想价值，才能提高公众和社会的科学素质，才能使科学技术发挥更大的效用。所以，科普工作要调动广大科学家对于科学普及工作的责任感与使命感，这对科学普及工作的权威性以及公众对科学权威的普遍信赖都是十分必要的，也是每一位科学家需要担当的社会责任。

二　科普工作是科学家的重要责任

关于科学家在科普活动中的作用和地位，社会较为普遍的观点是科学家应当承担科学普及的主体角色。科学界自身也认为科学家承担科学普及的任务是社会强烈而紧迫的需求。要想使中国公民的科学素养进一步提升，达到乃至超过世界发达国家的水平，科学家就应该扮演好科普工作者的角色。由于科学家具有特殊的地位，科学家亲自参加科普工作能够起到事半功倍的效果。但是，中国科学家在科普工作中的现状不容乐观，还远远达不到西方发达国家科学家群体的科普意识和科普责任心水平。科学家有责任参加科普工作，这是由科学的本质及其社会效用所决定的，也是由科学家的研究项目与社会的关系所决定的。

新媒体时代无孔不入的谣言给科普带来前所未有的挑战。近年来，中国兴起网络科普热，网站、微博、微信等新媒体平台的盛行似乎让科普变得越来越便捷了，但生物学博士、"果壳网"创始人嵇晓华尖锐地评论道："敌人都在新媒体！借助新媒体，传播谣言越来容易，几个字，几个感叹号就行。而普及科学知识越来越难，没有人要听你长篇大论地摆事实讲道理。科普在新媒体上还有被断章取义的危险，传来传去就走样了。"复旦大学中文系教授、《新发现》主编严锋也感叹："谣言往往比真相来得精彩，因为它可以采用更有趣、更没有底线的方式。"反科学主义者和伪科学始作俑者都对科学精神和科学研究真实情况缺乏全面了解。他们对科学的理解要么以偏概全，要么改头换面。当公众科学素养不高时，很容易被他们所征服。科普主体如果不具备较高的科学素养就难以对抗这类危害公众的信息。

三 科学家做科普工作的途径

科学家参与科普工作或科普活动的途径有很多种，传统的途径有给报纸期刊写科普文章、为公众举行科普讲座、科普演讲等。这些传统途径和方式是为人们所熟知的，但是随着社会的发展和人们生活方式的改变，其影响力和效果逐步下降。随着互联网、自媒体、虚拟现实等科技手段日新月异地发展，越来越多的人使用手机和电脑从互联网获取信息和知识。科学家必须通过互联网和自媒体等现代传播工具和途径进行科普工作，才能够影响更多的普通人群，取得更好的效果。在国外，有美国"科学美国人"网站为代表的一系列新型科普媒体，既有视频、播客，也有网络文章、期刊等，内容形式多样，而且更新频繁，紧抓热点，在全世界都有巨大的影响力。在中国，主要有"科学松鼠会"、"果壳网"和"煎蛋网"等科普博客，这些新媒体利用自媒体平台和社交网络，通过网络传播大大提升了公众对于科普知识的热情。公众对于新鲜的科技进步和科技新知识具有天生的好奇心和学习了解精神。科学家做科普工作时需要学习国外好的经验，借助"两微一端"等各种新手段和新途径，使得科学知识和科普工作可以更好地服务于大众。

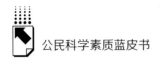

（一）学习和借鉴国外鼓励科学家做科普工作的经验

发达国家在激励科学家从事科普工作方面有一些典型经验和做法，对中国具有启示和借鉴价值。例如，学习美国 TED 组织，鼓励中国的年轻科学家开展公开演讲，让科学家进行演讲并制作成电子版，在网上和手机 App 上分享视频和音频。改变以往中国的很多科学家闭门造车，不与别人沟通交流的情况。扭转科学家口才欠佳，沟通能力不足，"有能耐但是说不出来"的窘境。把艰深难懂的知识用浅显的语言、通俗的语言讲解出来或者书写出来，是科学家的重要技能之一。可以让科学家多参加电视节目，在电视节目穿插科普知识，增加科普相关的电视节目或栏目。

一些国家在激励科学家积极从事科普工作上有许多成熟的经验和方法。例如，他们的科技社团十分热衷于帮助科学家树立对公众负责的意识。科学家从事科学研究的经费大多来自纳税人，因此科学家有责任通过科普等方式对纳税人加以回报。英、美等国家的科技社团通过发布报告等形式，帮助科学家进一步确立科普社会责任意识。再比如，他们在国家科学基金和国家科技计划项目中设立科普资助机制。

此外，他们的科技社团、科研机构等建立了许多提升科学家科普技能的培训机制。澳大利亚国立大学的科普研究和培训机构十几年坚持不懈地举办科学家科普培训班，通过演讲和问答、小组讨论、写作练习、模拟实践等方式，进行科技传播策略方面的培训，并帮助其总结交流经验。欧盟国家相关组织编写了科学家科普实用手册，免费发放，供科学家通过自学在实践中提升科普能力。他们还积极创新科普形式，建立科学家与公众对话互动的机制。除了传统的科普方式，发达国家开发出了一些新型的科普形式，如科学商店、共识会议等，来进行科普活动。科学商店是一种以公众的需求为导向的、科学家与公众双向交流互动的机制，具体方式为：科学商店号召公众提出需要解决的问题，鼓励科学家做出解答。

（二）使用网络新技术和新方式做好科普工作

随着网络和新媒体的兴起，传统的科普模式受到挑战。博客、微博、微信等成为科普发展的主要平台。在科普类博客中，影响力较大的主要有"科学网博客""科学松鼠会"等。以"科学网博客"为例，作为一个全球华人科学社区，"科学网博客"目前共有实名注册用户约100万人，其中活跃用户8万人左右。相关研究显示，"科学网博客"上的实名注册用户大部分拥有中级以上职称，其中还包括一些两院院士等著名的科学家以及海外华人科学家群体。"科学网博客"用户较为稳定，提升了学术研究的自由氛围，促进了高级科普作品的创作。

微博也是重要的科普信息传播和互动平台。一些科研机构、科学组织在新浪、腾讯等微博上开设了官方微博，及时准确地发布科学共同体权威的声音。此外，还有一些热衷于科普的"大V"对科学传播起到了一定的作用。随着微博用户群的不断增加，用户更多的是利用微博了解突发事件的相关信息，而更多的信息则是通过微信的朋友圈来获取。

随着以手机为主要载体的移动媒体的发展，各种移动客户端开始出现在应用市场上，其中不乏以科学为主要内容的移动应用。这些应用在一定程度上传播了科学知识，满足了部分公众获取科技信息的需求。以微信为代表的超级客户端的出现进一步促进了信息的交流与扩散。微信中的信息主要是在朋友圈进行分享与传播。微信传播科学知识，优势在口碑式传播，渠道快捷、信任度高，其劣势也在于口口相传，缺乏专业性，容易出现信息失真。

随着时代的发展，科普直播是又一种科学家结合互联网、移动媒体以及视频直播等新技术进行科普的形式。与传统的讲座、视频等科普方式相比，科学直播显然要生动有趣得多。中山大学天文与空间科学研究院院长李淼教授在接受《中国科学报》采访时表示，已经有直播平台邀请他直播科普节目。科学直播的最大魅力是方便以及互动性强，被科学家喊"宝宝"对于受众而言是一种全新的体验。网络直播先天带有的趣味和互动基因，让科普变得更接地气、更有人情味。科学直播大概分为以下三种方式：科学家工作日常直播、科学实验直播以及主题式直播。

（三）科学家应当关注中小学、大学、社区的科普工作

科学家参与科普的重要场所是各类中小学、大学、社区。有许多科学家都直接参加到学校的科学教育之中；同时学校的科学教育与社会科普活动紧密结合，学校师生通过参与社会科普活动，不仅弥补了学校科学教育的不足，而且拓展了学校科学教育的空间。

因此，在中小学开展天文、地理各种兴趣小组，开展科学家科普讲座、讲课等活动。大中专、高等院校要开设科学选修课，让科学家讲课授课，普及大学生的科普知识。也可以请已退休的老科学家给青少年或者社区居民进行科普知识的宣讲和演讲。

可以使用青少年的语言，从青少年身边的事情、青少年关心的事情入手；以青少年习惯的方式来谈科学的问题。老科学家们深刻理解科学的文化含义、很深的人文内涵，能把科学讲得深入浅出，从而提高民族的文化素养。

大力营建社区文化，开展科普专栏园地，定期要求科研院所以及周边大学的专家学者创办讲座，让科学家实施科普进社区、科普进万户。社区是基层百姓了解科普的场所，社区居委会要与周围的科研院所和学校教授、科学家建立联系。大学不应该是封闭的，应该定期邀请科学家公开一些科学知识讲座的信息，要大家及时了解动态，社区与大学互动。

此外，可以在大学设立科普专业，聘请科学家作为其课外导师，对科普理论也要不断研究。国外已经有一些成熟的科普研究，应该将其引入中国的大学。国外培养科普人才有两个途径：一是通过高校专业设置培养人才；二是通过短期培训或交流访问、合作等方式培养科普人才。西方发达国家通过设立科学传播专业来培养专业人才，在各个领域的科学家也能够定期成为大学的联合培养客座教授。

（四）通过科研评价、科学家群体和媒体鼓励科学家做好科普工作

在发达国家，国家科技计划和国家科学基金是科普经费的重要来源。而在中国，无论是国家科技重大专项、国家高技术研究发展计划（"863"计划）、国家重点基础研究发展计划（"973"计划）、重大基金研究项目，均没有相应的科普经费。可以考虑让科技工作者在申请这类科研项目时，包含一定比例的科普经费，将其制度化，促进实施推进，并且安排相关科研辅助人员或者在读研究生开展科普工作。在评定职称时，可以考虑科技工作者是否撰写科普文章和出版科普书籍，对于贡献大的甚至可以给予奖金奖励。

科学家群体是科学技术知识、科学方法、科学思想、科学精神的生产者。科学家群体通过著述，撰写科普文章、科普报告，讲座等形式多样的科普活动，向包括科学家个人、教育工作者、媒体工作者等在内的广大公众广泛地普及科学技术知识、倡导科学方法、传播科学思想、弘扬科学精神，以及让公众了解科学、技术与社会的关系，从而实现提高公众科学素质的基本目标。在科学家群体的科普活动中，必然有一些群体（如科技工作者、教育工作者等）由于职业的原因，能够很方便快捷地率先获得科学家群体传播的科普内容。支持大学和科研机构等依托其科研设施和科技人员创新科普形式。大众媒体是实现科普目标的重要途径之一。媒体工作者将自己在科学家群众开展的

科普活动中，以及其他职业活动中（如采访）获得的科学技术信息和掌握的科学技术知识、科学方法、科学思想、科学精神，以及对科学、技术与社会的关系的理解，通过各类纸质出版物、广播、电视、网络等大众媒体迅速向公众传播，使公众了解和掌握。大众媒体常常需要与科学家合作，科学家也需要借助大众媒体传播科学技术的新成果、新信息，让公众理解科学和支持科学事业发展。

此外，可以考虑让科研工作者加入科普活动策划与推广、出版科普读物，鼓励科研人员在各大报刊发文章。例如，更新升级并编写最新的《十万个为什么》，请各个领域的专家和科学家撰写类似《十万个为什么》的高水平科普作品，以漫画和文字相结合的方式来满足当前青少年的需求。还可以由科技专家组建科技社团下乡村、进各个企业或者工厂，由企业出资建立基金会，组织科学家及其科技产品的普及和推广工作。国外的英特尔公司创办的青少年计算机培训，就是聘请计算家专家、科学家给青少年讲授计算机知识，启发诱导他们学习计算机的兴趣。李嘉诚等大的企业家也有基金，邀请专家学者进行科学普及等活动。

四　科学家做科普工作的困境与解决办法

在中国，科学家参与科普工作所面临的困境主要在于主观意愿、经费支持、评价机制、时间精力能力等方面。

不愿拿搞科研的钱来做"出力不讨好的科普"，这是科学家的普遍心态。缺乏科普经费是困扰中国科普事业发展的长期因素。近年来，中国科普经费投入稳定增长，来源渠道仍以政府为主。国家加大对科普经费的投入是一方面，另一方面科普活动和科普项目也可以引入与企业的合作，通过企业的赞助来筹集经费。

毕竟不是所有科学家都愿意从事科普写作并且能把它们写好的。

"前沿科学单单转化成公众听得懂的语言都存在难度,更别说让人们喜闻乐见了。"[①] 科普读物的深入浅出需要建立在确保知识本身严谨与准确的前提之上,"科普固然要通俗,但不能为取悦受众而做出一些艺术加工;固然要有趣,但不宜煽情或将其泛娱乐化。一些科普读物中的比喻其实并不恰当,反倒容易被误传。"科学普及工作,除了需要更为多元的参与主体以外,还需要努力创新方式,让严谨的科学充满趣味与温度,增强贴近性和接受度。互联网时代,要让科普变得有趣。在科普工作中,科学家起着重要的源头作用,媒体则起着桥梁和纽带的作用。当前形势下,中国面临多重机遇和挑战,应利用现有的多样化媒体形式,充分发挥科学家和媒体的作用,形成科学家与媒体间的良性互动,满足公众日益增长的科普需求。

五 结语

许多科学家认为,科普工作不充分是青年失去科学兴趣的重要原因。过去,孩子的梦想几乎都是科学家。但现在,成为科学家的愿望变少,年轻人就想成为公务员、企业家。有趣的是,科学家对科普工作的了解不多,这是中国科普工作的缩影。科普工作应由政府资助的科学家和责任人参与。与欧美等国家相比,涉及各类科普活动的中国研究人员比例较低。对各种因素的限制甚至阻碍了科学家参与科普工作。许多科学家并不认为科普是科学家的工作,这使科学难以普及。虽然政府每年科学研究投入不断增加,科技支撑力度逐年加大,科研项目却不包含科普经费。

---

① 严锋:《新媒体时代谣言 断章取义让科普如临大敌》,2013 年 8 月 15 日《文汇报》,http://cul.qq.com/a/20130815/014215.htm。

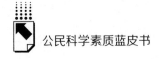

参考文献

[1] 朱效民：《当代科普主体的分化与职业化趋势——兼谈科普不应由科学家来负责》，《科技与教育》2003 年第 1 期。

[2] 李开文、刘霁堂：《论科学家的科普责任》，《科学·经济·社会》2002 年第 3 期。

[3] 李侠、范毅强：《科学家的科普陷阱：承认与收益的双重不对称》，《科学家》2015 年第 7 期。

[4] 王大鹏：《科普如何"该出手时就出手"》，《科技日报》2015 年 5 月 29 日。

[5] 李红林、钟琦等：《建立中国科学媒介中心——搭建科学家与媒体良性互动平台》，http://www.crsp.org.cn/yanjiuguandian/102Q0932014.html，2014 年 10 月 28 日。

[6] 王大鹏、赵立新：《促进微信等新媒体科学传播》，http://www.crsp.org.cn/yanjiuguandian/100910452014.html，2014 年 10 月 9 日。

[7] 胡俊平、朱磊等：《社区科普应加强科学理念的传播》，http://www.crsp.org.cn/yanjiuguandian/1009104H014.html，2014 年 10 月 17 日。

B.6
强化农村科普宣传，提高科学文化素质

王　宾*

摘　要：　农民科学文化素质是公民科学素质提升的短板，加强农村科普宣传工作，提升农民科学文化素质是开展"三农"工作的重要组成部分。本报告立足农村科普工作发展形势，在阐述农村科普工作重要性的基础上，详细列明了当前我国农村科普工作中存在的问题，最后提出了具有针对性的政策建议。为全面提升公民科学素质，应提高对农村科普的重视程度，拓展科普投入渠道，加强基础设施建设，发展壮大农村科普人才队伍，创新宣传方式，协调地区平衡发展。

关键词：　农村科普　科学文化素质　科普宣传

引　言

中国自古以来就是一个农业大国，农业一直是国民经济的命脉。党中央、国务院历来高度关注农业、农村、农民问题，并已连续14年将中央一号文件定格在"三农"问题。党的十八大提出全面建成

---

* 王宾，经济学博士，中国社会科学院农村发展研究所博士后，主要研究方向：新型城镇化评价、农村环境与生态经济、科普评价。

小康社会，把加速农村经济发展、推进农业现代化进程、提高农民科学素质的"三农"问题作为难点和重点；2017 年中央一号文件要求加大农村改革力度，激活农业农村内生发展动力，指出要着力提升农民思想道德和科学文化素质。新形势下，提升农民科学文化素质，是改变现有农业发展水平，提升农村整体面貌的必然要求。国务院先后在 2006 年、2016 年印发《全民科学素质行动计划纲要（2006—2010—2020 年)》和《全民科学素质行动计划纲要实施方案（2016—2020 年)》等文件，其中都重点阐述了中国科普工作中四类重点人群科学文化素质的提升问题。农民作为重要的一类群体，成为推进科普工作的重点之一。

改革开放以来，中国农民科学文化素质有了明显提升，农村科普工作成效进一步显现，成为拉动国家科普事业发展的重要引擎，在推动农村地区经济、社会发展方面发挥了巨大作用。但是，应该看到，农村科普事业进程中也存在着许多限制性因素和发展瓶颈。特别是当前扶贫已经进入攻坚阶段，如何推进精准扶贫精准脱贫工作，成为政府和学界共同关注的问题之一。根据世界银行最新数据，1981 ~ 2012年，中国城乡贫困人口减少了 7.9 亿人，占全球减贫人数的 72%，为世界减贫工作做出了突出贡献。为确保 2020 年完成脱贫任务，实现全面建成小康社会目标，减少返贫现象发生，建立长久性、持续性的文化帮扶机制，提升农民科学文化素质成为最根本的任务。只有不断提升农民科学文化素质，才能够保障脱贫工作收到实效。因此，需要持续推进农村科普工作，进一步加强农村科普投入力度，保证农民科普落到实处，真正发挥作用，促进农民增收，提升农民获得感。

一 新形势下农村科普工作的重要性

习近平总书记提出的科技创新与科学普及同等重要，是创新发展的两翼，表明科普在推动社会经济发展中发挥着重要的积极作用。一直以来，农村科普是整个科普工作的薄弱环节，更加需要关注。特别是在精准扶贫背景下，全面加强农村科普工作，是提升农民科学文化素质的重要支撑，具有较强的现实意义和实践价值。

（一）是补齐全民科学文化素质的主要着力点

为有效提升中国公民科学文化素质，指导中国公民科学素质监测评估工作，中国社会科学院与科技部中国科学技术交流中心基于中国国情，制定了有别于美国米勒体系的公民科学素质测评体系，先后于2012 年和 2015 年联合发起了"中国公民科学素质测评"工作，并组织编写了"公民科学素质蓝皮书"《中国公民科学素质报告（2014）》《中国公民科学素质报告（2015~2016）》。课题组在全国范围内选取具有典型意义的六个省份，进行问卷调研。结果显示，2012 年，被测评六省市重点人群中，农民达标率仅为 8.63%，远远低于城镇劳动人口的 20.23%、领导干部及公务员的 26.31% 和学生及待升学人员的 30.05%。[①] 2015 年，被测评六省市重点人群中，农民达标率仅为 12.18%，低于社区居民的 18.94%、学生及待升学人员的 23.16%和领导干部及公务员的 31.60%。[②] 通过两次测评不难发现，农民是四类重点人群中公民科学文化素质最亟须提升的群体，是中国公民科学文化素质全面提升的薄弱环节。加快推进农村科普工作，提升农民科学文化素质，一方面，是推动农村社会经济发展的动力来源，另一方面，更是推进整体科普工作的基础性和决定性任务。

---

① 李群、许佳军：《中国公民科学素质报告（2014）》，社会科学文献出版社，2014，第 24 页。其中，被测评六省市为北京市、天津市、上海市、重庆市、湖南省、四川省。

② 李群、陈雄、马宗文：《中国公民科学素质报告（2015~2016）》，社会科学文献出版社，2016，第 22 页。其中，被测评六省市为北京市、广州市、黑龙江省、湖南省、陕西省、重庆市。

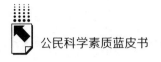

（二）是实现社会主义新农村建设的必然要求

建设社会主义新农村，是提高农业综合生产能力、挖掘内部潜力、增加农村收益、发展农村社会事业的重要战略部署。《中共中央关于制定国民经济和社会发展第十三个五年规划的建议》明确提出，要提高社会主义新农村建设水平，这是继 2005 年第十一个五年规划提出之后，再一次阐述新农村建设的重要性。社会主义新农村是党在新形势下，结合农村发展实际，提出的长远部署。新农村建设的主体是农民，核心在于发展生产力，这主要依靠科学技术。而当前中国农民科学文化素质不高，已经制约了农业转型和全面建成小康社会的实现。新形势下，提高农民科学文化素质，培育有文化、懂技术、会经营的新型农民成为社会主义新农村建设的重要内容，是增强核心竞争力，提升农业发展水平的根本保障。只有培育一批科学文化素质高的新型农民，才能够将农村人力资源转化为人力资本优势，提高农业科技含量，增加农民收入。

（三）是开展精准扶贫精准脱贫工作的内在推动力

中国是一个发展中国家，发展的难点和重点在农村。2014 年，国家统计局统计监测公报数据显示，中国仍有 7017 万处于现行标准下的贫困人口，集中分布在六盘山区、秦巴山区、武陵山区等 14 个集中连片特困地区。消除贫困、改善民生、实现共同富裕，是社会主义的本质要求，更是我们党需要牢记的重要使命。党的十八大以来，以习近平同志为核心的党中央以高度的政治责任感和使命感，把扶贫开发工作提升至前所未有的新高度，多次召开扶贫工作会议，做出了一系列重要指示。2015 年末，《中共中央国务院关于打赢脱贫攻坚战的决定》对未来五年脱贫攻坚工作做出全面部署，要求各级党委政府层层签订脱贫攻坚责任书，立下"军令状"，坚决打赢脱贫攻坚战，确保到 2020 年所有贫困地区和贫困人口迈入全面小康社会。目前来看，全国各省份均制定了扶贫政策，脱贫攻坚工作持续有序开展，取得了阶段性胜利，并有部分省市已经实现了脱贫，进入国务院扶贫办精准扶贫工作成效第三方评估阶段。而防止已脱贫地区再返贫，是当前需要思考的问题。贫困户中因病、因学、缺技术等原因导致的贫困，只有通过增强自身素质，提升农民自信力，才能够保证已脱贫人口的再就业和长期发展。因此，推进农村科普工作，提高农民科学文化素质，是开展精准扶贫精准脱贫工作的内在推动力。

二 农村科普工作过程中存在的问题

伴随着社会经济的发展，农村对于科学知识和技术的需求日益增加。但是目前来看，农村科普工作的供给与需求之间的矛盾较为突出，不能满足日益增长的需求。特别是在精准扶贫工作中，农村科普工作存在的问题更应引起关注。

（一）农民科学文化素质偏低，农村科普重视程度不够

农民科学文化素质是实现农业和农村现代化的主体条件，而目前我国农民的总体科学文化水平与这一要求很不适应。[1] 2012 年和 2015 年，由中国社会科学院与中国科学技术交流中心联合开展的中国公民科学素质基准测评工作结果显示，农民依然是科普四类重点人群中达标率最低的群体。农民整体科学文化素质偏低，必然造成农业的科技带动含量少，大规模种植和机械化作业难以在农村开展。农民依旧传

---

[1] 陈玉光：《必须重视农民科学文化素质的提高》，《华中农业大学学报》（社会科学版）2003 年第 2 期。

承着传统农业生产生活方式和较为粗放的分散经营方法，农作物产量虽有提升，但是与西方发达国家相比，仍有很大差距。目前来看，留守农村务农的基本劳动力多是妇女、老人和儿童，他们没有较高的科学文化素质，很难形成更高水平的生产力。

此外，基层科普工作者对农村科普工作的认识与重视程度不够，在对待农村科普工作上往往存在许多误区，没有充分认识到科普工作在社会主义新农村建设中的重要地位，更没有意识到科普在精准扶贫工作中产生的作用，导致了科技与经济脱节的问题没有得到根本解决，科研成果产业化的转化率低，没将科普工作列入重要议事日程。在方式方法运用上，仍以常规的科技下乡为主，科普活动形式陈旧，形式单一，没能和农民的具体生活紧密结合，科普工作凝聚力不强，也就难以激发农民种地的主动性和创造性。特别是在一些落后农业县，思想观念陈旧，接受先进科学技术的过程较为漫长，这就需要基层科普工作者有更大的耐心、更足的创新力来推动科普工作进行。

（二）农村科普人才队伍总量不足，整体素质不高

《中国科协科普人才发展规划纲要（2010—2020 年）》（以下简称"《人才规划纲要》"）明确提出，要大力培养面向基层的科普人才。到 2020 年，农村科普人才要达到 170 万人，城镇社区科普人才达到 50 万人，企业科普人才达到 80 万人，青少年科技辅导员达到 70 万人。而科技部《中国科普统计（2015 年版）》统计数据显示，截至 2014 年底，农村科普人才 71.97 万人，其中，全国每万人农村人口拥有科普人员 11.63 人，比 2013 年略有减少，这与《人才规划纲要》要求的 170 万人相差甚远。众所周知，科学技术的传播，最主要的就是要依靠科普人才队伍，依靠高素质、高水平的科普人员，在基层扎根，在基层传播科学技术知识。我国农村科普人才总量明显不足，这主要源于近年来，农村青壮年劳动力大部分外出务工，放弃了

务农，留在农村的人群基本是妇女、老人和孩子，他们没有时间，也没有能力开展科普宣传工作，专职的科普人才数量虽有所增加，但是整体不能满足人们的需求。

微观来看，农村科普人才队伍整体素质不高，严重影响了科学技术的推广和应用。目前，农村科普工作要想取得突破，首先要改变的是农民的落后保守观念。长久以来，农民存在小农社会形成的"经验主义"等思想，难以接受科学技术的普及，这在很大程度上制约了科普工作的开展。部分农村地区封建迷信等思想、活动仍然占据较大市场，科普难以深入人心。同时，部分科普人员思想观念落后，责任心不强，对于农业新技术普及的创新性不足，这在部分中西部地区较为明显。

（三）农村科普经费投入不足，筹集渠道单一

充足的科普经费是开展科学技术普及工作的重要保证。《中华人民共和国科学技术普及法》明确规定，各级人民政府应当将科普经费列入同级财政预算，逐步提高科普投入水平，保障科普工作顺利开展；各级人民政府有关部门应当安排一定的经费用于科普工作。2016年6月22日，刘延东同志在全民科学素质行动实施工作电视电话会议上的讲话也指出，要切实增加对科普的投入，省、市、县各级财政科普投入要达到人均一块钱。这足以表明国家对科普经费投入的支持力度。但是，由于部分地区县乡财政收支困难，近年来对科普工作的投入不足，离社会经济对科普活动的需求差距仍较大。资金的短缺及科普经费较低的使用率，使得农村科普工作的物质基础难以保障，严重影响和制约了农村科普工作。

农村科普经费投入不足，导致科普场地和科普基础设施落后，科普读物、科普宣传活动也受到较大限制，科普宣传车难以实现全覆盖，科普工作效果不理想。科普经费投入渠道方面，单一的依靠财政

支出也一直困扰着农村科普事业长期发展。政府、社会、个人组成的多元化科普投入机制尚未建立，社会资金用于农村科普事业的吸纳能力不足。这就在很大程度上导致了地区发展的不均衡，东部地区科普投入相对较多，中西部部分地区科普经费较少，特别是在一些偏远落后的农村，基层政府更多地将资金用在见效快、效益高的项目，不愿用于科普等基础性工作。

（四）农村科普基础设施建设不足，地区差异较大

科普基础设施是科普活动得以顺利开展的支撑和依靠，为科普服务提供了重要平台。农村科普基础设施建设的完善与否，将直接影响农村科普活动开展的效果，关系到农民是否能够接受更好的科学技术普及。目前，我国农村科普基础设施建设十分薄弱，部分偏远地区科普场馆及科普场地匮乏，甚至没有固定的办公场所，仍以开展正规的科普宣传活动，这就很难形成科学文化氛围。即便是农村科普基础设施建设较为完善的东中部发达省份，也存在科普基础设施利用效率低的问题，对于传统科普宣传读本、报刊等的借阅量和阅读量偏低，很难使基础设施的利用效率提高。

除此之外，农村科普基础设施建设不均衡，也体现在地区差异上。由于受到社会、经济、文化等多因素的影响，我国发展本身就存在较为明显的地区差异，东部地区借助优越的自然条件、稳定的社会环境及扎实的经济基础，无论是城市科普，还是农村科普，都优于中部和西部地区的农村。相比之下，西部地区，特别是偏远的山区，农村科普基础设施建设甚至为零，这就在很大程度上削弱了科技在推动地区经济发展中的基础性作用。《中国科普统计（2015年版）》统计数据显示，2014年，西部地区农村科普（技）场地为93667个，较2013年减少12.95%，降幅最大。农村科普基础设施建设不足主要在于经济发展较弱，没有足够的经费作支撑，因此，今后农村科普基础

设施建设只有更多争取财政支持，才能够在硬件上满足人民群众对科学技术日益增长的需求。

（五）农村科普宣传方式陈旧，创新性亟待提高

目前，农村科普的宣传方式仍以科技长廊、科普图书、科技下乡等活动为主。这些科普活动和科普宣传形式对提升农民科学文化素质发挥了积极作用，在特定的时代背景下，做出了突出贡献。在农民获得科技信息的主要途径方面，多数农民获得科技信息通过电视节目和广播节目，获取途径较窄。伴随着信息科技水平的不断提升，电信网络进一步改善了人们的生活质量，网络通信技术的不断更新，使得东部地区农村宽带发展较快，带动了农村社会经济发展和信息化水平不断提升。微信、微博等新媒体客户端的出现，为新时代的科普工作提供了更多可能。传统科普宣传方式内容更新速度慢、使用效率低且无法解决农民真切关注的问题，也不能提供个性化的服务，这些都妨碍了农村科普的精准性，降低了科普工作效率。

在科普宣传内容方面，传统农村科普以宣传农业科学技术知识为主，主要是为了提高农民科技致富的能力。但是，伴随着部分地区社会经济发展水平的提高，农民已经不仅满足于对物质生活的需求，而更多的是享受精神追求。在传统农业生产之外，身体健康、家庭情感、教育服务等领域也备受关注。目前的科普宣传体系和宣传内容，在发达地区的农村已经难以满足农民对科学文化的需求，亟须更新现有宣传内容，改变现有宣传方式。

三　农村科普工作政策建议

科普工作开展以来，我国科普事业得到了充分发展，农村科普工作也取得了一系列的成绩，虽然仍存在部分结构性问题，但整体而

言，农村科普工作在推动农业经济发展、稳定农村社会安定方面发挥了重要作用。新形势下，中国农业农村发展正面临着前所未有的新挑战，中国农业农村发展问题已经进入一个新阶段。当前，我国扶贫工作已经进入啃硬骨头、攻坚拔寨的关键时期，为确保打赢这场脱贫攻坚战，做好全面建成小康社会的重要抓手，防止出现脱贫户返贫现象发生，提升农民科学文化素质，强化农村科普宣传工作是发展内核，刻不容缓。

（一）提高农村科普重视程度，配置优质资源倾斜农村科普工作

由于科普工作在基层各项社会经济文化等工作中处于较为薄弱的环节，许多基层领导没有将农村科普工作作为重点来抓，导致农村科普工作迟迟未见效果。党的十八大以来，社会主义新农村建设迈出更大步伐，美丽乡村建设和精准扶贫工作持续推进，农村已经成为党中央和国务院高度关注的领域。习近平总书记多次强调，"三农"问题作为全党工作的重中之重，要坚决解决好。为提升农民科学文化素质，补齐公民科学素质短板，各级政府，特别是基层政府，应该将农村科普工作放在更加重要的位置来抓。强化服务意识，增强重视程度，保证农村科普工作发挥应有效能。

同时，要把农村科普工作的重点对象放在生产型农民和农村青少年身上。持续加强对生产型农民的科普宣传，根本原因在于提高农民科学文化素质，提高农业技术水平和农业科技含量，才能保证我国粮食安全。青少年作为未来农村重要的人力资源，对于农村社会经济发展将会产生重要作用，只有从小培养他们的科学文化素质，才能够保证其未来发展。

相对于城市科普工作的便利条件，农村科普工作基础薄弱、后劲不足、人才短缺，但是科普工作任务繁重，能力建设不足。这就需要

在科普工作开展前，集中社会优质资源，着力向农村科普环节倾斜，加强农村科普支持力度，促进科普资源投入向农村倾斜，切实保障农村科普事业的正常有序协调发展。各级党委政府应积极协调，特别是对中西部偏远地区，应该投入更多的农村科普资源，将更多的科普经费、科普活动安排在农村，进一步带动农村科普工作发展，全面提升农民科学文化素质。

（二）发展壮大农村科普人才队伍，增强科普人员创新意识

加快推进农村科普工作的重中之重还是努力培育和壮大一批高素质、懂科技、善交流的农村科普人才队伍。只有以专业化的科普人才队伍为支撑，才能够保证农村科普工作顺利开展。因此，在农村科普专职人员、兼职人员的选聘上，要采取多种形式吸引更多的科研人员、大学毕业生加入农村科普工作队伍。进一步提升中级职称以上科普人才的比重，扩大社会性和群众性的科普志愿者，组建科普志愿服务团，定期开展定向科学技术培训，以农民的需要为依据，开展科技咨询、农村实用技术培训等多种形式的科普活动。此外，定期开展专家下乡、专家讲座等性质的科普活动，与高校科研院所合作开展有关农村科普工作的课题研究，培养农民学会用现代科技手段和方法解决农业面临的实际问题的能力。

同时，注重培养农村科普宣传人员的奉献意识。科普作为一项公益性事业，一直以来都是靠科普队伍的奉献意识支撑。由于受到机构设置、人员编制等体制性问题的制约，农村科普人员没有得到应有的回报，这既需要强化责任奉献意识，又要不断完善农村科普工作者的激励机制。农村科普工作者一般需要深入基层，偏远地区的科普宣传者面临的环境更为恶劣。为提高他们的工作主动性，就要采取适当的措施提高他们的政治待遇和工资待遇，在职称评定或职务晋升等方面要优先考虑。通过表彰先进、鼓励先进，进一步调动农村

科普工作者的积极性，完善考核评价机制，激发科普创新活力，为广大基层科普工作者和志愿者创造良好的创新环境，推动科普工作的整体发展。

（三）拓宽科普投入渠道，推进科普市场化运作

由于农村社会经济发展相对滞后，科普投入相对偏低，不能够很好满足农村发展的需要。2006 年起，国家启动了"科普惠农兴村计划"，通过"以奖代补、奖补结合"的资金投入方式，加大了对农村科普工作的支持力度，有效地解决了农村科普宣传的资金问题，推动了农村科普工作的顺利开展，受到广泛好评。新形势下，农村科普工作要继续完善"科普惠农兴村计划"，发挥中央财政资金四两拨千斤的作用。目前，农村科普经费主要来源于政府财政拨款，渠道单一。新形势下，农村科普资金投入渠道应采取多元化方式，积极引入社会、个人资本，通过择优选取企业信誉高、社会影响大的社会资金，共同发展科普事业。资金渠道的拓宽，能够在很大程度上解决农村基础设施陈旧、科普人才队伍效率低等问题。

虽然科普工作是社会公益性事业，但是，仍然可以积极引入市场化运作方式，坚持政府引导规范，吸收引入企业化管理模式，进而充分发挥非营利组织的作用，带动农业科普服务和农业科普产品的作用发挥，对部分科普产品或科普服务进行加工处理，通过市场满足不同层面公众的需求。科普市场化运作的最大益处在于，能够更加符合农民生产生活需要，实现科普工作的精准化，更加凸显科普宣传工作效果，更容易达到预期社会效益。

（四）加大科普基础设施建设，协调地区平衡发展

科普基础设施是国家科普能力建设和国家公众服务体系的重要组成部分，既是面向广大公众开展科学技术工作的重要载体，也是面向

青少年进行各种非正式教育的重要平台，通过科普基础设施，其他科普资源将得到充分展示，并可采用易于理解、接受和参与的方式向公众传播、普及。[①] 作为提高公民科学素质的基础性工程，目前，农村科普工作中，地区发展不协调、科普基础设施建设不完善等问题依然困扰着部分偏远地区的科普宣传，只有解决基础设施问题，才有场地开展科普宣传工作。加大科普基础设施建设，引入更多资金投入，加快建设科普培训学校、农村科普活动室、科普示范基地等多种形式的基础设施建设，进而全面提高农民科学文化素质。

建设农村科普示范基地，发挥引领带头作用，普及农业新品种、新技术，传播农业技术新信息和管理方法，实现通过示范基地带动技术普及，提高农民收入的目标。在中西部较为偏远的农村，集中开展科普宣传或全面铺开不太理想，要合理利用有限的科普资源，就必须走典型示范道路。同时，在一些具有民族特色或地区发展特色的农村，可以创建特色科普展览馆、科普场所，加强设施维护，形成独具一格的科普宣传模式。而为进一步缩小东、中、西部地区之间的差距，就要在不断完善农村文化建设工程和新农村建设的基础上，借助美丽乡村建设之机，完善不同类型、不同规模的农村科普基础设施建设，形成长期开展农村科学技术普及的宣传阵地。

（五）创新农村科普宣传方式，搭建科普服务新平台

传统科普宣传方式已经难以满足科技进步对科普宣传的要求，伴随着农村信息化水平的提高，利用信息技术开展农村科普工作势必成为未来的必然趋势。2017 年 1 月 22 日中国互联网络信息中心（CNNIC）发布的第 39 次《中国互联网络发展状况统计报告》数据显示，中国网民规模已经达到 7.31 亿人，手机网民达 6.95 亿人。其

---

① 陈珂珂：《中国科普基础设施建设的成就、原因与预测》，《科普研究》2014 年第 3 期。

中，截至 2016 年 12 月，农村网民达到 2.01 亿人，比 2015 年底增加 526 万人。农村信息化已经成为我国信息化建设的重要组成部分，成为建设社会主义新农村的有效途径。让更多农民群众分享信息化发展成果带来的获得感，是今后农村科普工作的重要内容，是开展农村科普活动的重要平台。新形势下的农村科普工作应该更加关注科学技术普及与新媒体的结合，推出独具创新力和潜力的科普内容。

创新科普宣传手段和服务平台，拓宽农村科普宣传渠道。在继续发挥具有优势、成效显著的传统媒介作用的基础上，充分利用新媒体宣传平台，借助"互联网＋"等新机遇，搭建新的科普服务平台，建设科普微信平台或科普宣传网，定期更新网站内容，及时推出具有时效性的科学技术知识。在科普内容的选取和宣传方式上，改变传统平铺直叙或直接论述的形式，更多采取生动活泼、群众喜闻乐见的形式，提高实用性和趣味性，积极引导广大农民爱科学、用科学、学科学。同时，开通便捷的咨询服务平台，开展"一对一"的精准服务模式，以便于解答农民生产生活中随时遇到的问题。咨询服务设有专门的服务机构和科普志愿者，负责网站维护及解答疑问。

四　结论

提高全民科学文化素质是我国科普工作的根本目标和任务。从世界范围来看，我国公民科学素质水平仍处于 20 世纪 90 年代发达国家的水平，公民科学素质建设的道路还很漫长。建设创新型国家，需要发挥科普工作的基础性作用，才能够将我国从人力资源大国向人力资源强国转变。然而，伴随着社会经济发展，农村科普工作距新形势的需求之间差距还较大，还不能够很好地满足广大农民对科学技术日益增长的需求。2017 年是全面落实"十三五"规划的关键一年，是精准扶贫精准脱贫工作的深化之年，"三农"面临更广阔的发展空间和难得的发展机遇，同时，也面临众多不确定性因素。为全面提升公民科学素质，农村科普宣传理应更受关注，农村科普工作一直在路上。

参考文献

［1］李群、许佳军：《中国公民科学素质报告（2014）》，社会科学文献出版社，2014。

［2］陈玉光：《必须重视农民科学文化素质的提高》，《华中农业大学学报》（社会科学版）2003年第2期。

［3］陈珂珂：《中国科普基础设施建设的成就、原因与预测》，《科普研究》2014年第3期。

B.7
基于区域科普能力评价的
北京科普发展现状分析

高 畅*

摘　要： 区域科普能力是公民科学素质建设的基础，随着全民
科学素质建设的日益重要，区域科普能力的建设也被
越来越重视。北京要建设具有全球影响力的科技创新
中心，就要加快提升科普综合能力，支撑全民科学素
质全面提升。本文以北京、上海、天津、广东作为样
本，在建立评价指标体系的基础上对其区域科普能力
进行综合评价，通过对比分析了解北京科普发展的现
状，找出存在问题，提出对策建议，期望对进一步提升
北京科普能力建设、提升全民科学素质提供借鉴参考。

关键词： 科普能力　科普发展　北京科普能力评价

公民的科学素质是衡量一个国家或地区软实力的重要标志之一。
随着科技、社会和经济的快速发展，提升全民科学素质显得越来越重
要，而科学普及的能力建设作为区域性科普工作的主要内容，在提升
公民科学素质的过程中发挥着相当重要的支撑作用。《国家中长期科

---

* 高畅，博士，副研究员，北京市科技传播中心副主任，主要研究领域：科普与传播、科技创
新战略。

学和技术发展规划纲要（2006—2020 年）》提出要用"加强国家科普能力建设"来"提高全民族科学文化素质，营造有利于科技创新的社会环境"。由此可知，科学普及能力的建设在区域发展和区域性科普工作中的重要意义。所谓区域科普能力是指一个区域提供科普服务或产品的所有基础设施和组织的综合平衡能力，也就是在一定的时期内，区域提供科普服务或产品的基础设施和所有组织对科普资源的供应充分，科普人员的配置合理，科普组织的功能正常化，科普的基础设施能有效运转，科普环境与制度不断优化，在此条件下，应当达到的年科普产品产出与绩效。[①]

北京作为我国的首都，虽然科普工作一直走在全国前列，但从公民科学素质整体情况来看仍落后于上海，科普能力在某些方面与上海、广东、天津等仍有一些差距。北京正在加速建设具有全球影响力的科技创新中心，迫切需要充分了解科普能力建设的现状，找出存在的问题，提出对策建议。本研究以北京、上海、天津、广东作为样本，在建立评价指标体系的基础上对其科普能力进行综合评价，通过对比分析了解北京科普发展的现状，找出存在问题，提出对策建议，期望对进一步提升北京科普能力建设、提升全民科学素质提供借鉴参考。

一　区域科普能力评价指标体系

近些年，区域科普能力建设不断发展，我国的学术界对区域科普能力的评价进行了一些研究，并从不同的视域，构筑了科普能力评价指标体系。如翟杰全提出了一个包括国家科技传播基础环境实际、机构科技传播能力、媒体科技传播能力、科技传播基础设施、国家科技传播基础环境实际等 50 个指标来评价国家科技

[①]　陈昭锋：《我国区域科普能力建设的趋势》，《科技与经济》2007 年第 2 期。

传播的能力。[1] 佟贺丰等根据国家科普统计指标体系，构造了包括基础设施、科普人员、活动组织、经费投入、科普传媒 5 个维度、17 项指标的地域科普力度评价指标体系。[2] 任嵘嵘等参考了既有的科普能力评价指标体系，根据我国科普统计指标体系的基础，综合考虑地区 GDP 和人口因素，构筑了包括科普人员、基础设施、科普投入、科普活动组织及科普创造 5 个方面、23 项指标的地区科普能力评价指标体系。[3] 张慧君、郑念等提出了科普效果评估指标体系，该指标体系包括科普环境、科普投入、科普综合产出效果和科普活动效果四类指标。[4] 李婷从科普投入、科普产出和科普条件考虑构建了 3 级共 19 项指标来评价地区科普能力。[5] 陈套、罗晓乐从资金的投入和科普人员、科普传媒、基础设施建设、科普活动四个维度对我国地域科普能力进行了测评。[6] 张立军等依据对评价目标的认识及科普能力的内涵，在现有研究的基础上增加了二级指标，一共选取了 37 个指标。[7] 本研究通过对比已有研究，认为陈套、罗晓乐的研究更能直观体现科普能力的测评结果，因而结合文献资料，选取科普人员和资金、科普传媒、科普设施和科普活动四个维度，构建了区域科普能力的评价指标体系（见表1）。

---

① 翟杰全：《国家科技传播能力：影响因素与评价指标》，《北京理工大学学报》（社会科学版）2006 年第 4 期。

② 佟贺丰、刘润生、张泽玉：《地区科普力度评价指标体系构建与分析》，《中国软科学》2008 年第 12 期。

③ 任嵘嵘、郑念、赵萌：《我国地区科普能力评价——基于熵权法 GEM》，《技术经济》2013 第 32 期。

④ 中国科普研究所课题组：《中国科普效果研究》，社会科学文献出版社，2003；张泽玉：《地区科普力度评价指标体系构建与分析》，《中国软科学》2008 年第 12 期；张慧君、郑念：《区域科普能力评价指标体系构建与分析》，《科技和产业》2014 年第 2 期。

⑤ 李婷：《地区科普能力指标体系的构建及评价研究》，《中国科技论坛》2011 年第 7 期。

⑥ 陈套、罗晓乐：《我国区域科普能力测度及其与科技竞争力匹配度研究》，《科普研究》2015 年第 5 期。

⑦ 张立军、张潇、陈菲菲：《基于分形模型的区域科普能力评价与分析》，《科技管理研究》2015 年第 2 期。

表1　科普能力评价指标体系

目标层	准则层	指标层
区域科普能力	科普人财	X11 万人科普专职人员总数
		X12 中级职称以上或大学本科以上学历科普人员数占比
		X13 科普创作人员数占比
		X14 人均年度科普专项经费
		X15 年度科普经费筹集额/GDP
		X16 科技场馆支出
		X17 人均科普活动支出
		X18 科技活动周专项经费筹集额
	科普设施	X21 科普场馆个数(科技馆＋科技博物馆＋青少年科技馆)
		X22 科技馆展厅面积(科技馆＋科技博物馆)
		X23 科普教育基地个数
	科普传媒	X31 科普图书出版总册数
		X32 电台电视台播放时间
		X33 科普网站个数
	科普活动	X41 四类科普活动参加人次(科普讲座、科普展览、科普竞赛、科普行)
		X42 科技活动周参加人次/地区人口
		X43 科普场馆参加人次/地区人口
		X44 重大科普活动参加人次

二　数据来源及方法选取

根据上述指标体系，选取北京、上海、广东、天津作为研究对象。研究中相关的科普指标数据均来源于《中国科普统计（2015年版）》，各城市人口数据来源于《中国区域经济统计年鉴（2015）》。本研究采用因子分析法，在软件IBM SPSS 19.0的支持下对四个区域科普能力进行了计算，分析步骤如下。

（1）数据检验。使用软件IBM SPSS 19.0对数据进行同方向性、

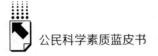

标准化处理，消除了量纲的影响，再用 KMO 检验模型以及（Bartlett）球形度检验对数据进行检验。

（2）求取指标体系的相关系数矩阵，若相关系数矩阵中的不同指标之间的相关系数过大（最好大于 0.5），并且 KMO≥0.6，则可以推断变量之间有进行因子分析的必要性，否则指标之间不适合做因子分析，即使做了因子分析，效果也不好。通过相关性检验发现，18 个指标对应相关系数矩阵中的相关系数值大于 0.5，KMO 值 = 0.611。这说明 18 个指标之间可以做因子分析。

三　北京科普能力评价

利用上述指标体系和数据方法，在 IBM SPSS 19.0 软件中对数据进行处理，提取公共因子，最后以公共因子对总方差的解释程度为权重计算综合得分及科普能力的位次，进而对各城市科普能力进行分析评价，结果见表 2。

表 2　北、上、广、津四地区域科普能力评价结果

区域	科普人财能力		科普设施能力		科普传媒能力		科普活动能力		科普能力综合值	
	数值	排序	数值	排序	数值	排序	数值	排序	数值	排序
北京	-0.2022	2	1.078	1	0.9909	1	1.1121	1	2.9966	1
上海	1.6848	1	0.5858	2	0.9284	2	-0.9616	3	1.5262	2
广东	-0.85399	4	-1.0668	4	-0.4278	3	0.8225	2	-1.1230	3
天津	-0.62855	3	-0.5971	3	-1.4916	4	-0.9730	4	-3.3998	4

从评价结果来看，北京科普能力综合排名位居第一，但在科普人员、资金能力方面与上海有较大差距。2014 年，上海科普经费筹集额 25.8 亿元，而北京科普经费筹集总额仅 21.7 亿元；从人均科普专项经费来看，上海人均科普经费达到 69 元，而北京人均科普经费 46

元。从科普队伍来看，上海科普专职和兼职人员分别为 7518 人和 41013 人，而北京科普专职和兼职人员分别为 7062 人和 34677 人，两者相比，北京科普人员总数远少于上海。而且《中国科普统计（2015 年版）》数据显示，2014 年上海注册科普志愿者达到 92524 人，而北京仅为 20676 人，二者差距较大。由于科普的人力、财力的投入是推动科普活动的重要力量，是开展科普工作的基础性支撑，科普人员、资金投入的强弱直接影响公民科学素质的建设情况。从科普设施能力和科普活动能力评价指标值来看，北京远高于上海、广东和天津，但其作用未充分发挥出来，取得的效果也不甚理想。第 9 次中国公民科学素质调查结果表明，2015 年北京、天津和上海的公民科学素质水平分别为 18.71%、12% 和 17.56%，处于全国前三位，这一结果进一步表明北京科普综合能力支撑公民科学素质建设不足。分析科普能力建设现状及其影响原因，可以发现北京科普工作在以下方面仍存在不足。

（一）科普经费来源渠道单一，科普投入仍显不足

北京科普投入不足主要表现在两个方面：一是经费投入仍需加强。科普统计显示，2014 年，北京科普经费筹集额为 21.738 亿元，而上海科普经费筹集额达到 25.818 亿元，二者相差 4.08 亿元；从人均科普经费来看，上海人均科普经费达到 69 元，而北京人均科普经费 46 元。二是科普经费来源渠道比较单一。虽然北京科普经费的投入已经初步确立了政府投入为主、社会和个人投入为辅的科普经费投入机制，但科普经费的主要来源依靠政府财政拨款，社会捐赠的比例较少。科普经费的筹集渠道十分单一，社会层面对科普投入的意识还不强，加之政府投入相对有限，使得科普经费投入不足，特别是科普基地的经费投入更是难以维持日常工作的需要。对北京市 200 家科普基地的调研结果显示，2013 年的投入总和为 209.9 亿元，其

中财政投入（财政专项投入和科技财政投入）经费所占比例为21.27%，单位投入所占比例为78.12%，其他来源的经费投入比例仅占0.61%，而且，即便是单位投入，大部分也源于财政拨款。经费来源渠道的单一化，加之财政投入和单位投入科普经费十分有限，导致科普基地，尤其是科普教育基地的规模进一步扩大受到了极大的限制。

（二）科普经费投入软硬失衡，科普效果不佳

近年来，北京财政科普经费的投入多用于基础设施和展品等硬件设施建设，投入力度较大，而用于科普内容开发的资金支出相对较少，比例较低。据科普统计数据，2014年科普场馆基建支出中场馆建设和展品、设施等硬件建设支出总和占比88%，而软环境建设支出仅占12%。科普经费投入软硬失衡使得科普机构空有科普载体，而真正起到科普效果的科普知识内容等软环境欠缺，导致科普硬件设施建设虽较好，但科普效果不理想。

（三）科普人才不足，结构需进一步优化

由于当前大学缺乏科普专业相关的教育，使得科普专业人才相对缺乏，大部分科普专职人员也只是科普工作岗位上的人员及部分科研工作者，这些人员比较有限。为弥补科普专职人员的不足，当前大部分科普工作由科普兼职人员承担，而这些科普兼职人员既缺乏必需的科技理论和科学知识，又缺乏科普实践经验，大多仅依靠自我学习来掌握一些基础的理论和相关知识，但凡遇到一点实际问题，就显不知所措，教学的质量就大打折扣了。加之兼职人员不稳定，使得目前北京科普专业人才十分缺乏，尤其是科普基地的学科专业度高的人才、优秀讲解员、设计开发的科学研究人员、市场营销方面的专业职员都很缺乏。同时，存在志愿者和义工等招募困难、科学人员的知识结构

老化等问题。调查研究结果显示，全市有 88.5% 的科普基地设有专职的科普工作人员，11.5% 的科普基地没有配备专职的科普工作人员，在设置有专业的科普人员的基地中，专职科普工作人员占职工总数的比例普遍不高，所占比例平均值为 22.9%，最高的是海淀公共安全馆，比例达 88.9%；专职科普人员所占比例超过 50% 的科普基地仅有 8 家，占 14.8%；大部分科普基地（91%）有中高级人才，且中高级人才占职工总数的比例平均值为 23%，有一小部分表示没有中高级人才，如公司、医院、地方科技中心、农业观光园、遗址博物馆等。在调查的科普基地中，90% 的科普基地表示有专门的科普策划与研发人员，所占比例均值为 12.4%；10% 的基地表示目前没有专门的科普策划与研发人员。科普基地人才缺口和不足的问题，直接制约了科普基地创新能力和科技传播能力的提高。

（四）科普资源发展不均衡，共享不足

北京科普资源主要集中在城区科普或科研机构内，远郊区及基层社区科普资源相对较差，加之目前科普资源共享程度不高，使得科普工作发展不均衡。目前北京科普总体呈现城区科普工作开展较好，远郊区县科普工作相对较差；市级和区县级科普工作开展顺利，社区和农村等基层工作做得较差；基础设施工程的建设方面相对较好，科普资源的开发与共享工程及大众传媒科技传播能力的建设工程较弱。科普资源发展十分不均，再加之科普资源共建共享长效机制并未成形，使得目前北京科普资源的作用未在华北地区充分发挥。

（五）科普产业市场化程度不高，科普社会化格局需提升

尽管目前北京科普已初步形成社会化大格局，但规模化仍不足。虽然当前科普工作已形成社会各界共同参与的格局体系，但由于科普

一直被作为公益事业而被关注，社会对科普的长效工作机制及其社会效益认识不够深刻，社会投入科普的力量有限。加之，科普产业市场化程度不高，整体没有形成规模化、集约化、专业化的发展格局，使得现阶段难以调动和吸引社会力量广泛地参与科普工作。目前科普工作仍以政府主导为主，社会广泛参与科普的机制还未形成，社会参与的规模化还不足，这便造成了科普经费多元化投入机制仍未健全，人才队伍建设受限等问题。

四 提升北京科普能力的对策建议

（一）加强科普人才队伍的建设，优化科普人才结构

人才是科普工作开展的基础。在我国，无论是全国还是在首都北京，科学普及的专业人员数量相对缺乏，这就使科普教育上的工作没有办法从最根本上得到有效提升，所以培养一支可以带动科学普及的教育工作的专业人才队伍十分重要。科普人才队伍的建设要从以下几方面着手：一是要稳定专职科普人才队伍。通过送进高校进行培养、送到科普基地进行培训、再教育和增加外出参观学习的机会、提高科普项目的资助、组建特别的科普工作室等方式，培养科普方面的专业专职人员；通过建立健全科普的专业技术职称序列、大力实施政策保护、优化科普创新环境等举措，稳住专业专职的科普人才，尤其要重点培养一大批高水平的科普场馆专职人员和科普传媒、科普研究与开发、科普创作与设计、科普产业经营、科普活动策划与组织等相关方面的科普人才。二是要壮大兼职人员队伍。实施鼓励和优惠政策，支持和鼓舞科技工作者以及大学在校生志愿者投身于科学普及的伟大事业，做大兼职科普团队，努力使这些人成为科普活动的主导者、科学传播的把关者和示范引领先锋，并且要有效发挥既有科普讲师团、科

普志愿者的能效，把科学带到千家万户，让公众充分理解科学的奥秘。科普基地应当搞活外联合作的创新机制，实施"走出去，请进来"的人才培养和使用机制，例如与各大高校建立双向结合多方联动的训练基地，高校能为相关从业人员提供科普专业化、科技传播上的在职教育，让其更新知识技能并了解科技的最前沿信息，创造新型学习平台，基地为大学在校生提供业务实战的机会；与业界同行实现诸如"人才互换、人才共享"的人才合作制度；聘任科普专家作为基地顾问，参与和指导基地的日常科学普及工作，应用这种"请进来"的方法，直接或间接地实现基地人才结构的优化。三是要扩大志愿者队伍。通过筹建志愿者协会、志愿者服务站点等组织和提供参与科学普及的实践机会，在在职科研人员、高校的老师和学生、初高中在校生、老科技工作者、传媒从业者等人群中发展科普积极分子来筹建志愿者队伍；通过在农村注重科普人才的培养、依托社区社团活动培育基层社区科普宣传员、建立基层社区科普人才的培养基地和鼓励高等院校、科研院所、各大企业、科普基地以及部队等科普人才参与社区活动等众多方式，培养基层科普人才；建立健全高水平科学普及人才的培育和使用的相关机制，创建高端科普人才的全社会、跨行业共同培养与共同享有的机制，重点培养一批业务水平高、具备科普创新能力的场馆专业人才和科普研究与开发、科普传媒、科普创作与设计、科普产业经营、科普活动策划与组织等方面的高素质人才，尤其是要面向未来，培育一大批文理科兼容的高端中青年优秀科普人才。

（二）持续推动科普经费投入多元化发展，优化经费投入结构

今天科普工作的有效开展越来越需要全社会的广泛参与。近年来，首都北京在带动全社会力量开展科学普及的相关教育中获得了一些效

果，但当前的科普教育经费仍然是以政府投入为主要来源，科普经费来源渠道较为单一。面对当前北京科普经费不足的困境，为促进科普持续稳定发展，需要广泛调动社会各个方面的力量参与科普。首先，应建立从政府到民间的自上而下的各类科普事业基金，以便有效地吸纳个人、团体、企业乃至国外的各类机构对我国科普事业的社会捐赠与赞助，形成对科普工作全方位、多层次、无死角的资金投入机制，为科普事业的繁荣发展铺路。在中科院科技战略咨询研究院任职的政策研究室副研究员朱效民 2013 年说过，人类科普事业发展至今，其已不仅是服务于科技事业的发展本身，并且要服务于现代文明社会的协调与可持续发展，也要服务于当代社会公众个人的生活质量的提高。[①]科学普及在如今已不再是一个人、一个团体的自发性的业余行为，同样也是政府和全社会的事业，科学普及的本质是社会公益，所以，应当建立以政府为主导、社会积极广泛参与、借助市场推动的发展运行机制。例如，建立各种专项科普基金，能够大大推动科普事业大步向前发展。要继续加大对科普基地的政策资金扶持力度。科普作为公益事业，政府仍为投入主体，与此同时，要不断拓宽融资渠道。科普基地要充分把握市场经济运行规律，扩大融资渠道，广泛吸引企业参与科普基地的建设和运营开发，要逐步建立和形成政府和主管单位投资为主体、企业投资为支撑、社会融资为补充的多元化投资渠道，从而汇集大量的社会资金投入科普基地的建设与运营开发。此外，加强政府引导，促进科普经费投入兼顾软硬件建设。科普的基础工作系统既包括围绕主题科普的配套硬件设施，也包括科普展品展示内容的策划与更新、科普主题活动的策划、科普人员素质提升等配套软环境的建设，二者是开展科普工作的重要基础保障，必须同时

---

① 朱效民：《当代科普主体的分化与职业化趋势——兼谈科普不应由科学家来负责》，《科学学与科学技术管理》，2003 年 1 期。

兼顾。因此，政府应充分发挥自身的引导作用，出台灵活的引导和鼓励政策，引导社会资本分别向科普硬件设施和软环境建设投入，强化科普基础能力。

（三）促进科普与文化的融合，不断创新科普内容和形式

科普内容是向公众开展科普的最直接的资源，科普内容的好坏决定了科普的效果。好的科普内容，不仅能吸引公众，而且能够使公众深刻理解科学，达到科普的理想效果。因此，要鼓励广大科普爱好者不断创新科普内容，特别是在文化软实力在国家综合国力竞争中的作用愈来愈凸显的今天，使他们在科普内容创作过程中牢固树立科普与文化融合的理念，提升科普的吸引力、影响力和传播力。科普场馆和科普基地，应注重依托自有资源，充分挖掘文化元素，把丰富科普剧目、科普影视作品或科普展览的内容和形式作为创新科普传播方式的突破口之一，将文化与科普有机融合，产生丰富的精品科普创作，吸引更多观众前来参观，在提升科普文化传播力的同时促进科普场馆和基地的可持续发展。在科普创作中，充分发掘民间艺术文化的力量，将科普新理念、科学技术和科普知识融入人民大众喜闻乐见的方式，使科学得到普及推广，以增强科普文化传播力。

（四）进一步推进科普产业化进程，调动社会广泛参与科普的积极性

实现科普社会化格局的有效途径之一是科普的产业化。首都北京若要加快科普社会化的进度，就必须在坚持政府主导的基础上，按照市场机制的运作规律，积极发展培育科普产业，进一步引导全社会力量参与科普产品的生产与研发，拓展科普传播的渠道，进一步开展科普增值服务，带动教具、展品、模型等相关衍生品行业的发展。首先，

要加大对原创性科普作品的支持。探索和设立科普创作基金，建立科普工作者、专业编辑、科研人员联合开展科学普及相关图书创作的激励创新机制。创作系列科普主题的微视频、专题片、纪录片以及科普宣传公益广告，并在中央电视台、北京电视台等社会主流媒体播出，推出《科学达人秀》《科学脱口秀》等一批益智类专题栏目。支持原创性科普动漫和科普游戏的开发，开展新技术和创意的交流，加强传播推广。推动科普产品创新性研发，开创标准化战略，建设与完善科普产品研发的基地，引导全社会力量研发和生产科普展品、教具等。其次，要加强科普产业市场培育。统筹产业资源，推动成立科普相关产业创新性联盟，加强对于其产业的引导管理。针对科普产品推广研发创作等一系列环节，建设一批科普产业聚集的产业园区，形成一些产业集群。依托高技术企业、大专院校、科研院所等建立产品研发中心，鼓励全社会力量投身于科普产业的发展，推动科技成果向科普产品迅速落地和转化。发挥市场配置资源的决定性作用，大力举办科普产品交易会、展览会等，打造国际化科普产品和资源的集散、展览、交流中心。通过政府的定期采购、定向合作等财政手段，重点支持一批社会经济效益显著的科普产业的龙头企业，拓展新的市场与新的业务领域，壮大产业力量，调动全社会力量广泛参与科普创新和产业发展。

（五）推进科普协同化发展，构建大科普格局

科普工作是一项系统的、社会性质的工作，需要的人力、物力较多，需要的时间较长，必须依靠社会各界力量，有效调动其参与科普的积极性，并整合各类科普资源，形成政府主导、社会广泛参与的工作格局。只有共同推进科普工作，才能使公民科学素质得到快速有效的提升。今后，北京需重点面向社会开展科普资源共建共享试点，积极推动不同权属科普资源的集成，探索并建立多方参与、协同合作的资源共建共享机制，加强与国内外的合作与交流，提升北京市科普水

平和传播理念，促进北京市科普工作的国际化发展。建立与京津冀、长三角、珠三角等区域的科普合作机制，提升首都科普集聚与高端辐射能力。建立市级与区县级以及区县级之间的科普互动合作机制，缩小地区科普工作水平的差距，促进科普一体化。具体而言，第一，要推动全社会参与科普工作。充分发挥首都的中央单位的资源优势，搭建中央地方协同发展和良好的共享机制。调动各区和部门的积极性，形成开展科普工作的良好联动机制。充分依靠社会力量开展科普工作。引导各大高校院所、企业事业单位以及社会群众等参与科普工作。将各行各业的工作与科普工作有机地结合起来，挖掘各行业自身特色与其资源优势。通过组织筹建科普联盟基地、北京科普资源联盟等机构，来搭建互惠互利、共创共赢、共治共享的科普工作大网络，以实现科普资源共同开发、共享成果的新局面。实施社会群众参与创新行动计划的活动，通过项目创意征集、政府政策推动，提升公众参与度与主人翁精神。第二，要加强各区域间的科普协同发展。推动成立京津冀地区、北上广地区、京港澳台地区的区域性科普联盟，在科普的创新方法培训、资源共享、人才交流等多方面开展深层次的合作，并建立机制来推动区域科普合作交流常态化。深入开展京津冀科普旅游、科技夏令营等科普主题活动，有序推进与其他地区科普资源的共享和转移，切实加强对西部地区的科普帮助支持工作。第三，是要大力加强国际科普交流与合作。拓展科普事业的国际视野，充分利用全球科普创新战略资源，搭建国际合作的常态化平台。建立人才培训、产品研发、产品展览举办等方面的科普国际交流与合作机制，全天候、多方位地为中外科技场馆实时对接服务。并且，要注重加强与"一带一路"沿线国家和地区的交流合作，以拓展科普事业发展的渠道和领域。要切实推动国内外科普相关组织一起举办科学嘉年华、北京诺贝尔奖获得者论坛等一系列的高水平、有影响力的科普活动，推动北京地区的高层次科学技术人员加入代表性大和影响力强的国际科学技术组织。

B.8
公民科学素质测评方法研究

刘悦悦　闫素芹　李少鹏*

摘　要：　全面了解公民科学素质状况，是制定相关科普促进政
策，促进中国文化建设，推动经济发展的关键依据。
本文在对公民科学素质测评指标体系进行分析后，对
比了美国、欧盟、英国、印度等国家和地区测评方法
的差异，讨论如何基于项目反应理论来建设适合现阶
段国情的公民科学素质测评方法。分析结果表明，在
今后的公民科学素质测评过程中，可以尝试运用二维
测评体系，采用分层的测度结构，专家设定与媒体词
频相结合的方式确定问卷题目，并对测评结果进行分
析，以在最大限度上满足中国公民科学素质调查的
需要。

关键词：　公民科学素质测评方法　媒体报道　项目反应理论

一　引言

科学知识随着现代社会高速的科技进步呈现爆炸发展的态势，科

---

* 刘悦悦，2016级硕士研究生，中国传媒大学理学院，主要研究方向：统计与计量模型、科普
评价；闫素芹，博士，中国传媒大学理学院，副教授，主要研究方向：分层模型理论与应
用、科普评价；李少鹏，博士生，美国天普大学福克斯商学院，主要研究方向：管理会计、
科普评价。

学研究的专业化不断深入形成了独特的文化系统，知识在内化为科学素质之后，推动着社会进步，反映和影响着人们的精神生活。科学本身只是人类用来认识自然、改造自然的手段，并没有天然设定其行为的目标和方向，其发展方向由主流社会价值观确定。科学是社会经济全面发展的重要驱动因素，也是普通大众全面参与社会生活的重要途径，是否具备科学素质对公民的价值取向、思维方式有重要的影响，是其能否运用科学方法进行健康生活与高效劳动的前提条件。公民的受教育程度不同，他们通过各种途径学习科学知识，进行科学素质测评，全面了解公民的科学素质状况，就尤为重要。

"科学素质"这个词语在1952年被首次提出以后，世界各地的学者在科学素质的概念界定和测评上进行了一系列的研究。不同学者给出的科学素质的定义是不同的，但普遍认为科学素质是公民素质的重要组成成分，是当代人在社会生活中参与科学事务的基本条件。公民科学素质指公民在生活经验或者学习经历中增长的一种理解、掌握并运用科学技术知识的修习涵养及科学能力。[①] 在多大程度上运用科学知识，掌握科学知识，是否能够快速学习科学知识，这反映了公民科学素质水平，应当及时被社会管理部门所掌握。所以需要对公民科学素质测评方法进行相关研究，从而制定和完善符合中国国情的测评方法，得到较准确的测评结果。通过结果分析，可以在政府进行重大战略部署及制定相关政策时，提供科学依据和决策基础。

公民科学素质测评方法最早是20世纪米勒提出的三维测评体系。中国学者自20世纪90年代以来，以《全民科学素质行动计划纲要（2006—2010—2020年）》为指导，进行了大量科学素养调查工作。在调查工作中，基本上沿用了米勒体系及美国关于科学素质的调查问卷，然后根据中国国情进行过多次修改和校正。米勒体系在长期的调

---

① 张超、任磊、何薇：《中国公民科学素质测度解读》，《中国科技论坛》2013年第7期。

查实践中被美国、欧盟、日本、韩国等多个国家与地区借鉴和应用，所以也被公认为国际上科学素质测评的主流理论。进行公民科学素质测评是为了理解公民科学素质的起源及影响因素，通过相应政策的制定提高公民科学素质，并且帮助公民更好地理解科学研究和科技政策，提高公民参与科技政策讨论的能力。依据公民科学素质测评的结果，可以预测公民科学素质发展的方向和公民提高科学素质的方法和方向，也可以预测公民科学素质提高的程度和发展的程度。在各国政治、经济、文化竞争日趋激烈的今天，进行公民科学素质测评可以保障国家科技战略实施的有效性、科技活动管理的合理性。

本文立足于公众理解科学研究领域的新趋势，探讨公民科学素质测评指标构建，通过对各国公民科学素质测评中题目差异的对比，讨论如何基于项目反应理论来建设适合现阶段中国国情的公民科学素质测评方法。

二 公民科学素质测评指标与问卷题目设置中的问题

（一）公民科学素质测评指标体系

由于每个国家社会经济发展水平不一样，政治文化背景也不相同，通常情况下，对居民是否具备公民科学素质的测评结果不尽相同，但是一般情况下要包含四个维度来构成有机系统。这四个维度分别是：测评目标、测评维度、测评因子和测评题库。[①] 指标体系需要在不断完善的过程中更好地反映社会经济发展的要求和对政策进行科

---

① 李宪奇：《中国公民科学素质测评指标体系的建构与应用》，《中国科技论坛》2008 年第 7 期。

学性研究的特点。在中国，《纲要》要求的公民科学素质测评覆盖范围是 18～69 岁国内常驻居民（不包含现役军人和智力障碍者），同时也规定必须测评未成年人。

联合国教科文组织认为社会科学和自然科学均属于科学范围。根据这个观点，公民科学素质中"科学"这一概念应该涵盖数学、统计学、工程技术、自然科学、社会科学多个方面。"素质"是指与科学知识、意识和能力有关的心理特质，也兼顾知识本位、能力本位和生活本位三种不同的科学素质理念。

根据以上三个科学范畴，在设计科学素质测评指标体系时，一般设置科学知识、科学意识和科学能力三个一级指标。科学知识又包括三个科学二级指标：科学概念、科学判断和对科学研究的理解。其中科学概念是指科学课程中的基本术语，如电子、DNA 等"核心概念"；舆论热点和大众传媒中阶段性使用频率较高的科学术语，如禽流感、SARS 等"非核心概念"。科学判断是指对于科学事实的判断、有关科学原理的判断和对于科学组织和科学家的判断。对科学研究的理解是指理解科学研究过程（含基础研究、应用研究和开发研究）、理解科学研究方法。科学具体知识是目前科学研究中公民应当掌握的各类生产生活知识。

科学意识是指公民对科学研究的重要价值和对技术发明的属性的正确理解，根据这种理解在生产生活中指导具体活动的意识基础。其二级指标科学本质是对科学与迷信界限的理解和对崇尚追求科学与盲目崇拜科学界限的理解、基于科学认识的行为选择取向。科学意识另一个二级指标科学技术与社会包括对科学发展观的理解、对科学研究的经济与生产力发展价值（即科学的民生意义）的理解、对科学研究的社会进步与和谐价值（即科学的民主意义）的理解和对科学研究的资源与环境价值（即科学的生态意义）的理解。

科学能力是充分运用各类具体的科学知识来探索未知领域，对知识重新组合来创新，并处理具体的生活生产中的事务的能力。其二级指标处理实际事务的能力是指发现和确定问题的能力、收集证据和使用证据的能力、得出结论和解释结论的能力、在情境中应用科学知识的能力。处理公共事务的能力包括参与公共事务的能力、传播公共事务的能力、组织公共事务的能力。创新能力是指理解科学信息和断定科学事实的判断力、探究事物联系的探索力、预测事物变化的想象力、独立反思和有根据的质疑权威结论的批判力。[①]

公民科学素质测评指标体系构造完成后，需要构造相应的测评题库。构造测评题库需要注意在题库使用过程中保证便于检索、更新、扩展，并且不同领域题目涉及的知识在难度和广度上保证一致。

（二）公民科学素质测评问卷中的题目设置

1. 不同背景下各国公民科学素质测评题目的差异

由于各个国家与地区之间历史、政治和文化的多样性，公民科学素质测评的题目也具有差异性。根据国家目标和国情状况，公民科学素质测评标准涉及的知识领域可能不会有太大差异，但是呈现方式和侧重点却有明显的差别。不同国家的具体国情不同，对公民科学素质的主要内涵和构成层次的理解也不尽相同。比如，发达国家和发展中国家对公民科学素质的要求是不一样的。

美国公民科学素质测评主要是通过米勒体系里三个展现公民科学素质的维度进行问题设计。米勒体系主要包括科技对个体和全社会的影响、科学探索的曲折性和未知性的理解，基本的学术话语体系的理解，一系列具体的科学概念等的理解。米勒（Miller）教授从民主制度建设的角度，在"公民科学素养"问题上研究并开发了一套评价

[①] 汤书昆、王孝炯、徐晓飞：《中国公民科学素质测评指标体系研究》，《科学学研究》2008年第 1 期。

指标体系和相关的问卷。这三个维度体现了公民科学素质的最低水平，只有在这三个维度涉及的三个方面的问题达标后，才能被认为具备基本科学素质。"米勒体系"模型是美国公民科学素质调查的基本框架。对三个维度进行测量时，每个维度都有自己的判断标准，在对基本科学术语和概念的理解中选择具有代表性的术语，围绕这些术语设计封闭式的对错选择和开放式的问答。例如通过 10 个具有代表性的问题进行调查，被访者每答对 1 个问题得 1 分，答错不扣分，分数从 0 分到满分 10 分。得 7 分及以上（即总正确数的 2/3 以上）即表示对基本科学术语和概念达到理解及理解以上的程度。这些问题能够比较客观地反映公众的理解水平。在对科学探究的过程和本质的理解中，首先，能够准确地描述理论所研究的概念，其次能够通过试验设计和科学的程序来验证被访问者是否理解了科学研究的本质，最后，必须有一定的统计稳定性。能够做到上述三点，则认为其对科学研究的本质有了把握。

欧盟基本沿袭了国际通行的关于公民科学素质的标准，不同点是欧盟大多用"公众对科学技术的理解和认识"取代"公民科学素质"这一说法。欧盟调查委员会调查居民了解科学技术程度的主要方式是问卷调查和当面访谈，以此来掌握欧盟居民的 A.P.I（态度、理解程度、兴趣着眼点）。欧盟居民科学素质包含三个层次，分别是社会关系同科学的关系、科学研究等各类活动和科学具体知识。在 2005 年，欧盟科学测评委员会在欧盟全范围开展了名为"欧洲人、科学与技术"的调查，该调查主要包括欧盟地区居民对科学知识的主要兴趣和获取渠道，居民对科技基本概念的理解和基本认识，政府和科研机构在社会中的角色等几个基本方面。

欧盟开展的科学素质调查除了涵盖了米勒体系所规范的科学素质概念，还将"科学素质"这一概念扩展至历次的调查主题上，例如在 2005 年，欧盟居民科学素质调查将主题设置为女性在科学研究中的主要定位和政府行政同科学研究，特别是社会科学研究的关系的调查。在往届的欧盟科学素质调查中还对"转基因"等热点概念开展居民态度的调研。① 通过几次调查，欧盟居民对科学素质概念的理解均同主题密切相关。随着欧盟科学技术的进步与发展，历届欧盟科学素质调查都随着欧盟的社会经济文化发展不断丰富，各类调查主题的概念从经济、文化角度出发，十分务实，其中民主政治是欧盟开展居民科学素质调查时比较明显的一个特色。

作为老牌工业化欧洲国家，英国学术界对公民科学素质的研究有深厚的积累。英国皇家学会在《公众理解科学》报告中，对"公众理解科学"这一概念加以清晰的阐述：通过对公众理解科学技术的发展水平的评估来促进公众了解科学基本精神；加深公众对科学发展中各项机制的理解，是促进公民科学素质提升的手段，有重要的社会作用；对科学家群体进行调研，发现向公众传播科普知识的重点难点，提出相应的解决方案。在具体操作上，英国通过访谈和调查问卷两种方法开展公民科学素质调查。

英国开展公民科学素质调查的指标体系包含四个一级指标：

（1）公民对科学知识（术语和概念）的基本理解；

（2）公民对科学的研究过程和方法的基本理解；

（3）公民对科学技术的社会影响的基本理解；

（4）公民对待科学的态度。②

英国开展公民科学素质调查的主要目标是了解英国公民对科学是否有正确的理解和英国公民科学素质的具体特点，根据调查结果分析"公众理解科学"和相关的社会影响，并且挖掘在向公众传播科学知

---

① 刘萱：《基于 PUS 指标的"科学文化"指数模型及效度分析——中国与欧盟公众理解科学的现状比较》，中国科学技术大学博士学位论文，2010。
② 李正伟、刘兵：《对英国有关"公众理解科学"的三份重要报告的简要考察与分析》，《自然辩证法研究》2003 年第 5 期。

识时存在的相关信息鸿沟和解决方案。经过多年的调查，英国科普学术界发现科学知识同对待科学的态度之间并非显著的正相关关系，即并非公众掌握的科学知识越多，就对科学研究越支持。

问卷调查采用40道关于科学态度的题目，通过聚类分析的方法，按照科学态度的差异将英国公民分为六类。其中英国公民对科学研究的理解是调查重点，其内涵是对待科学研究的态度、科学普及力度和增强公众理解科学的方式，以通俗语言来描述科学理论。由于科普媒体对科普作品创作的严谨性和真实性极大地影响了公众正确把握科学知识的水平，因此科学知识传播中关于科学新闻材料的合理性所占的权重很大。此外，以便于公众理解的语言来解释科学概念、理论、成果，将艰涩抽象的科学概念以便于公众理解、符合传播规律的方式正确地向社会传播是正确理解科学的关键。另外，加强系统化教育和强调提升科学素质的非系统化教育是未来科普工作的主要方向，这是英国乃至全世界科普工作者和教育者所共同关注的。

印度作为文化独特、人口众多的发展中国家，由于不同的文化背景和社会经济条件，在宗教、文化、人口、语言等方面与西方国家存在差异。西方大规模进行公民科学素质测量的调查工具和方法显然不适合印度。较低的移动电话拥有率使得在印度开展大规模电话调查困难重重，成本巨大。因此印度开展公民科学素质调查一般选在大型集会上开展，例如"大壶节"——阿拉哈巴德宗教集会这一印度重要的宗教庆典。在庆典期间，会有数百万的印度民众前来庆祝。利用这次机会可以在有限时间内广泛收集不同受教育程度、农村人口、印度教信徒的代表性样本，其中文盲、半文盲等较难进行调查的对象也可以在庆典上充分获得。节省了进行一次精确的随机抽样调查耗费的大量的时间、资源和金钱。印度公民科学素质调查主要集中在各个学科的基础科学知识。根据公民对一些科技的基本概念的理解来进行判断。因为条件有限和可控资源较少，公民科学素质测评调查问卷包括被调查的各类属性，如性别、年龄等，还将科学素质相关的测评题目分为两类，除了同西方国家类似的公民科学素质测评题目外，还包括具有印度国情特色的如"对文学作品和诗歌"的态度和宗教主题等特殊变量。真实地反映印度公民科学素质中存在的问题是问卷调查的重点，而非"测评"本身。调查的关键是了解印度公民在日常生活中关注的科学知识、观念、方法、概念等相关内容，其内涵是掌握印度公民对科学知识掌握和理解的程度。为进一步提升公众对国家科技财政支出和科学传播促进的支持度。具体测评题目数量上，印度公民科学素质调查问卷包含了米勒体系的部分内容即国际通行测评题目，包括14道具体科学知识题目，5道科学术语理解题目，8道公众对科学研究的理解题目，另外还有一系列具有印度特色的题目，例如对"科学气质"的正确理解用于反映公众对科学术语的把握。这些题目是印度建设具有自身文化特色的测评体系的尝试，反映了印度今后进一步完善体系的方向。[1]

总的来说，典型的公民科学素质测评工具中，科学内容、科学能力（科学探究）已经成为核心要素。此外，可以添加关于公众对科学的态度和对科学本质的理解等维度的测评，如对"科学和社会关系"的正确理解，来丰富研究目的。大部分公民科学素质测评的题目以封闭式的多重选择题、李克特式量表（三点或者五点）、是非对错题和开放式问题为主。其中，对于科学与社会关系和科学态度的测量多采用李克特式量表的方式，主要探查测评对象的观点和态度，每道题目一般只属于一个测评维度。

2. 基于媒体报道的公民科学素质测评题目设置方法

专家设计的公民科学素质测评问卷反映了这些专家所理解的公民应当理解的科技概念、理论、知识。大众是如何获取这些知识的呢？

---

① 史玉民、韩芳：《印度公民科学素养发展概况》，《科普研究》2008年第3期。

在现代社会中，媒体是大众科学信息的主要来源。大众不仅从媒体上获取科学术语和概念，还了解科学发现、科学争辩（如转基因问题）、科学事件等。具有科学文化素养的公民应该具有批判性阅读和讨论科学报道的能力。Shamos 认为科学素养有三种形式：第一种形式，"文化科学素养"，掌握科学术语，能够阅读和理解与科学相关的新闻。第二种形式，"功能的科学素养"，要求个人能够与其他人交流这些科学新闻。第三种形式，"真正的科学素养"，了解主要科学理论，以及这些理论是怎样发展起来的，为什么会被广泛认知，并能够理解科学家提出问题、探究问题、得出结论的研究方法。[1] 综上所述，公民科学素质的一个重要方面是理解新闻媒体中所报道的科学术语和概念。

在公民科学素质测评中，对于对基本科学术语理解这一维度的测评，根据媒体报道的词频确定测试题目更加合理。比如，在 Brossard 与 Shanahan 的研究中，首先，运用系统抽样的方法，从《牛津科学词典》（包含生物、化学、物理、地球科学和天文学等领域）约 9000 个词条中，抽取随机起点后每间隔 10 个抽取一个词条，剔除可能产生歧义的词条后，最终 896 条入样。然后，基于 Lexis-Nexis 数据库，把随机抽取到的 896 个词条作为关键词，统计它们在主要报纸中出现的频率，选出频率最高的前 5%。最后，把这些词作为测试目标，在问卷中设计成填空题进行测试。[2] Rundgren 等认为学校教育和媒体传播对提升公民科学素质都很重要，须同时强调这两种传播科学文化知识的方式。他们的研究不是来自词典，而是来自台湾地区初中教材名词索引中的 2037 个词。使用报纸数据库，运用关键词自动提取算法

---

① Shamos，M.，*The Myth of Scientific Literacy*（New York：Rutgers University Press），1995.

② Brossard，D. and Shanahan，J.，"Do They Know What They Read? Building a Scientific Literacy Measurement Instrument based on Science Media Coverage"，*Science Communication*，2006，28（1）：47 – 63.

进行匹配，确定了 876 个关键词，统计出高频的热点词条 100 个，经专家审核剔除后，剩余 95 个词条，设计成多项选择题进行测试。[1] 这项研究的假设是在新闻媒体上高频率出现科学术语，公民可能会更频繁地讨论有关问题。可以根据科学术语在媒体中出现的次数构建测评题目和内容，用以衡量公民的科学素质。通过使用现代的计算机软件，我们能够检索出在不同时段媒体最常用的科学术语。有些科学术语具有时效性，测评题目中的基础术语可能在下次测评时已经过时，需要适时地进行题库更新。基于媒体报道的公民科学素质测评方法中的测评题目不完全由专家确定，而是结合媒体报道来确定题目范围。这类测评题目会随着测评时间的不同发生相应的改变。

三 基于项目反应理论的主要方法和 经典测量方法对比

学术界认为心理测度包括三类：经典测量理论、项目反应理论和概化理论。[2] 经典测量理论又称真分数理论，是在随机抽样理论的基础上，把测验的得分看作真实反映被测试者能力和误差参数的线性组合。建立模型，可以用下式表示：$X = T + E$，其中 X 是观测分数，T 是真实能力，E 是误差参数。这里必须对测评中几个重要概念加以阐述。根据测量成熟理论，信度是指在测量结果中，真实能力得分的变异度同总体结果得分的变异度的比值，一般以方差作为变异度，能够反映测量结果的一致性程度，即可靠性。效度是指测量结果的有效性，所以又称效度为正确性。衡量效度的方法主要是测量测试结果的

---

[1] Rundgren, C. J., et al., "Are You SLiM? Developing an Instrument for Civic Scientific Literacy Measurement (SLiM) based on Media Coverage", *Public Understanding of Science*, 2010, 21 (6): 759 –773.

[2] 金瑜：《心理测量》，华东师范大学出版社，2005。

质量同测评所要求的质量相符的程度。为了保证测评结果具备良好的信度和效度，需要在调查完成后对测评项目整体进行分析。项目分析中除了研究调查问卷中的试题外，还有一系列统计方法，大体可以分为区分度分析和总体难度分析。具体实施方法是对测评结果的统计分布加以判断，并以总体均值或中位数为基准点，按照一定间隔对单个样本同基准点位置的距离进行判断。如果被测评的不同部分分数差异较大，可以对测试时限、测试对象的自身属性、测试对象的环境进行标准化变换，使不同情况下的测评可以在同一数量级加以比较。[①]

经典测量理论具有简单易用、体系成熟完备的优点，即可操作性强、理论成熟，并且误差在可控制范围内，由于建立在简单的数学模型之上，直观形象，并且便于理解。在经典测量理论中，测评分数、真实分数和误差分数三者是存在线性函数关系的，大量研究却表明，测评分数和真实分数的函数关系通常是非线性的。在测量中，经典测量理论中测评方法的优劣用测量信度表示，而测量信度中的测量系数等于真分数的方差与观察分数的方差的比值，然而真分数不能求出，所以不能精确求出信度系数，只能通过相关性来估计，因此误差只是个模糊值。误差与真分数相互独立的假设也难以满足。测试题目的难度左右着结果的估计。所以使用经典测量理论估计的结果可能不太理想。

由于计算机技术的迅猛发展，项目反应理论得到快速发展。假设在严谨的数学统计模型基础上，被测试者对测验的反应受某种心理特质支配。项目反应理论通过项目反应曲线来反映被试者对某一测验项目的正确反应概率与该项目所对应的特质或能力水平之间的一种函数关系。项目反应理论的成立需要如下三个前提。

前提一：被测试能力中所有题目必须针对同一个特质；

---

① 杜洪飞：《经典测量理论与项目反应理论的比较研究》，《社会心理科学》2006 年第 6 期。

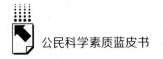

前提二：在一次测试中，题目之间没有关联性；

前提三：题目回答正确的概率和被测评者的能力存在函数关系。①

因为前提假设的严格性，在实际操作中，项目反应理论实施起来有一定难度，这主要是由于项目反应理论需要以测试题目的答案为基础，使用测试题目的特征函数对被检测能力进行推测。一般采用的特征函数有包含难度指标的单一变量模型、包含难度和试题区分度的双变量模型和涵盖猜测变量、难度变量、区分度变量的三变量模型，需要根据不同模型的特点和适用范围选取模型并进行参数估计。三变量模型涵盖了较为丰富的变量，有价值信息多，但是实际操作中参数估计工作十分复杂；而双变量模型则对项目中实际的猜测变量不显著；单变量模型对题目各类参数的性质要求十分苛刻。在对模型进行参数估计时，通常使用的方法为贝叶斯估计法或极大似然估计法。为了使问卷调查的测试结果更加精确、科学，需要通过数学方法寻找一定的依据修改调查问卷，完善指标体系，改善测评方法。通过项目反映曲线这一方法将被测试者的能力参数和项目特征都表达出来，其原理是建立调查对象的被测评能力和调查能力特征值在调查问卷中的预期正确概率的模型，并构建为非线性模型进行回归。② 于是就需要检验问卷是否能够很好地拟合指标体系。通过结构方程模型中的验证性因子检验对指标体系和问卷进行修改。结构方程分析是根据模型内变量之间的协方差矩阵来分析变量之间存在何种关系的一种检测方法。

项目反应理论具备题目数量参数恒定的优势，题目参数的估计不依赖特定的某一类测试题目，而是独立于被测试组，因此可以将公民科学素质的各项被检测能力同测试题的难度系数在一个尺度上同时估

---

① 余嘉元：《项目反应理论及其应用》，江苏教育出版社，1992。

② 杜洪飞：《经典测量理论与项目反应理论的比较研究》，《社会心理科学》2006 年第 6 期。

算。当测试题目的难度发生变化时，科学素质能力估计值稳定，因此当调查问卷发生变化时也可以进行比较。[1] 被测评的能力同题目难度估计值无关，高得分和低得分在同一测验中可以拟合成一条曲线，即项目反应理论模型，该模型可以精确估计测评误差。但是，目前我国对项目反应理论的研究尚处于初始阶段，对模式参数的估计，由于烦琐的计算过程必须使用计算机辅助。

四 适合中国国情的公民科学素质测评方法探索

随着 2006 年《全民科学素质行动计划纲要（2006—2010—2020 年）》的提出，中国公民科学素质水平的提升成为国家战略发展的重要内容。《纲要》中公民科学素质包含科学知识、科学方法、科学能力以及科学精神四个方面的内容。党中央、国务院的重要决策为中国科普事业的发展和公民科学素质提升提供了巨大的引领和推动作用。《纲要》明确指出要建立中国特色的科学素质评估体系。目前，中国公民科学素质评估工作在多个机构的共同努力下已经为国家科普相关决策提供了重要的参考，理论研究也从照搬国外公民科学素质测评体系逐步发展为有中国特色的公民科学素质测评方法。就目前的情况来看，中国公民科学素质的研究主要集中在中外科学历史和文化差异如何取舍，在建立共同目标、共享调查数据基础上的定量分析较少。

中国是一个人口众多、资源稀缺、国情复杂的大国，中国公民科学素质发展不平衡体现着地区差异、城乡差异、两性差异，调查人群具有较大的差异性，并且国家科技、经济、高等教育和社会再教育整

---

[1] 孔燕、张凡：《基于项目反应理论的中国公民科学素质测评方法研究》，《科技管理研究》2009 年第 4 期。

体发展水平同美国有较大差距。中国是具备数千年历史的农耕文明，在产生灿烂的传统文化的同时也存在大量的愚昧与落后的人群和地区，迷信和伪科学与贫穷和封闭相伴而生，这些都是提升中国公民科学素质的挑战。

照搬米勒体系的公民科学素质测评方法显然不适合中国。中国科协自 1992 年至今运用抽样统计开展了若干次公民科学素养问卷调查，基本上是以米勒教授建立的三维科学素质评估体系为基础，然后采用国际标准题库的题目进行测评，虽然也增加了一些适应中国本土情况的试题，但是测评体系和方法仍然不能很好地反映中国公民科学素质现状。例如米勒体系里的第三个维度：科学技术对个人和社会影响的理解，在不同国家之间，内容上具有实质性的差异。所以我们在测评体系上可以抛弃以米勒体系为代表的三维指标体系，建立二维科学素质指标体系，即主要通过对科学术语概念的科学探索的过程和实质以及公众对其的理解来调研中国公民科学素质水平。

中国公民科学素质水平相对落后，有学者提出采用分层的测度结构，即从基础层和提升层两个层面对我国公民科学素质进行考察①，这具有一定的可行性。基础层面主要适用于科学素质水平较低和受教育水平较低的公民，比如西部地区、偏远山区的农民。在基础层面上，应当把工作重点放在提升公民在生活中运用科学的能力，进而提高公民生活质量，拓宽公民获取科学知识和理念的渠道，这是中国公民科学素质综合竞争力得以提升的基础性条件。所以要进行以生活科学为主要内容的测量。在题目内容选择上要基于公民的现实需求，通过对在媒体报道中出现的高频科学术语进行问答，将题目置于具体的

---

① 李红林、曾国屏：《关于米勒体系中国化的探索与思考》，《自然辩证法研究》2014 年第 5 期。

语境中，进行全面测量。在提升层面，主要针对科学素质水平较高的公民，例如领导干部、公务员和受教育水平较高的群体。可以按照国际层面要求的测评目标，但是要将问题本土化，结合具体历史环境进行测量。

中国公民科学素质测评可以通过大数据挖掘的手段，对目前各类媒体上热点科学词汇进行统计调查，找出最为关键的概念、科学知识门类。进过专家审核后，确定测评题目，保证题库与时代同步。进一步完善公民科学素质测评题库，将题库建设为具备高度开放性和动态性的公民科学素质测评基础试题池，严格试题更新制度，在科学验证的前提下扩展、丰富公民科学素质题目。

对于测评结果的分析，可以选择基于项目反应理论的方法，有利于国际比较。对于一些软性变量，如科学思想、运用科学知识能力等指标，通常不能严格地进行测量，这些也被称作潜变量。这类变量的处理方法通常是采用若干外部显性指标来间接替代。一般情况下，一个潜变量需要多个显性变量，表现在调查问卷中应当对应多道测评题目。为了将多个测评题目加以综合，可以采用因子分析法来确定显性的调查题目和潜变量的关系，即将潜变量设置为因子，若干测评题目为因子负荷，通过因子得分来分析潜变量和测评题目间的契合度。可以进一步建立结构化回归模型，通过对模型的检验修改测试问卷的潜变量对应的测评题目，来使调查问卷最大限度地符合公民科学素质调查的目标。

五　总结

中国公民科学素质水平与发达国家相差较大，并且具有城乡差距十分明显、对基本科学知识认知度较低等特点。高水平的公民科学素质对提升中国整体创新能力，促进中国社会经济全面发展有重要作

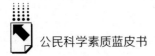

用。全面提高公民科学素质是一项重要任务，而公民科学素质测评结果可以为国家制定科普规划提供依据。在测评过程中可以尝试运用二维测评体系，采用分层的测度结构，采用专家设定与媒体词频相结合的方式确定问卷题目，基于项目反应理论对测评结果进行分析。公民科学素质测评是一个需要不断实践与修正的长期工作。

案例篇

Case Report

B.9

中国科普场馆状况分析
及发展的若干建议

邱成利 *

摘　要：　中国科普场馆进入快速发展期，对科学知识普及，提高公众科学素质发挥了不可替代的作用。但是，与发达国家相比，中国科普场馆建设还存在若干不尽如人意的地方。深入分析中国科普场馆发展的短板，适应互联网技术广泛应用带来的机遇与挑战，增强中国科普场馆的展品研发、作品创作、影片制作、科普讲解能力建设，实现中国科普场馆从科学传播型向研究传

* 邱成利，博士，研究员，长期从事科技和科普管理工作，国家"十二五""十三五"科普规划主要起草者，国家中长期科技人才规划和"十三五"科技人才规划主要起草者，发表论文90余篇，专著5部，《科普研究》编委，"全国科技活动周"方案主要策划者和具体组织者，现供职于科学技术部政策法规与监督司，主要研究领域：科普政策。

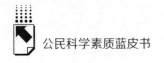

播型转变，是中国科普场馆今后应该努力的方向。

关键词： 科普场馆　展陈方式　展品研发　体验　实验

随着中国科技创新能力的不断提高，科学普及开始得到政府的重视。以 2002 年《中华人民共和国科学技术普及法》颁布实施为标志，中国政府用于科技馆、科学技术类博物馆建设的投资持续加大。地方政府、特别是大中城市政府将建设科普场馆作为体现政府重视科普的标志性工程。一批科普场馆陆续出现在中国城市，为政府和社会各界开展科普活动提供了重要场所，为公众了解科技、提高科学文化素质提供了极大便利。《中国科普统计（2016 年版）》显示，"十二五"期间，中国科普场馆建设进入新高潮，共建设了 339 个科普场馆，平均每年建成科普场馆 68 个，省会城市、大城市均有综合性科普场馆，大部分中等城市也拥有中型科普场馆或专业科普场馆，部分小城市、城区也开始兴建科普场馆。与此同时，一批专业科普场馆、特色科普场馆应运而生，成为公众周末、假期参观的好去处，对激发孩子爱好科学、激发其对科技的兴趣发挥了重要的作用，也成为公众学习科学知识、掌握科学方法的重要场所和途径之一。互联网技术和人工智能技术的快速发展和广泛应用，将给科普场馆带来一场新的变革，为此，比较分析中国科普场馆发展的优势和不足，加强规划和应变，才能保持中国科普场馆的持续发展能力，为加强中国科普能力建设做出应有贡献。

一　中国科普场馆进入快速发展期

科技馆是以展览教育为主要功能的科学教育机构。通过参与、体验、互动性的展品以及辅助性展示手段，以激发公众的科学兴趣、启迪公众的科学观念为目的，对公众进行科学教育。科普场馆是科学普及的重要平台，是公众接触和参与科技实践的重要场所，为公众了解和学习科学知识提供了良好的环境。科学技术类博物馆最早出现在欧洲，是在自然博物馆、工业技术博物馆基础上发展而来的。发达国家十分重视科学技术类博物馆建设，建设了一批世界知名的科学技术类博物馆。世界上最早的博物馆可以追溯到公元前290年建立的亚历山大博物馆（缪斯神庙），这里陈列了与天文、医学、文化艺术等各学科相关的藏品。阿什莫林博物馆是世界上最早的公共博物馆，也是规模最大的大学博物馆，是牛津大学五大博物馆之一。"博物馆"一词起源于希腊语，本义为"供奉缪斯及从事研究的处所"。自然类博物馆收藏了很多自然科学类的标本，具有重要的历史价值和教育意义。科技类博物馆不仅体现了传播的直观性和临场感，更因其可触摸操作和可互动的优势受到广大公众的喜爱，博物馆里从不缺少熙熙攘攘的人群、兴奋的表情和此起彼伏的嘈杂声，足以说明科技类博物馆的受欢迎程度。[①]

（一）中国科普场馆发展进入新阶段

"科技馆是人类科学智慧的集散地，是科学转变为大众文化的精神工厂"。[②] 中国科普场馆的发展，实际上是在学习借鉴发达国家的展品展陈模式的基础上发展的，好处是加快了中国科普场馆的发展，缩短了差距。

1.科普场馆数量增长迅速

科普场馆包括科技馆、科学技术类博物馆和青少年科技馆三类。其中科技馆以展示教育为主，促进科学技术的普及和传播，通常以科

---

① 聂海林：《科技类博物馆公众参与型科学实践平台建设初探》，《科普研究》2016年第1期。
② 张开逊：《中国科技馆事业的战略思考》，《科普研究》2017年第1期。

学中心、科学宫和科技馆命名；科学技术类博物馆以自然科学为基础，日常见到的水族馆、天文馆、标本馆等都属于科学技术类博物馆；青少年科技馆是主要面向未成年人的科普基地，是青少年开展课外学习的重要场所。①

据《中国科普统计（2016 年版）》，截止到 2015 年，中国共有科普场馆（含科技馆、科学技术类博物馆、青少年科技中心，由于青少年科技中心参差不齐，故本文不涉及）1258 个（指建筑面积超过 500 平方米的科普场馆），其中科技馆 444 个，科学技术类博物馆 814 个，分别比 2010 年增加了 109 个和 264 个；平均 108 万人拥有一个科普场馆；中国每省平均拥有 11.7 个科技馆，拥有科技馆数量较多的分别是湖北省（60 个）、福建省（35 个）、广东省（34 个）、上海市（32 个）。面积较大的科技馆为广东科学中心（14 万平方米）、辽宁科技馆（10.3 万平方米）、中国科技馆（10.2 万平方米）、上海科技馆（9.8 万平方米）。

2. 单个科普场馆面积较大

中国科普场馆建筑面积 1028.70 万平方米，展厅面积 423.93 万平方米，平均每万人拥有科普场馆面积 75.6 平方米。其中科技馆建筑面积合计 313.84 万平方米，展厅面积 154.20 万平方米。科学技术类博物馆建筑面积 714.86 万平方米，展厅面积 269.73 万平方米。建筑面积超过 3 万平方米的科技馆 23 个。中国东部地区共有 221 个科技馆，建筑面积 186.3 万平方米，是中部和西部地区科技馆面积之和 127.6 万平方米的 1.46 倍。

3. 场馆外观设计新颖别致

新建成的科普场馆，大多面积大，动辄几万平方米，乃至十多万平方米；许多是国外设计师设计的，外形新颖别致，不规则形状，给

---

① 中华人民共和国科学技术部：《中国科普统计（2016 年版）》，科学技术文献出版社，2016。

人耳目一新的感觉；大多使用玻璃外墙，场馆采光效果好。各种形状的外形，为城市增添了亮点，成为城市现代化的标志建筑。

4. 科普场馆参观人数激增

2015 年科技馆共有 4695.09 万参观人次，比 2014 年增长 11.99%，科学技术类博物馆共有 10511.12 万参观人次，比 2014 年增长 6.02%。参观科普场馆、体验科普展项成为假期许多家庭的选择。

（二）科普场馆成为城市重要标志

1. 科技类博物馆优势明显

建设科普场馆不仅是科技发展的内在要求，也是城市建设及形象树立的迫切需要。科普场馆实际上与图书馆、博物馆、剧院等已经成为城市的重要标志。如果想了解城市的过去，那应该去博物馆，而若想知道城市的现状，去科技馆是不错的选择。由于科技类博物馆专注于自身专业领域，其接待公众数量实际上超过了综合类科技馆。

2. 科普场馆展品种类多样

中国科普场馆的展品大多是委托设计、生产的，往往有专门的设计公司设计，委托企业加工。随着科普场馆展品需求的不断提高，一些科普场馆开始自行设计展品，委托加工。如浙江天煌教仪公司，原本是生产教学仪器设备的，近年来涉足科普展品设计生产，取得了不俗业绩。北京、上海、安徽、浙江一些公司也成为业内佼佼者。

3. 展品设计制造主要依靠外包

科普场馆展品主要依靠委托设计，委托生产或采购。具备独立开发科普展品的场馆为数不多。科普场馆最重要的硬件就是科普展品，其设计与制造直接决定着科普场馆的水平。科普展品主要包括传统的

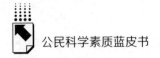

经典展品、创新展品以及引进的国外科普展品三大类。①

4. 动手体验实验项目增多

随着公众需求的多样化,受发达国家科普场馆的影响,一些亲自体验、动手实验项目被引进。科普场馆不断增加动手体验实验项目,拓展了科普场馆内容,增加了对高年级学生和成年人的吸引力。

(三)科普场馆成为科普活动中心

1. 成为科学教育重要平台

科普场馆不仅为公众提供了参观科普展品的场所,其举办的各种科普活动,吸引了大量的公众,特别是孩子。全家人假期到科技馆成为常态。笔者曾多次到上海科技馆、广东科学中心、中国科技馆,每次都能看到许多学生在那里开心地参观和玩耍。由于具有互动体验的特点,科普场馆最受孩子们喜爱,假期同父母一同去科普场馆是孩子们最开心的事。

2. 成为科普活动重要平台

科普场馆在周末和假期吸引了大量参观者,政府部门、机构和协会的科普活动集中在科普场馆举办,增强了科普场馆的吸引力。特别是每逢科技活动周、科普日、重大科技节日等,各类活动集中亮相,丰富和充实了科普场馆展项,弥补了科普场馆高新技术展项的不足。

3. 成为科学交流重要平台

科普场馆聚集了大量参观者,各种活动的举办为参观者提供了与科学家交流的机会和平台。特别是中小学生可以在玩中激发学习的动力,对科学产生兴趣。

---

① 李小瓯:《浅谈国内科技馆传统科普展品的改进与提高》,《科普研究》2010 年第 4 期。

二 中国科普场馆发展存在的问题分析

通过对国内外若干科普场馆的考察、比较、分析，发现中国科普场馆尚存在一些不尽如人意的地方，依然是以展品为主，单纯进行展示，交互式展览少，这值得注意和反思。尤其是北京、上海、广州等大城市科普场馆的建设趋同化现象较为严重，展品创新性不够强，对公众吸引力较弱。

（一）科普场馆偏重综合性

1. 中国科普场馆数量快速增长

中国科普场馆数量在 21 世纪快速增长，每年有 68 座左右新的科普场馆建成或投入使用。以 2008 年新的 10.2 万平方米中国科技馆建成投入使用为标志，一批新的大型科普场馆陆续出现在中国的大城市、中等城市中。目前建筑面积超过 10 万平方米的科普场馆有辽宁科技馆、广东科学中心、中国科技馆，其中建筑面积最大的是广东科学中心。超过 3 万平方米的有 14 个，世界上最大的科普场馆属于中国。科普场馆全是新建，极少利用旧厂房、建筑等改造。拥有科普场馆的中等城市数量增长很快，广东省各地级市均建有建筑面积超过 2 万平方米的科普场馆。河南省各地级市也拥有 1 个以上科普场馆或科技类博物馆。

2. 万人拥有科普场馆数量少

美国、英国、法国是拥有博物馆最多的国家。拥有博物馆最多的城市是巴黎、伦敦、纽约、上海、北京。据统计，发达国家平均 50 万人拥有一个科普场馆，中国大约是 108 万人。美国、英国、法国、德国、日本等国家科普场馆众多。根据现有统计数据，从科技类博物馆的数量与人口的比例看，中国大陆地区仅相当于美国的 1/4.4、英国的 1/2.4、日本的 1/8、中国台湾地区的 1/7，差距较大（详见表 1、表 2）。

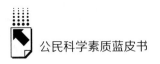

表1　部分国家和地区科技类博物馆的数量与人口总数的比例

	科技类博物馆数量(个)	馆数:人口总数(个:万人)
美国	560	1:41
英国	350	1:75
日本	550	1:22
中国台湾地区	90	1:26
中国大陆地区	721	1:180

表2　世界著名科技馆的主要数据

名称	面积及形状	展项	特点	建设时间	参观人数	门票
巴黎科学与工业城	建筑面积15万平方米,展厅面积2.5万平方米	声音、光学、数学、航空航天、能源、基因	常设展项面积大、以游戏方式普及科学技术	1986年	300万人	22.5欧元;折扣票18欧元;6岁以下儿童9欧元
伦敦科学博物馆	建筑面积4.5万平方米,展厅面积3万平方米	涵盖整个西方科学、技术、医学。70个展项,20万件展品	"工业革命博物馆",瓦特发明的蒸汽机、最早的纺织机	1857年1909年	600万人	免票
上海科技馆	建筑面积9.8万平方米,展厅面积6.5万平方米,螺旋上升体	生物万象、动物世界、地壳探秘、智慧之光、宇航天地。11个展区	科技馆、自然博物馆、天文馆三馆一体	2001年	630万人	60元;学生30元
芝加哥科学与工业博物馆	建筑面积6万平方米	物理、化学、医学、冶金、农业、交通和工程。3.5万个展项	德国潜水艇、波音飞机、航天器。互动、观众可动手操作	1933年	140万人	15美元;3~11岁10美元

续表

名称	面积及形状	展项	特点	建设时间	参观人数	门票
波士顿科学博物馆		岩石、植物、动物标本、火箭和人造卫星模型。500多件互动展品		1830年	170万人	
德意志博物馆（慕尼黑）	建筑面积5万平方米	种类齐全，50多个学科，3万件展品	轮船、潜艇、飞机，科技档案，第一部电话机、戴姆勒第一辆车、1万伏高压放电表演装置	1903年1925年	500万人	8.5欧元；6~15岁3欧元
加州科学中心（洛杉矶）	建筑面积2.3万平方米	科学殿堂、生命世界、创造力世界、经验积累	奋进号航天飞机	1951年2001年	260多万人	29.95美元；学生及年轻人24.95美元；星期五免费
旧金山探索馆	建筑面积3万多平方米，展厅面积1万多平方米	声波可见、凹面镜成像、陀螺仪。600个展项	展品研发车间，90%的展品自主研发	1969年	60多万人	25美元；学生、老师、残疾人19美元
安大略科学中心（多伦多）	建筑面积4.7万平方米，展厅面积1.7万平方米	太空探索、人体极限、地球环境、想象力、奇异材料巡展。10个展馆、600多个展项	运用新技术，令观众在玩乐中学习科学，体验技术应用	1969年1976年	100多万人	18加元；儿童11加元

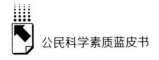

续表

名称	面积及形状	展项	特点	建设时间	参观人数	门票
莫斯科综合技术博物馆	建筑面积3万平方米	能源、机器制造、无线电、宇航。60个展厅,4万件展品	俄罗斯和世界不同时期科技成就	1872年	150万人	500卢布
鲍尔豪斯博物馆(悉尼)	建筑面积2万平方米	火车头实物;体积巨大的飞艇。22个展厅,38万件展品	收藏代表科技发展进程的标志性实物	1988年	50万人	6澳元

3. 中国科普场馆面积超大

根据统计数据计算,中国科普场馆平均建筑面积为8177平方米。大城市、发达地区、旅游城市建设大型科普场馆尚可理解。但是一些中等城市、小城市也动辄建设几万平方米的科普场馆,虽然对科普是件好事,却导致科普场馆分布失衡,城市与农村、东部与西部差距过大,出现了一方面大部分县区缺少科普场馆,农民、农村学生参观科技馆很难,另一方面科普场馆资源大量集中在城市和发达地区,产生一定程度的闲置、浪费。在发达国家,除了国家科普场馆,建筑面积并不以大为主,往往侧重于专业化或特色。日本科学未来馆8881平方米,新加坡科学馆8000平方米,中国香港科学馆仅6500平方米,但是功能齐全,接待能力强,深受游客青睐,成为世界知名的科普场馆。

(二)科普场馆建筑缺少中国特色

对于发达国家,科普场馆、博物馆众多,设计一个造型新颖的科普场馆无可厚非，但对于中国各地大量新建的补缺式科普场馆，则显得过于超前。

1. 场馆设计越发异形

曾几何时，高端大气的科普场馆建筑物越来越少了，一些外表华丽、造型优美、外形奇特、使用效率低下的科普场馆陆续建成。背后的推手是一些欧美国家的设计师或受过欧美教育的设计师。他们奢侈式的设计，导致许多场馆利用率极低，接待人员数量大打折扣。重视建筑资金投入，忽视战略内容投入成为中国科普场馆普遍现象。国家应该出台相关规定，叫停这种设计，规定科普场馆等公共建筑的可使用的有效面积占比超过80%，大厅的高度应该予以限制，更大的面积应该属于普通参观者，而不是那些奢侈设计师。外墙应该是最普通的正常建筑材料和颜色，而不是什么瓷砖，或其他材料（应该提倡节能、环保材料），对玻璃外墙的使用应该慎重。

2. 装修过度缺少特色

公众来科普场馆是看展项的，不是看建筑或装修的。中国科普场馆最大的问题是装修过度，过度追求漂亮的外观，没有特色，未形成风格，各地场馆随心所欲，想怎么建就怎么建，一个场馆一种外形，千馆千面，不看单位牌子，很难知道此建筑物是什么。朴素、简约应该成为科普场馆的标配。国外的科普场馆坚持实用主义的理念，奉行简约风格，朴素至上，外部基本不装修，内部墙面也极少装修，重点放在展品上，靠精彩的展项吸引公众。

3. 建筑造型缺少应用寓意

最值得称道的是巴西参议院和众议院的建筑。众议院开口朝上的碗形建筑，寓意倾听选民意见；而参议院则开口朝下，寓意做出决策。这无论是对议员还是公众都是很好的寓意、警示，也是其对外形象的极好展示。美国的议会大厦也是很好的例子。从国会大厦到州议会大厦，其顶部圆球形造型成为标志。无论你在州府城市哪个位置，一眼就能认出，无须看标牌。广东科学中心外形是木棉花，中国科技馆外形是鲁班锁，上海科技馆外形是螺旋上升体，由美国 PTKL 建筑设计事务所设计。甘肃省张掖市气象科技馆外形是温度显示器，晚上显示主要气象数据，并用颜色表达不同气候。

4. 内部面积闲置过大

馆内留了很大的空间，大厅往往过高、过大，导致实际用于展陈的面积明显偏小，与发达国家科普场馆的简约、实用形成了鲜明对比。直接的结果就是展厅面积严重缩水，展品过于拥挤。这种设计偏离了建设科普场馆的初衷，也造成了新建场馆动辄几万平方米，但是实际用于展陈的面积严重不足。

玻璃外墙导致能源消耗大量增加。日本的许多建筑倡导用小窗户，仅此一项可节约很多电能消耗，同时使用双层玻璃并加大间隔可大大增强建筑的冬天保暖及夏日隔热效果。

（三）科普场馆利用效用低下

科普场馆展厅应该是高大、宽敞的规则形状，给参观者以大气的感觉，如同中国国家博物馆、大不列颠博物馆、美国自然历史博物馆、纽约大都会博物馆、罗浮宫、美国航空航天博物馆等。但是进入 21 世纪以来，中国科普场馆的设计似乎进入了一个新阶段。

1. 实际展览面积占比过低

中国大约90%以上的科普场馆展厅面积不足建筑面积的50%，不少场馆甚至低于40%，大量面积成了办公区或用作他途。展厅不能用于展览的闲置的面积过大，偌大的空间被闲置被视为新潮，高达40~50米的空间不见一物，导致许多3万平方米的场馆，竟然找不到一个规则的大展厅（1000平方米）举行大型活动。

2.展厅碎片化趋势严重

参观者进入科普场馆，见不到大展厅，取而代之的是一个个不规则的小展厅，参观者仿佛进入了迷宫，找不到北。大量使用玻璃外墙，冬冷夏热，离开了空调很难正常运行。场馆空洞大厅一天的空调费用惊人，也成了科普场馆运行的难处之一。

（四）科普展品技术含量偏低

1.展陈设计缺少关联性

中国大多数科普场馆由于追求"大而全"，展厅设计趋同化严重，展品主要是仿制，重复率高，缺少特点和独有的特色，给人一种千馆一面的感觉。缺少核心知识，名称过于花哨，让人费尽心机去猜展出的是什么。科普展品是一种能生动化、趣味化地展示某种自然现象或规律的科学产品，或利用计算机、多媒体等技术展示介绍某种科学知识的工具，是科学知识最形象最直观的体现。现代科技馆强调"故事线、知识链"。[1] 中国科普场馆的展品，大多在场馆基建完成后开始采购，其费用大约是科普场馆基建费用的50%。笔者参观了许多国内新建的科普场馆，发现展品基本上是从国内采购而来，或者委托国内，乃至国外公司设计。国内企业加工生产的比较出名的展品，主要集中在北京、上海、杭州、深圳、合肥、成都等地。印象深刻的是宁波科学探索中心，它的展品主要是委托国外著名设计公司设计，在浙江省生产，以互动展项为主，展品新颖，坚固耐用，受到参观者的欢迎。体验展项的参观者包括许多中学高年级学生、大学生等，一些女学生也加入体验者队伍，足见其展品的新颖性和吸引力。但是，人们去科普场馆参观，最经常看到的就是展品损坏，无法正常工作，还有不少体验型展项也由于损坏而无法进行。这暴露出科普场馆展品

---

① 蓝冬青：《广西科技馆科普展品设计制作缺陷之探讨》，《科普研究》2010年第4期。

的一个弱点，坚固度和耐用性不足。

2.展品真实物品偏少

科普场馆展品不应全是新建的展品，应该展示不同时期的真实物品。收集旧设备、仪器、产品应该是科普场馆的重要方向之一。例如计算机，最新的产品肯定在市场上，科普场馆应该展出最初的计算机，展出不同时期的计算机，让参观者了解计算机的发展历程。笔者曾参观过韩国电视台的展览馆，那里展出了不同时期的电视发射设备，让参观者了解电视发射设备的创新过程。科普场馆应该尽量少用专门设计生产的展品，而多用真实物品展出。笔者 2017 年 7 月参观了河南省某县的小麦博物馆。一个县政府能投资建设专业类科普场馆，面向广大公众普及小麦科技知识，值得称赞。但遗憾的是，整个小麦科普场馆没有真小麦，参观者看不到、摸不到真小麦。类似的情形同样出现在其他许多科普场馆里。笔者参观了吉林省科普场馆，长春是中国列车制造的重要基地，科普场馆展出机车实物是最有价值的，却用了一个原比例的列车模型，大大降低了展示效果。过多使用多媒体和液晶屏幕，包括大量使用 AR、VR、MR 等设备，虽然提高了体验效果，但是容易造成对参观者，特别是孩子眼睛的伤害。

3.展品质量品质较差

追求展品外观美感，忽视展品坚固耐用的根本要求。坚固耐用是科普展品的基本要求。科技馆与其他博物馆不同，应该鼓励参观者动手实践、在游玩中学习科学知识。因此，科普场馆展品必须有质量标准和品质保障，经久耐用、不易损坏。美国、加拿大的科普场馆许多展品已连续运行了 30～40 年，还在使用，与中国展品易损、破旧、可靠性差、损坏严重形成了鲜明对比。通过对中国许多场馆考察和分析，每个场馆有约 20% 的展品不能正常使用或在维修中，有些受参观者欢迎的展项还是定时、定点才能使用、体验，降低了参观者的兴致，展品也未能发挥其应有的功能。

4. 展品更新周期过长

与文史类博物馆不同，科普场馆许多展品要三年更新一次，同时要制定严格的标准，鼓励参观者触摸展品、动手体验展项，展品要坚固耐用。宁波科学探索中心在这方面领先于其他馆，大量展项可以动手体验，不仅是小学生，大学生也可以。很多有趣、刺激的展项，一些女青年也在体验。实验证明，"纸上得来终觉浅，绝知此事要躬行"。体验、动手实验会给体验者、实验者留下很深的印象，有助于学习和掌握相关知识。目前由于展品供给市场尚未形成，基本靠相互借鉴和仿制，导致展品更新后，又常常成为新的似曾相识，新一轮展品的重复。

（五）专业讲解流于形式

1. 讲解人员素质偏低

具备必要的科学技术知识，讲解人员学历应从大学逐步提高到硕士研究生为主。讲解人员不能靠背诵讲解词进行讲解，而应该懂得所讲解的展品背后的知识，知道互动展项演示或揭示的科学原理或技术知识。同时还要具备进行某些领域、某些项目科学实验或演示的能力，特别是应该掌握相关知识，回答参观者提出的问题，能够进行交流，搭建参观者学习科学和技术知识的第二课堂。

2. 科学原理诠释较少

发达国家科普场馆中，往往见不到年轻漂亮的女讲解员，常常是白发的长者，或是戴着眼镜的学者。他们讲解不拘形式，风格各异，但是口若悬河，滔滔不绝，风趣幽默，引人入胜。他们是展品专家，十分了解所讲的内容，能够与参观者进行交流和讨论，回答参观者的各类问题。故事型讲解可以吸引参观者的兴趣，问答型讲解可以集中参观者的注意力，叙述型讲解中规中矩。

3. 说明标牌内容简单

目前标牌内容大多过于简单，只有名称及说明，解释不到位，不够醒目，缺少相应的标准，提供的相关信息少，制作质量一般。考虑到大部分参观者听不到讲解员的讲解，因此必须充分说明标牌内容，尽量配合文字说明辅以图示、图片或动漫效果及提示，增加直观性和用数字标明程序。

4. 动手实验项目缺失

"美国旧金山探索馆所倡导的'边动手、边动脑'的展教思想给世界各国科技馆带来了巨大的影响"。[1] "德意志博物馆从 2006 年开始建设'开放式实验室'；2009 年 3 月，欧盟发起'接触纳米'的项目，先后在意大利的米兰，德国的柏林、慕尼黑，瑞典的哥德堡等地的科学博物馆或科学中心，建立柏林橱窗试点'纳米研究员展示区'，让科研实验室走出高校，面向公众，与观众零距离接触"。[2] 哈佛大学联合波士顿科技馆于 2005 年开展了"现场实验室"（Living Laboratory）项目，分别在哈佛大学和波士顿科技馆设立科学实验室，开办专门区域，其可贵之处在于科研人员在实验室从事真实科学研究的同时，公众可与科学家对话或自愿参与科研项目。

（六）高端研究人才匮乏

1. 缺少展品专职研发人员

科普场馆不能仅仅是传播型场所，单纯介绍展品及背后的科技知识，而应集聚一批人才对科学技术的某些领域进行专门研究，同时还有能力研制新的展教品，从传播型场所向研究与传播型场所转变。以前科普场馆人员大多是讲解员，往往是高中毕业生，经过一段时间的培训，主要靠背诵讲解词，然后开始讲解工作。往往以年轻女孩为主，这种状况目前改变不大，只不过学历提升到大专或大学了，具有硕士学位的研究生

---

① 胥彦玲、何丹、吴晨生：《国外科技馆建设对我国的启示》，《科普研究》2010 年第 5 期。
② 摩根·梅尔：《被"展览"的研究员：把实验室搬进博物馆》，《科学教育与博物馆》2015 年第 3 期。

很少，博士则十分鲜见。安大略科学中心展品研发人员占全馆软工人数的一半，从而保证了该馆始终具有强大的展品研发能力。

2.科普场馆研究功能退化

科普场馆研究功能退化，以至于展品的研究主要依靠外包或采购，而能够提供相应展品的企业十分有限，导致科普场馆的展品大同小异，趋同化现象日益严重。科普场馆人才主要是传播型人才，使得科普场馆发展后劲不足，高层次人才不愿意进入科普场馆，最终使科普场馆在博物馆中成为没什么科技含量和文化含量的场所。全国的科普场馆没有多少位科学家、技术专家，与博物馆拥有大量的博物学家形成了鲜明的对比。旧金山探索馆、安大略科学中心均设立了展品研发车间，负责展品的策划、设计与制作。

（七）科学文化融合不够

1.科学与艺术相互隔绝

许多科普场馆仅满足于科技内涵，缺少对内容的深度挖掘和艺术加工。就科学言科学，缺少讲故事能力，严肃有余，活泼不足。为了科学教育而科学教育。在科技馆，孩子们还要排队参观，不能自由地玩耍和体验。

2.公众专家缺少交流

随着中国高等教育的普及，参观者迫切希望与科学家进行面对面的交流、探讨，然而目前科普场馆很难满足参观者的愿望。应该学习国外的做法，在科普场馆设立咖啡馆，经常组织科学家来此与公众交流、讨论，营造宽松的科学文化氛围，增加科普场馆吸引力，让参与科学成为公众的热点。这方面，中国科普场馆与国外差距依然较大，需要更新观念，做出努力。

中国科普场馆出现的一些问题，实际上反映了中国经济、科技、教育、文化水平和科学素质的差异。

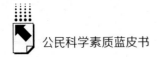

三 提高中国科普场馆科学教育能力的设想

中国科普场馆必须不断更新办馆理念，摒弃传统的图片、模型展示方式，秉承"寓教于乐，体验为主"的原则，丰富展览内容，创新展陈方式，加大互动体验、动手实验，提高凝聚力、吸引力，发挥科学普及主阵地的作用。北京要建设全国科技创新中心、世界一流城市，必须建设一批世界一流的科普场馆，吸引世界各国游客前来参观，领略中国科学技术成就和一流创新成果，特别是在北京城市中心，应该建设新一代科普场馆，介绍世界各国的科技创新成就，让中国了解世界科技成就，让世界了解中国科学技术创新成果。

（一）制定中国科普场馆专项规划

1. 场馆进入功能细分阶段

中国科普场馆建设已从少到多，进入需要科学布局、合理分工的阶段，而不该任由地方、部门、企业随意而为。应该根据一定区域内的科普场馆布局，做出长远规划，一般情况下，大城市建有一个综合类科普场馆，其他场馆最好是专题类或专业场馆，或是本地优势资源或产业、产品、藏品等。应该建设功能各异的科普场馆，分流参观者。

2. 适当控制场馆建筑规模

场馆规模不宜盲目求大。世界上除了少数发达国家、国际知名大城市建有规模大的科普场馆，一般的场馆规模也就是3万平方米，鲜见超过5万平方米，甚至10万平方米的科普场馆。这些一般规模的科普场馆每年接待的参观者并不少。英国科技馆、法国科学中心、美国科技馆、德国科技馆、日本科学技术馆，面积仅2万多平方米，新加坡国家科技馆面积也是2万平方米左右，中国香港特别行政区的科技馆的面积是2万平方米。

3. 规范科普场馆外观设计

科普场馆的功能和外形设计应该制定规则，确定主要类型和不同标准，形成自身的特点，增加公众的辨识度。大致可分为以下类型：标准型，国家博物馆、北京自然博物馆、中国农业展览馆、北京天文馆老馆；现代型，上海科技馆、广东科学中心、北京天文馆新馆；传统型，北京民族文化宫、中国园林博物馆；混合型；中国科技馆、首都博物馆。

4. 崇尚简约强化实用功能

科普场馆建筑是用于展览的，不是供公众欣赏的或满足不同审美情趣。发达国家的科普场馆建筑物基本是朴素的，外观及内部很少进行过度或华丽的装修，主要面积用于展览。要控制办公面积占比，尽量提高展览面积，同时创新展示内容和展示手段。

5. 促进科普场馆适度集聚

上海市的布局值得大城市借鉴。先建设了上海科技馆，然后建设了上海自然博物馆，现在开始建设上海天文馆。而且三馆由上海科技馆进行一体化管理。吉林省也建设了吉林省科技馆、光学科技馆。西藏自治区同时建设了自然科学博物馆和科技馆。

6. 探索改建废弃建筑途径

科普场馆关键是展品。实际上，利用废弃不用的厂房、仓库改造为科普场馆是发达国家常用的途径之一，这对于科普经费不足的城市，是低成本建设科普场馆的突破口。在大学建设科普场馆是可以双赢的选择。世界一流大学不仅有一流的大师，一流的学术氛围，同时也拥有众多一流的科普场馆，这为大学增添了无穷的魅力。遗憾的是，我国一流的大学很少拥有一流的博物馆、科普场馆，这种现状不改变，很难成为真正意义上的世界一流大学。科普场馆建在大学，可以发挥教学和科普的双重功效，对政府来说是一举两得的投资。"享誉国际的美国旧金山探索馆，从1969年对公众开放直到 2013 年，44 年间一直在 1915 年世博会留下的两间旧仓库里展示科学"。①

（二）创新现代科普场馆理念

科技馆是向公众普及科学技术基本知识的重要、专门的场所，应该具备基本的科学技术功能，发挥应有的作用。"科技馆是公众的科学殿堂，应具有尽可能丰富的科学内涵"。②

1. 科普场馆展品务求真实

应该征集实物、真品。要鼓励展示老旧物品，让参观者了解科学发展的历程和产品创新的过程，研究实验设备更新的历程。对于孩子，知道以前的手机是什么样子，比只知道现在手机的样子有用得多。不能全部靠委托制造展品给大家看。韩国电视台的展厅产出了不同时期电视发射设备，给参观者留下了深刻印象。北京汽车博物馆展示了各个时期的汽车，演绎了汽车科技创新过程。位于美国奥兰多的肯尼迪航天中心，展示了不同时期的卫星、火箭。到那里参观的人远多于其他景点，其门票需要 40 多美元。

2. 细化展厅面积占比

科普场馆的大部分面积应该向公众开放，为展览、体验服务。在中国科普场馆严重不足的现实情况下，一般应规定展厅面积不得低于科普场馆总面积的 70%。要严格控制办公面积占比。目前，科普场馆设计受欧洲设计之风的影响，外形奇特化、内部空心化的现象较为严重，导致偌大的场馆，很大的面积与空间被弃之不用，成为真正的大厅。展厅面积严重碎片化，很难找到一个规则的大厅，偏离了建设科普场馆的初衷。规则展厅，可以集中参观者的注意力，给人留下好

---

① 张开逊：《中国科技馆事业的战略思考》，《科普研究》2017 年第 1 期。
② 张开逊：《中国科技馆事业的战略思考》，《科普研究》2017 年第 1 期。

的形象。不规则展厅则分散了参观者对展项的注意力，使参观效果降低。

对动手体验、互动展项比例做出最低规定，不得低于35%。对展品规定必须有不低于35%的旧展品、老物件、真实展品，降低仿制品占比。降低科普场馆闲置面积，使利用效率最优，避免场馆面积过多闲置，造成事实上的较大浪费。许多科技馆空空如也的大厅，区区可数的参观者，空调等设备运行的电费却是惊人的高昂。

3.注重高新科技应用展示

让看似静止的展品动起来、活起来，让高深专业知识更加生动、趣味、形象，以满足参观者的深层需求。

"迪士尼世界的成功与高科技支撑以及游客深度参与理念密切相关"[1]。迪士尼的创始人沃尔特·迪士尼（Walt Disney）极其看重高科技在事业发展中的作用，使游客本身成了游乐项目的角色。[2]

4.展厅展项名称应该规范

最好按学科命名展厅，或用技术分类命名，让参观者一目了然。切忌使用哗众取宠的名称，令人费解，需要猜测到底展出的是什么内容。为了避免参观者遗漏展项，鼓励科普场馆在展项前加上数字，降低查找项目的难度。

（三）科普场馆增加研究功能

1.增加展品研发人员

科普场馆必须从传播型向研究传播型转变。科普场馆不能仅仅是介绍展品、藏品的场所，应该研究科学技术发展史，收集整理重要

---

① 陈正红、杨桂芳：《气象科普的"深度参与理论"》，《科普研究》2012年第4期。
② 王大悟：《主题乐园长盛不衰十大要素论析——以美国迪斯尼世界为案例的实证研究》，《旅游学刊》2007年第2期。

的老旧科学仪器、设备、科学家使用过的物品等。钱学森展十分珍贵，2012 年进行过一次展示，最后收藏在上海交通大学钱学森图书馆中。中国最高科学技术奖获得者使用的物品都应该成为科技馆、科学技术类博物馆收藏的珍品。中国科学院院士、中国工程院院士的许多研究器材同样具有很高的收藏价值。应该适时建立中国科学院院士陈列馆、中国工程院院士陈列馆。中国核工业科技馆的建立开了好头。

2. 提供公众实验平台

科技馆不仅要满足一般公众参观需求，还应成为科学爱好者学习实验的重要平台。参观仅能满足参观者的好奇心。若要激发儿童对科学的兴趣，需要动手实验。设置科学实验室，让儿童在科学老师的辅导下从事科学实验，其收效远大于一般性参观。2015 年，在全国科技活动周主场展览中，主办单位邀请在北京化工大学工作的戴维教授在现场指导儿童做化学实验，成为现场人气爆棚的项目。2017 年，在中国古动物馆举办的科学之夜活动，跟科研人员一起学习修复恐龙化石标本成为最受儿童欢迎的项目。

3. 提高礼品工艺水平

观众参观科技馆往往意犹未尽，如果能在科技馆选中一件喜欢的礼品，将大大增加其喜悦感。国外许多科技馆售卖礼品，是其重要的收入来源。美国的博物馆礼品店里各类礼品，从展品模型、纪念水杯、画册、纪念章、邮票，到 T 恤衫、帽子，硬币，乃至各种书籍，让人眼花缭乱，欲罢不能。中国有些城市虽然也设有科学商店，但是商品种类少、技术含量不够，品质不高、缺乏新意，很难激发参观者的购买欲望。科普场馆可以与玩具生产厂商加强合作，专门开发特色纪念品和玩具，满足爱好者的需求。以前的汽车模型仅仅是观赏用的，有眼光的厂家将车模变成了播放器，插上 U 盘就可以欣赏音乐，大大提高了参观者购买的意愿。

4. 创作科普作品

中国科普场馆应该拥有自己的科普作者、作家，创作科普图书，满足公众需求，发挥科普场馆的优势，增强自身能力。科普场馆的穹幕影厅不能光靠引进国外影片，要着手制作科技影片，3D、4D 特效影片。科普场馆要加强与科普创作者、创作团队的合作，认真分析需求，创作科普图书、制作影片。目前，科普场馆通常都有影院或特效影院，对科学影片需求很大，满足需求可大大提高市场竞争力，也是增加科普场馆收入的重要途径。

5. 增设科普讲解职称

科普场馆真正的价值不是建筑物，而是展品、藏品，而参观者真正了解展品、藏品的价值，讲解员发挥着不可或缺的作用。目前科普场馆讲解人员已从过去的高中毕业生升级为大学毕业生，有些大馆甚至是研究生了。但是没有讲解员专业职能评定系列，严重挫伤了讲解员从事本行业的积极性。这种不合理的规定必须扭转，尽快增设科普讲解职称系列，为该行业从业人员敞开职业通道。应该根据中国科普场馆讲解人员的实际状况，在职称系列中开辟科普（科技）讲解系列职称，从初级、中级到高级。目前小学已经可以评定高级职称，科普场馆讲解人员面向广大公众从事科学教育工作，却无法评定职称，不太合理，需要尽快解决。

（四）举办特色科普活动

1. 举办公众科学节等活动

科学节是全世界的科学盛会之一。186 年前第一届英国科学节在约克市举办。"科学"一词最早起源于英国科学节。时至今日，一年一度的英国科学节深刻地折射了时代的变迁，最直观地反映了科学的变化。科学节成为孩子天堂，博物馆都免费开放。

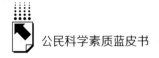

2. 面向儿童举办科普讲座

向孩子们讲述科学在英国早已是传统。早在 1799 年，英国皇家学会就开始组织常规的科普活动了，圣诞科学讲座最为知名。著名物理学家、化学家法拉第在 1826 年发起这项活动，希望孩子们能感受到科学的无穷乐趣，唤起他们对科学的热爱，他登台讲过 19 次。一代一代传承，成为英国的一种文化。有人问法拉第这样做究竟有什么意义？法拉第反问道："小孩子有什么用？他将来会长大成人的。"

3. 培养儿童科学兴趣

许多科学家回忆说，他们从事科学事业，与他们参观科技馆有很大的关系。将科普、休闲、娱乐融于一体的社会科技公益活动影响了一代又一代的孩子。在霍金童年时期，母亲经常在周末把喜欢物理的他带到科学博物馆，把喜欢生物的妹妹留在自然博物馆。霍金回忆说，周末在那里玩一天，他的好奇心都会得到极大的满足。有趣的问题若能得到解答，将会使提问的孩子得到极大的满足。科技带来的奇妙的画面，会激发儿童充分的想象力。

马丁·埃文斯在去剑桥大学的路上得知自己与美国同行分享了 2008 年的诺贝尔医学奖后，说道："这只不过是一个男孩的童年梦想罢了。"

4. 指导公众科学生活

应用科学指导公众生活，是促进公众关注科学的最好办法，也是向公众普及科学的重要准则。人类社会的进步，从根本上讲是科技创新的推动。人民生活水平的不断提升，实际上是不断应用新技术的结果。

（五）增加科普场馆能力建设

1. 成立科普场馆联盟

由于历史原因，中国科普场馆目前分属于不同的部门管理，充分调动了不同部门建设科普场馆的积极性，促进了科普场馆的快速建设和持续发展。不足之处在于难以协调规划，各自分担不同的功能；也难以合作开展相应的展品研发，导致科普场馆展品大同小异，重复率高。在体制机制难以在短时间解决的现状下，尽快建立中国科普场馆联盟，加强协调规划、集成资源、功能分担、共享展品，是一个解决办法。

2. 加强场馆人员培训交流

在互联网技术的冲击下，科普场馆面临着巨大的变革机会，人工智能技术的广泛应用将深刻改变科普场馆的运行模式及服务方式。一般性的讲解员将面临讲解机器人的挑战，不远的将来，许多讲解工作可能由智能机器人完成。为此，要加强对策研究和新知识、新技术、新设备的引进和培训，提高员工素质，丰富展陈方式，推出新颖展项和活动，保持科普场馆的持久吸引力。

3. 推出全国科普场馆年票

为了调动公众参观科普场馆的积极性，可以考虑推行"中国科普场馆年票"，每人一年 200 元，即可免费参观全国科普场馆。考虑到科普场馆非假期时段参观人数不多，可规定非假期有效，从而缓解假期科普场馆人满为患的状况。为减缓科普场馆假期参观人数过多的情况，票价也可根据平时和假期（法定节假日）实行浮动价格。免费开放的科普场所则实行网上提前预约制。

4. 研究推出科普彩票基金

中国科普场馆部分实行了免费开放，由财政补贴门票。这有助于更多公众参观科技馆，让科普普惠公众。但是也给科普场馆研发展品、开展活动增加收入带来了一定的影响。这方面可以借鉴国外做法，通过彩票收入予以补偿或发行专门的科普场馆彩票。目前英国有 1600 多家大大小小的科技博物馆，为公众提供了全天候的科普场所，并且科普场馆全部免费向公众开放，而场馆的维护费用全部来自社会

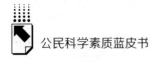

发行的科普场馆彩票收益。

中国科普场馆发展必须适应科技创新带来的新突破，抓住机会，创新求变，增强实力，迎接挑战，真正发挥科普场馆在科普中的重要作用。北京、上海、广州等大城市要发挥引领示范作用，加快建设一批一流科普场馆，同时在大学建设一批一流博物馆、科普场馆，改变科普场馆只传播、少研究的现状，加强研究功能，纳入科研机构序列，才能为我国的科普场馆奠定坚实的基础，吸引一流人才到科普场馆去，传播科学技术，倡导科学思想，弘扬科学精神，努力提高大众科学素质，为中国建设创新型国家和世界科技强国做出应有的贡献。

关于开展"一带一路"科普国际
合作的思考

马宗文 陈雄 董全超 侯岩峰*

摘　要：　"一带一路"倡议为科普国际合作带来新的发展机遇，科普国际合作也将为"一带一路"合作注入活力和动力。通过梳理发现，中国、俄罗斯、印度等国科普活动内容多、规模大、水平高，具有良好的科普国际合作基础，开展中国与"一带一路"沿线国家科普国际合作，具有巨大的发展潜力。建议共同发起、成立"一带一路"科学节、科技周、科普日等活动，启动科普夏（冬）令营、科普研学等青少年科普交流考察，围绕环保、健康、生态等主题实施公众参与科学计划，开展"流动科技馆"巡展。

关键词：　科普合作　科普活动　"一带一路"倡议

一　背景

2013 年，中国国家主席习近平在访问中亚与东南亚国家期间，

* 马宗文，理学硕士，中国科学技术交流中心助理研究员，主要研究方向：公民科学素质、科学技术普及和科技扶贫开发等；陈雄，理学硕士，中国科学技术交流中心科普处处长，主要研究方向：科学技术普及和科学传播、国际科技合作、科技管理；董全超，博士，中国科学技术交流中心科普处副研究员，主要研究方向：科普政策、科普理论；侯岩峰，北京国际科技服务中心，硕士，中级工艺美术师，主要从事科普展览相关工作。

先后提出建设"丝绸之路经济带"与"21世纪海上丝绸之路"的倡议（即"一带一路"倡议）。经过5年的发展，已经取得了积极成效，目前已初步形成以中国为唯一核心节点，覆盖西亚、中亚、南亚、东南亚、独联体和中东欧国家的半放射线布局。这一倡议不仅联结了亚、欧、非60多个国家，还作为一个开放的平台鼓励更多的国家加入。"一带一路"建设不仅会促进其沿线地区的经济发展，而且有利于加强不同文明交流合作，探索国际合作和全球治理的新模式。古代丝绸之路受制于交通和环境等因素，更多的是为了经济贸易，而不是文化交流，而在当今世界，交通、通信等基础设施得到了极大的改善，人类活动的范围已经远超古代，势必会产生更加深远的影响。

通过梳理发现，目前中国的科普国际合作主要形式为考察、交流和展览、展品引进，以学习发达国家先进科普经验为主。随着中国经济崛起、国际影响力提升和科普事业的蓬勃发展，未来发展方向是：一方面，继续将发达国家优质科普资源"引进来"，进一步增强对国际一流科普作品的引进消化吸收和再创作能力；另一方面，让中国本土科普产品"走出去"，向世界推广展示中华文明和智慧，增强中国在国际科普和科学传播领域的话语权。"一带一路"国家科普合作将是一个新的契机和起点。

二　可行性与意义

科技合作和科普合作在国际合作中具有独特优势。中国的科普事业已经具备开展国际合作的相当实力，通过开展科普合作将会对国际合作发挥重要推动作用，对深化人文交流具有深远意义。

（一）科技合作的独特优势

双边科技创新合作与交流较为中立、偏离政治，而且具有对基础设施依赖最少等优势，因此对政治、经济等其他领域合作具有引领作用，常被称为两国关系的"晴雨表"和"催化剂"。当两国关系紧张时，科技合作也会随之减少；当两国关系缓和或进入"蜜月期"时，科技创新合作也会增多，而且科技合作对缓和与促进双边关系发展具有重要推动作用。中国与其他国家建立正式外交关系之前或之初，往往先开展两国科技领域的交流和合作。如 1979 年 1月，邓小平同志作为新中国领导人首次访美，期间与时任美国总统卡特共同签署了《中美政府间科学技术合作协定》。这是中美两国签署的首批政府间协定之一，开启了两国交往中充满活力和十分重要的一个领域。

（二）科普合作的可行性

科普合作作为科技合作中的一项重要内容，除了具有科技合作的所有优势，还有低合作起点、不需要雄厚的科技实力支撑等其他优势。由于中国科普发展水平长期落后于发达国家甚至是一些发展中国家，所以在过去双边或多边科技合作中是容易被忽略的内容。但经过长期不懈的努力，科普工作已经取得了长足进步，科普国际合作已经成为一些双、多边场合谈判的话题或重要议题。如科学传播和科学普及、公众参与科学等内容日渐成为中美青年交流计划的重要议题。2017 年 1 月开展的中国青年科学家访美计划中列入了公众参与环境健康的讨论环节，8 月在中国举行的第 12 次中美青年科学论坛也将科学普及列为议题之一。2015 年中国、巴西、俄罗斯、印度和南非签署的《金砖国家政府间科技创新合作谅解备忘录》，确定了 19 个优先合作领域，科普领域就是其中之一。

（三）中国科普国际合作的实力

中国科普工作经过多年持续发展，积累了较强的科普实力，开展国际合作已经具备一定优势。科普传播形式层出不穷，科普图书、科普期刊、科普音像制品、广播电视科普栏目等传统传播形式蓬勃发展。《中国科普统计（2016年版）》数据显示，2015年中国共出版科普图书16600种，科普期刊1249种，发行科普音像制品达到5048种；以互联网技术为核心的新媒体广泛流行，成为科学传播的又一重要平台，全国科普网站达到3062个。科普国际交流成效显著，共举办科普国际交流2279次，有72万多人次参加，主要形式为外派参加科普会议、访问、展览、培训等交流活动以及进行科普接待等。

（四）对推动人文交流的重要意义

"国之交，在民相亲"。各国之间的交往归根结底是人与人之间的交往，交往的关键在民心相通。科普国际合作的重点是青少年和未成年学生这一特定人群，他们是国家的未来和希望。这也是各国重视的群体，国家普遍愿意在他们身上投入更多资源。通过科普的交流与合作，可以在他们中间播撒友谊的种子，对双、多边关系长远发展具有重要意义。科普合作的内容容易让各参与方产生共鸣，加深彼此了解，达成更广泛共识，为各国关系长远发展奠定良好基础。该方面一个成功的案例是澳门师生内地科普夏令营。2016年，组织澳门师生赴内地开展了8个专题科普夏令营和考察团：云南地质地貌学生科普夏令营、西安无线电学生科普夏令营、安徽机器人学生科普夏令营、广州航海与超算学生科普夏令营、福建武夷山地貌教师考察团、内蒙古地质地貌教师考察团、东北智慧城市学生科普夏令营、甘肃教师科普观摩团。近10年来，中国内地每年接待澳门教师和学生300余人，活动受到澳门师生的一致好评。通过科普夏令营活动，既让澳门师生了解了内地的自然地理、生态环境和科学技术的最新发展情况，提高

了其科学素质,更加深了澳门同胞对国情、社情的了解,增强了
其对祖国的认同感和爱国热情。

三 合作基础与潜力

"一带一路"沿线的 66 国,除中国、俄罗斯、印度、新加坡等
少数国家科普发展水平较高,在国家层面举办各具特色的科普活动或
节日外,多数国家还没有代表性的科普活动,开展科普合作的潜力巨
大。

中国代表性的科普活动有:每年 5 月科技部牵头举办的"全国
科技活动周",该活动自 2001 年以来连续成功举办了 17 届,已经成
为参与人数最多、影响力最广泛的科普品牌活动,最近几年每年直接
参与活动的人次都超过 1 亿;每年 9 月中国科协牵头组织的"全国科
普日"活动,该活动自 2003 年起也连续举办了 15 届,是一项植根社
会、深受公众喜爱并积极参与的科普活动。中国科普活动的形式趋于
多样,参与性、趣味性和互动性强,有科普博览、科技类竞赛、科技
列车行、流动科技馆、科普讲座、科技夏(冬)令营、科普表演秀、
科普图书和影视作品推介、实验室开放等各类活动。《中国科普统计
(2016 年版)》中数据显示,2015 年重大科普活动超过 3.6 万项,科
普专题活动超过 11 万次,7000 多个科研机构和大学向公众开放和开
展科普活动,科普活动参与量超过 6.22 亿人次。

俄罗斯科普节日众多,内容丰富。1976 年,苏联政府发布命令,
规定每年 4 月 18 日前或后一周为苏联各加盟共和国和地方政府的科技
周。俄罗斯将该传统延续至今,将每年 4 月的第三周设为科学周。①

---

① 董全超、许佳军:《发达国家科普发展趋势及其对我国科普工作的几点启示》,《科普研
究》2011 年第 6 期。

1999 年起，每年的 2 月 8 日被设为俄罗斯的科学节，由联邦教育科学部与国立莫斯科大学联合举办，2012 年发展成为全国科技盛会。当年有 35 个地区、100 多所大学和科研团体、近 50 个科技场馆参与活动。① 除此之外，还有"研究科学节""俄罗斯化学节""科研院所科技周""科研所开放节""大学生科学节""中小学生科学节""国外科学节"等各具特色的科技节活动。② 为了表彰在科普工作中做出过突出贡献的个人和集体，俄罗斯政府和社会组织共同组织设立了很多科普奖项，包括科普教育科学贡献金质奖、优秀科普作品奖、优秀科普论文大奖等。俄罗斯出版了 500 多种科普期刊，包括享誉国际的《科学与生活》和《知识就是力量》月刊等。

印度的科普工作由专门机构国家科学技术传播委员会负责。每年 2 月 28 日为印度国家科学日，期间将组织各种科普活动，宣传印度古代、近代科技成就、著名科学家以及科学技术的最新进展等。1993 年起，印度每年 12 月底举办"少年科学大会"，宗旨是让孩子们通过实践学科学，每年设定不同的主题，少年们围绕主题观察、实验和解决各类科学问题，通过层层选拔，在全国少年科学大会上评选出优秀少年科学论文，授予最高荣誉。印度还有一项特色活动是组织全国范围的大规模流动科普展览。自 1992 年起，国家科学技术传播委员会组织了名为"把科学传向印度"的科技大篷车队，从五个中心城市同时出发，沿途通过科普展览、散发宣传品、放映电影、放幻灯片、演示模型等方式向公众宣传科技知识，产生了巨大的社会效应。③

新加坡科普管理机构是教育部下属的科学中心，同时也是最主要的科普活动场所。自 1987 年开始，每年的 9 月为新加坡的国家科技

---

① 陈敏、覃云云：《俄罗斯举办首届全俄科学节》，《世界教育信息》2011 年第 3 期。
② 董全超、许佳军：《发达国家科普发展趋势及其对我国科普工作的几点启示》，《科普研究》2011 年第 6 期。
③ 昔诸：《印度科普工作简况》，《全球科技经济瞭望》1996 年第 6 期。

月。科技月的内容丰富多彩，主要类型有科普展览、比赛竞赛、讲座、研讨会、短期课程和开放实验室等。从 1988 年起，新加坡教育部和新加坡国立大学在大学联合推出"科学研究计划"，让初级学院（相当于中国的高中）学生到新加坡国立大学，在大学教师的指导下进行一些研究工作，让其了解科学研究的过程和方法，体验科学研究的艰辛和快乐。1995 年，新加坡国家科技局和教育部联合推出了"中学生科技实习计划"，让中学生利用假期到公司实习，体会科技在生产中的应用，提高其对科技工作的兴趣。[①] 此外，有代表性的科普场馆还有新加坡科学馆。该馆有自然科学、生命科学、应用科学、技术与工业四个领域，超过 850 个互动展览分布在不同的展厅，其中，综合天文馆部分极具特色。

波兰诞生了哥白尼、居里夫人等著名科学家，为人类科学事业做出了重要贡献。波兰的科学传播和科普工作也极具特色。波兰政府于 20 世纪 60 年代发起了波兰热爱科学运动，在全国形成了崇尚科学、热爱科学、尊重科学的良好氛围。2005 年，波兰科教部与波兰通讯社联合设立了波兰科普奖。该奖主要分为四类：最佳个人、最佳科研机构、最佳非科研机构以及媒体，另外还设有最佳网上科普奖及最佳科普赞助人奖。近年来，该奖候选人数量不断增多，影响力不断扩大。波兰博物馆事业发展迅猛，1990 年波兰就拥有 545 个各类博物馆，平均每 7 万人就有一个博物馆。博物馆的藏品丰富，各类展出、学术科普活动非常多，公众参与度十分高，全国年平均观众达两千万人次以上（占波兰人口总数的一半以上）。[②]

匈牙利虽然是只有 1000 万人口的小国，却因其为世界贡献了诸多科学节、工程师以及诺贝尔奖获得者而享誉世界。匈牙利在教育和

---

① 奈旨云：《新加坡的科普工作》，《全球科技经济瞭望》1996 年第 4 期。
② 程继忠：《波兰的博物馆事业——历史与现状》，《国际论坛》1990 第 4 期。

科学普及方面的成功也是该国人才辈出的原因之一。匈牙利科学节起源于 1825 年，2003 年匈牙利议会通过法律，正式确定每年 11 月 3～30 日为国家科学节。科学节的模式与美国世界科学节的模式类似，会在布达佩斯、德布勒森和佩奇等城市举行一系列科学讲座、会议、庆典、展览、科学知识竞赛、音乐节、电影、科学旅游等活动。匈牙利科普协会、各科研机构和学会、研究会也在此时举办各种活动。活动期间，一些科研单位还会对外开放，举办开放日。参观者可以了解研究所的科研成果，聆听专题讲座，也可以在课题负责人的带领下参观实验室。匈牙利经常举办各类知识竞赛，如青年科学和创新大赛，以吸引青年人关注科学或技术。此外，科幻文学和科学小说在匈牙利也久负盛名，最有影响力的科幻读物是《银河系》。

可以看出，"一带一路"国家中，中国、俄罗斯、印度等国的科普活动内容多、规模大、水平高，具有良好的科普合作基础。开展中国与"一带一路"沿线国家科普国际合作，具有巨大的发展潜力。

四　合作现状

中国已经启动了与相关国家科普领域的合作，特别是"一带一路"倡议提出以来，作为中国最具代表性的两大科普活动，全国科技活动周和全国科普日均举办了"一带一路"主题的活动，产生了很好的科普传播效果。

（一）全国科技活动周"一带一路"科普乐园

2016 年全国科技活动周"一带一路"科普驿站展区，包括"一带一路"国际科普体验园和青少年科普乐园。"一带一路"科普驿站共邀请来自匈牙利、德国、以色列等 20 个国家的 25 项展览、75 件展品、15 名外宾和 24 名外籍学生到场。以科学性、新颖性、趣味性和体验性吸引了众多观众来展台前观摩、体验,日均接待观众上千人次,成了本届科技活动周主会场活动的亮点之一。"'一带一路'国际科普体验园"和其引进的"匈牙利从引力波到黑洞物理体验园""德国化学创世园""马来西亚虚拟钻井平台"等展项被中央电视台、北京卫视、新华网等多家媒体多次报道,荣获最受公众喜爱的科普项目五个奖项。"一带一路"青少年科普乐园邀请以色列、捷克、埃及、伊朗、黑山、巴基斯坦、哈萨克斯坦、俄罗斯、印度等 15 个"一带一路"沿线国家的近百名青少年与中国青少年为现场观众带来他们各自的科技创新作品。科普互动活动为"一带一路"沿线国家青少年的交流起到了积极的推动作用。

2017 年"一带一路"国际科普乐园活动在全国科技活动周暨上海科学节举办,为期 8 天,邀请了来自捷克、波兰、荷兰、匈牙利、新加坡、马来西亚共 6 个国家的 13 名外宾、10 家单位参加。共举办 32 场主题活动。参展项目有波兰科学实验互动体验、荷兰生活与生态科普、匈牙利物理趣味科学活动、新加坡风桌互动体验、马来西亚智慧城市生活方式体验、捷克当科学遇上艺术、九章格数学活动体验、益智乐园活动区等,以体验科技产品、开展科学实验、观看科普电影等多种形式与观众进行面对面的互动。活动吸引了众多观众来展台前观摩、体验,日均接待观众上千人次,成了本届科技活动周活动的亮点之一。活动还吸引了周边苏州、南京、嘉兴等地的青少年积极参与,深受青少年和家长的欢迎,在长三角地区引发了一轮科普热潮。

(二)全国科普日"科普新丝路"主题论坛

2015 年全国科普日期间,主办方举办了第三届北京国际科学节圆桌会议,来自中国、德国、法国、埃及、土耳其等 18 个国家及地

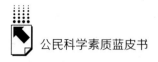

区的 27 位科学节组织代表参加会议，[①] 围绕"科普新丝路"主题，开展与"一带一路"沿线国家的合作的研讨。与会代表探讨了科普的新途径，并在信息化科普、商业化科普、科普与艺术人文的融合、科普信息深度利用等领域进行了广泛讨论。

2016 年全国科普日北京主场活动暨第六届北京科学嘉年华成功举办，吸引了俄罗斯、波兰等"一带一路"国家在内的 10 个国家的 55 家机构共同参与，带来了近 300 项科学互动体验项目，活动突出了知识性和创新性，兼具科学性和趣味性，运用多元展示、快乐参与、互动体验等表现形式，为公众搭建起学习、体验、感受科学的舞台。

（三）其他相关活动

"中国—欧盟科技周"于 2010 年 6 月在上海举行，来自欧盟与中国的 500 余名顶级科学家、科技界代表、专家学者和政府官员参与了高层科学政策研讨会、媒体研讨会、科技学术论坛等活动，围绕能源、气候变化、交通等热点问题展开讨论；举办了一系列寓教于乐的科普展示及推广活动，在上海科学会堂展映了欧洲各国 16 部获奖的科技电影，还进行了"激光秀"表演。[②]

五 相关建议

积极落实"一带一路"科技创新合作相关规划中的科普领域合作内容。"一带一路"倡议提出以来，科技部门积极作为、主动谋划，提出了相关专项规划。2016 年 9 月，科技部、发改委、外交部、

---

① 北京市科学技术协会网站：《2015 年北京国际科学节圆桌会议圆满召开》，http：//zhengwu. beijing. gov. cn/gzdt/bmdt/t1404425. htm 2015 年 9 月 24 日。
② 刘德英、秦秀梅：《精彩纷呈的"中国—欧盟科技周"》，《科学中国人》2010 年第 8 期。

商务部四部门联合印发了《推进"一带一路"建设科技创新合作专项规划》。在第一项重点任务"密切科技沟通,深化人文交流"提出了"合作开展科普活动,促进青少年科普交流。"国家主席习近平在2017年5月"一带一路"国际合作高峰论坛上发表主旨演讲,指出中国将启动"一带一路"科技创新行动计划。科技部正在牵头积极落实计划编制工作,其中科普合作将是重要内容。2017年5月,科技部、中央宣传部联合印发《"十三五"国家科普与创新文化建设规划》,明确提出了促进"一带一路"沿线国家科普交流合作。各有关部门要积极落实规划中关于开展科普合作的内容,争取尽快启动科普交流项目,联合举办科普活动,早日让科普惠及沿线各国人民。

1. 共同发起、成立"一带一路"科学节、科技周、科普日等活动,联合举办科普展览

邀请"一带一路"沿线国家互相参加已有的有代表性的科普活动,如中国科技活动周和全国科普日、俄罗斯国家科学周和科学节、印度国家科学日等,促进沿线各国特色科普展品、展览的互引互荐。中国于2016年、2017年连续两年邀请"一带一路"国家参加全国科技周活动,起到了很好的传播效果,既让中国公众参加了相关国家的趣味科普活动,也让各方代表了解了中国的科普工作和科学传播理念,增进了彼此感情。

2. 启动青少年科普交流考察活动

如举办科普夏令营和冬令营、科普沙龙、科普研学活动等。80%的世界文化遗产分布在丝绸之路沿途,世界最精华的旅游资源凝聚于丝绸之路。"一带一路"是世界最具活力和潜力的黄金旅游之路,[①]可充分发挥沿线地区优势,打造科普旅游示范带,用示范带串联沿线

---

① 孙萌:《"一带一路"地学旅游示范带的构想》,载中国地质学会旅游地学与地质公园研究分会、河南省国土资源厅、永城市人民政府《中国地质学会旅游地学与地质公园研究分会第30届年会暨芒砀山地质公园建设与地质旅游发展研讨会》,2015。

各国科普旅游资源，不断充实完善"一带一路"的科普旅游合作内容和方式。通过组织青少年科普考察、科普夏（冬）令营、研学旅游等活动，向"一带一路"沿线国家公众特别是青少年普及科学知识，提升公民科学素质。

3.实施公众参与科学计划

组织沿线国家开展环保、健康、生态等科学项目。通过借鉴北美公众参与科学项目，如鸟类监测项目，跟踪调查繁殖鸟类种群的分布格局与数量变化，[①] 启动"一带一路"沿线生态或环保观测，建立公众参与科学项目平台，观测沿线植物、鸟类或空气质量等。项目的实施，既可以提高公众科学素养和生态环保意识，又可以提供环境要素和环境污染方面的信息，为"一带一路"建设提供科学支撑。

4.开展"流动科技馆"巡展

"一带一路"沿线国家，特别是西亚、中亚、南亚国家科技发展水平不高，科技资源较少，科技馆等科普设施还不完善。"流动科技馆"巡展将会弥补以上不足。中国和印度在组织"流动科技馆"方面已经有很多成功尝试，积累了一定经验。如中国在 2013 年启动流动科技馆巡展以来，已走过 374 个县市、受众超过 1500 万人，所到之处，深受公众喜爱。[②] 随着"一带一路"沿线国家基础设施互联互通建设，交通将更加便利化，为举办流动科技馆提供了基础条件，"流动科技馆"巡展将大有可为。

---

① 张健、陈圣宾、陈彬等：《公众科学：整合科学研究、生态保护和公众参与》，《生物多样性》2013 年第 6 期。

② 樊庆：《中国流动科技馆巡展的现状及问题分析》，《科技传播》2015 年第 7 期。

B.11
创新科普宣传形式，提升科学传播水平

——以 2016 年全国"科学大咖秀"邀请赛为例

马宗文　胡菲宁　李恩极　毕　然*

摘　要：　为进一步贯彻习近平总书记在 2016 年召开的全国科技
创新大会上的重要讲话精神，创新科普宣传形式，推
动中国科普作品创作水平提升，由中国科学技术交流
中心主办、广东科学中心承办的全国"科学大咖秀"
邀请赛于 2016 年 11 月 12～13 日成功举办。全国科普
从业人员、科研工作者和科学爱好者，通过科普相声、
魔术表演、音乐剧、说唱、互动体验等创新形式生动
诠释了科学知识、科学原理、科学思想和科学精神。
大赛的举办扩大了科普作品的影响范围，促进了科普
创作形式的创新，并为未来举办其他类别科普大赛积
累了经验。

关键词：　科学大咖秀　科普竞赛　科普作品

---

* 马宗文，理学硕士，中国科学技术交流中心助理研究员，主要研究方向：公民科学素质、科
学技术普及和科技扶贫开发等；胡菲宁，文学硕士，中国科学技术交流中心助理研究员，主
要研究方向：科学传播、科普活动策划等；李恩极、毕然：中国社会科学院研究生院数量经
济与技术经济研究系博士研究生，主要研究方向：经济预测与评价、科普评价。

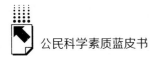
一　引言

　　"十三五"时期是全面建成小康社会的决胜阶段，也是我国进入创新型国家行列的冲刺阶段，树立创新、协调、绿色、开放、共享的新发展理念，深入推动创新驱动发展战略，适应并引领经济发展"新常态"，对中国公民科学素质提出了更高要求。在全面建成小康社会，决战 2020 的历史使命下，必须认清科普发展的新形势，直面科普工作面临的新挑战。目前，中国公民科学素质总体水平还较低，青少年科技创新能力亟待加强，科学技术普及能力地域差距大，科普信息化滞后，科普设施有待改善，全社会参与科普的热情不足等问题都亟须解决。国家整体科学传播和科技普及能力、公民科学素质水平还难以满足全面建成小康社会和进入创新型国家的需要。

　　《"十三五"国家科普和创新文化建设规划》提出：按照中国公民科学素质基准，到 2020 年公民科学素质达到比例超过 10% 的目标，国家科普研发、创作能力和科学传播水平显著提高。从 2015 年公民具备科学素质的比例由 6.2% 提高到 10%，几近翻番，可以看出"十三五"期间科普工作的任务十分艰巨。2016 年是"十三五"规划的开局之年，也是《"十三五"国家科普和创新文化建设规划》实施的第一年，2016 年提高科普工作能力，全面创新工作机制，探索提升科普整体水平，对于完成"十三五"规划目标，实现中国公民科学素质的跨越式提升，为全面建成小康社会提供坚强的科学素质支撑都具有十分重要的意义。

　　《中国科协科普发展规划（2016—2020 年)》也给出了具体的任务目标："到 2020 年，建成适应全面小康社会和创新型国家、以科普信息化为核心、普惠共享的现代科普体系，科普的国家自信力、社会感召力、公众吸引力显著提升，实现科普转型升级。以青少年、农民、城镇劳动人口、领导干部和公务员等重点人群科学素质行动带动全民科学素质整体水平持续提升，达到创新型国家水平。"科普规划给出了具体的目标任务，以及"创新、提升、协同、普惠"的工作理念和六大重点工程的任务，从而带动我国科普和公民科学素质建设整体水平的提升。

二　2016年全国"科学大咖秀"比赛举办情况

习近平总书记对科普事业高度重视，在2016年全国科技创新大会上指出："科技创新、科学普及是实现创新发展的两翼，要把科学普及放在与科技创新同等重要的位置。没有全民科学素质普遍提高，就难以建立起宏大的高素质创新大军，难以实现科技成果的快速转化。"为贯彻习近平总书记在全国科技创新大会上的重要讲话精神，深入实施《中华人民共和国科学技术普及法》，大力"普及科学知识，弘扬科学精神，提高全民科学素养"，推动科普活动以群众喜闻乐见的形式展现，在科技部政策法规与监督司指导下，由中国科学技术交流中心主办，广东科学中心承办，广州科普联盟协办的全国"科学大咖秀"邀请赛成功举办。

邀请赛以"创新引领、共享发展"为主题，于2016年11月12～13日在广东科学中心举行。大赛设科学表演秀、科学脱口秀两个组别。经各省市推荐，大赛邀请全国科普从业人员、科研工作者和科学爱好者，通过科普相声、魔术表演、音乐剧、说唱、互动体验等创新形式生动诠释了科学知识、科学原理、科学思想和科学精神。

大赛报名异常踊跃，共有200多名选手提交了报名表格，规模远远超出了预期。最终共有来自北京、上海等26个省（区、市）和澳门特别行政区的47支队伍，89名选手参加了比赛，并有32个省（区、市）的300多名观摩人员全程观看了比赛。大赛邀请中国地质博物馆副馆长刘树臣，澳门科学馆馆长、澳门大学顾问邵汉彬，"果

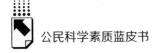

壳网"副总裁、"科学人沙龙"知名主讲人孙承华，英国皇家化学学会北京分会主席、北京化工大学教授戴伟（David Evans）等知名科普专家担任评委。

选手们进行了充分准备，有的选手不远千里将100多千克的道具提前寄送到比赛场地，有的选手彩排练习到比赛当天凌晨还不愿离开。比赛现场，钢针穿气球、掌上烧火、能够让食物保鲜更久的金属材料等新奇的感官刺激让观众们获得了前所未有的科普体验，受到了社会公众的热烈欢迎。在场小朋友甚至趴在舞台前方的地毯上，以便能够近距离观看科学表演，聆听科学知识。

参赛各方都深藏绝活，以丰富多彩的形式将科学呈献给前来观看比赛的群众。经过激烈的角逐，广东代表队的《比冰还冷》和广州代表队的《万万没想到》两个作品包揽了科学表演秀组的一等奖，大连代表队的《不一样的那头鲸》和上海代表队的《与蚊共舞》分别夺得科学脱口秀组的一等奖；来自澳门代表队的表演秀《奇幻泡泡》、上海代表队的脱口秀《5英寸的世界》等6个项目获得二等奖；来自陕西代表队的表演秀《地球回音》、黑龙江代表队的脱口秀《"郎"眼与"鹰眼"》等10个项目获得三等奖（具体名单见第五部分优秀节目情况）。

许多媒体记者表示，不仅是专业科普人员，科研人员及科学爱好者也能参与进来，以如此生动的方式诠释科学，尚属首次。大赛受到了媒体的广泛关注，新华社、中国新闻社、广州日报、新浪、网易等众多知名媒体转载和报道了此次比赛，并在直播媒体进行了实时转播。活动现场气氛十分活跃，大量观众慕名而来，尤其吸引了青少年和儿童的兴趣，对科学在人民群众中的传播收到了良好效果。

三 举办"科学大咖秀"比赛的成效

大赛以盛行于欧美的科学表演秀和科学脱口秀为主，力图在真人互动表演、现场对话的基础上加入奇幻的科学展示效果，或轻松幽默的"包袱"，表演内容丰富幽默，再加入科学展示的奇幻效果，使观众在轻松愉悦的享受中最大限度地接触和学习生活中的科学知识，互动的表演形式让观众在参与中启发自己的想象力，发掘自己对科学的好奇心和热情。

各大网络媒体跟踪报道，扩大了科普活动的社会影响力，并且通过时下最流行的网络直播平台进行直播，让更多的受众跨越空间来享受科普知识带来的新鲜感和喜悦感。大赛在提升优质科普原创能力，拓展科普信息传播渠道以及实施科普信息化落地方面进行了大胆尝试，取得了良好效果。

全国的参赛选手会聚一堂，这为全国的科学传播人员、科技人员、科技活动组织策划人员创造了学习交流的绝好机会，在竞赛中彼此学习，交流经验，寻找差距，激励科普工作者在竞争中实现自我突破，在交流中提升科普能力，在合作中互帮互助，形成全国科普一盘棋，科普事业深入人心的良好风气。大赛的成效主要有以下三个方面。

（一）吸引媒体积极报道科普活动，扩大科普影响范围

大赛得到了新华社、中国新闻社、央广网、广州日报的报道，并被新浪、网易等知名网络媒体转载。芒果TV网络台"趣科普"节目，斗鱼网上直播平台等新媒体也对本次比赛进行了采访和直播。许多记者全程参与了两天的活动，以便捕捉到每个精彩瞬间。媒体的积极报道在社会上引起较大反响，不少网友观看视频直播后纷纷为活动点赞。在网易等网络媒体的报道下，也有不少网友留言，询问如何能参加比赛、观摩比赛等。

（二）获得专家高度评价，以比赛形式促进科普作品水平提升

大赛评委专家也对比赛做出了高度评价。果壳网（Guokr.com）

副总裁孙承华表示，这次大赛十分成功，让科学流行起来是个"技术活"，任重而道远。英国皇家化学学会北京分会主席戴伟（David Evans）教授表示，大赛让人们看到科学是非常有意思的活动，选手们通过实验、道具等轻松活泼的形式，一步步剖析各种科学现象和原理，给观众带来反思和启发，这是一种非常好的，能有效激发观众学科学、爱科学和用科学的科普形式。

（三）各类科普作品形式新颖，推动科普创新和创新文化建设

第一，本次比赛为科研人员、科普工作者和科学爱好者提供了一个交流的平台，使科学知识的源头、传播者和受众共话科技，让科学话题在社会上流动起来。来自中科院金属研究所的一线科研人员在"美丽的铜话"脱口秀中讲述了含铜材料在餐具上的最新应用研究，受到了观众的喜爱，获得了科学脱口秀组别的二等奖。

第二，本次大赛让科研人员从科研的世界中走出来，成为社会流行文化的一分子，用科学"圈粉"；更为科研世界提供了一个面向广大公众的舞台，这是路演等商业行为难以提供的。表演脱口秀"名侦探柯南与甲醛探秘"的中南大学徐海教授说，表演后已有观众询问除甲醛的新材料何时面市，表示会继续关注他的研究，并更加关注相关领域科研进展。

第三，部分省市如广东、上海等在内部进行了初赛，在各地掀起了一股"把科学秀出来"的风潮。赛后，广州电视台开办了"科学大咖秀"的专题电视节目，产生了持续的社会影响。

第四，在创新驱动发展的大趋势下，本次大赛激发了更多公众对于科技的想象，以跨专业、创新形式的表达，激发跨学科、领域的大胆对话，促进创新文化的建设。

四　经验与建议

中国科学技术交流中心主办的此次全国"科学大咖秀"是在2016年"十三五"规划的开局之年，在具体的任务目标和工作理念指导下举办的。此次活动充分体现了新时期我国科普工作的新发展思路，具有众多的创新点，契合了新时期我国科普工作的理念，活动本身以及活动的前期宣传和后期纵深实践了多项重点工程所涉及的内容，值得深入地研究探讨。

（一）举办"科学大咖秀"活动的经验

1.准确把握方向

科技部党组书记王志刚同志对2013年科技活动周总体策划方案做出批示："电视台能否做些节目配合科技周。"全国科技活动周组委会于2014年开始，成功举办三届"全国科普讲解大赛"，在电视上播出后，取得了较好效果。本次大赛是进一步探索和创新，以公众喜闻乐见的形式表演晦涩难懂的科学知识和科学方法，用艺术的形式展现科学的内涵，用电视媒体、网络新媒体直播等方式迅速传播开来，向公众普及科学技术知识、传播科学的思想、弘扬科学的精神。建议今后以更多公众感兴趣的方式进行科普传播，多渠道让科普"走出去"而非让群众"走过来"。

2.充分了解需求

在2015年的"科学大咖秀"活动中，中国科学技术交流中心组织安排了优秀科普活动展演，而未采用比赛形式。活动结束后，通过对活动效果进行跟踪调查，收集了大家的意见和建议。有些省市提议将活动以比赛形式举办，让全国各地的"科学达人"，特别是优秀科普工作者、有研究成果推广需求的科研人员以及创业者，都能有展示的机会，并与其他省区市的参赛者同台竞技，共同交流。为此，中国科学技术交流中心经过多次研讨，决定启动 2016 年全国"科学大咖秀"邀请赛。

3. 精心策划组织

2016 年的比赛是首届全国"科学大咖秀"邀请赛，主办方在前期进行了大量动员和宣传，创办了大赛专题网站（scienceshow. sxl. cn），并进行了各省区市活动征集。无论是各省区市推荐作品还是个人单独报名参赛作品，活动主办方中国科学技术交流中心要求每一件作品在报名时必须提供作品视频或脚本，然后进行严格审查和把关，淘汰不符合比赛要求的作品；优中选优，让优秀的作品均有展示的机会。建议今后举办更多此类活动，继续挖掘更多的"科学达人"和科技爱好者，把更多更精彩的表演呈现给大家。

4. 加大宣传力度

大赛不仅采用多种传统媒体传播方式，如报纸、电视等，同时采用了诸多新媒体传播方式，从微信、直播平台、网络视频等，从多角度对大赛进行报道直播，并专门调整了大赛官网，使之适合手机等移动设备查看，收到了良好的效果。建议今后政府牵头继续整合媒体资源，采取多维度多渠道传播方式，让科普更贴近人们的生活，推动科学成为一种新的流行文化。

5. 做好安全保障

本次大赛中，许多项目使用了浓硫酸、液氮、酒精等较为危险的物质进行展示，中国科学技术交流中心特制定了安全预案，大赛承办单位广东科学中心也调集了大量人力物力对大赛安全进行保障，并配备专人负责比赛设备的接收、表演剩余废料的处置等工作。在今后的活动中，建议组织方吸取本次活动的相关经验，做好安全保障方案和应急预案，确保比赛安全有序进行。

（二）通过科普比赛促进科普发展的建议

在实施科普协作方面，应多组织此类科普人员与人民大众互动的活动，充分利用互联网、电台、电视台、报刊等渠道宣传科学，推动传统媒体和新媒体的互动，最终实现跨媒体、跨终端的科普传播。

在科技教育体系创新方面，要增强全国科普工作者的交流互动，探索人民群众喜闻乐见的科普宣传形式，尤其是要针对青少年进行科普教育和科普启蒙，拓展青少年科技教育渠道，广泛借鉴先进国家在科学普及上的经验和教训，开拓有中国特色的社会主义科普道路。

在现代科技馆体系发展上，不仅要注重推动科技馆体系创新升级、虚拟现实科技馆等硬件设施方面的提升，更要注重科技场馆人文性、趣味性等软件设施的提高，鼓励科技场馆多举办丰富的人文活动，吸引城市居民积极参与其中，真正做到让人民群众在生活、休闲中享受科学的乐趣，潜移默化地提高全民的科学素质。

在推动科普创作繁荣上，应多设竞赛奖项，以鼓励科普人员在科普上的创作创新，积极借鉴西方的科普作品以及科学普及渠道，加强科普创作的国内、国际交流与合作，增强我国科普人员对国际一流科普作品引进消化吸收和再创作的能力。

在"互联网＋科普"建设上，应建设专门的科普宣传的新媒体，拓展科普信息传播渠道，尤其是当下流行的宣传渠道。要使科普媒体结合各大传统媒体与新媒体，使科普作品结合各种艺术形式进行跨界创新、跨平台展现，以深入人民群众的生活，从而打造科学普及为人民，人人做科普宣传者的良好的线上线下相结合的宣传链。

五 优秀节目情况

大赛举办非常成功，两天的比赛时间里，参赛项目轮番登场，精彩不断，亮点纷呈，为现场的观众和观看网络直播的公众呈现了一场科学与艺术的盛宴。

（一）科学表演秀优秀作品

科学表演秀通过一个或多个趣味科学实验来阐述枯燥难懂的科学原理，作为一种新型科普形式，其活动内容丰富、趣味性强，观众拥有更多的参与机会去体验科学。本届大赛涌现出一批科学性、艺术性、观赏性俱佳的好节目。

1. 广东代表队的《比冰还冷》

科普表演秀《比冰还冷》是东莞科技馆最受欢迎的科学表演之一，它将科学实验和科学知识点有机结合，通过精彩的表演，让观众直观地理解其背后复杂的科学原理。液氮是《比冰还冷》的主要表演材料。液氮即液态的氮气，是无色、无臭、无腐蚀性、不可燃的惰性气体，在常压下，液氮温度为 -196℃，当液氮从液体变成气体，根据质量守恒定律，其体积会增大六百多倍。由于氮气非常稳定，且氮气的熔沸点都很低，用途十分广泛。比如大家熟知的 SubZero 冰激凌，液氮的沸点是零下 320 度，当它迅速蒸发时，仿佛施了魔法一般，会释放出剧烈的烟雾，待云开雾散，冰激凌也完成了急速成形，这也成了 SubZero 现场制作表演时的拿手桥段，令消费者趋之若鹜。

《比冰还冷》是利用液氮从液体变成气体的体积变化，为观众带来爆气球和乒乓球烟花实验。节目在漫天飘落的乒乓球中圆满结束，给现场的专家评委以及同行带来了极大的震撼，也让他们收获了第一名的好成绩。

2.广州代表队的《万万没想到》

《万万没想到》由多个简单有趣的实验组成，它以各种不可思议的现象向观众展示科学，同时，让观众在互动中体验科学实践的乐趣、享受科学、学习科学，并能够利用科学解决实际生活中遇到的问题。

在"气球扎不破"的实验中，表演者拿起一根锋利的钢针，缓慢地从气球底部穿至顶部，气球竟安然无恙。接着，表演者拿起针在气球壁上轻轻一扎，气球立即"砰"地爆了。原来，气球的原材料是橡胶，是一种聚合物，气球的底部和顶部橡胶很厚，聚合物分子链松散，即使用针穿过也不会爆炸；相反，用钢针扎气球侧面的时候，这些部位的聚合物分子链已被拉伸至极限，因此一扎即破。一系列的魔幻实验通过表演者夸张的表情、丰富的肢体语言和精彩纷呈的游戏互动，让观众在轻松愉悦的氛围下，最大限度地接触平时生活中随处可见的科学现象，不知不觉地了解有趣的科学知识，并且在参与的同时锻炼和启发想象力。

（二）科学脱口秀优秀作品

科学脱口秀是新媒体时代展示科技魅力的科普活动形式，倡导"科艺融合"，揭示了未来科普活动新方向。"科"指"科学"，"艺"指"艺术"，它们是人类认识世界和改造世界的不同手段，二者貌似独立，实则大有交集，正如诺贝尔奖得主李政道所说，"科学和艺术是不可分割的，就像一枚硬币的两面，它们的共同基础是人类的创造力，它们追求的目标都是真理的普遍性"。"科艺融合"是指科学与艺术相互融合、相互渗透，把对科学的理解融入艺术创作，在内容和形式上实现高度统一。本届大赛也设有科学脱口秀组别，要求表演者用生动、活泼的语言诠释科学精神、科学思想、科学方法或科学知识。

大连代表队以大连自然博物馆展厅中的明星展品抹香鲸为原型，

创作了《不一样的那头鲸》科普脱口秀。用活泼、生动的语言，诙谐、幽默的语气，讲述了抹香鲸的生理构造、生长特点以及生活习性，并呼吁大家爱护、保护鲸鱼和我们身边的每一个物种。

鲸是目前海洋里体积最大的哺乳动物，它们本来自由自在的生活却被人类打扰。目前全世界13种鲸中已有至少5种濒临灭绝，美国权威科学杂志《科学》的最新数据显示，在人类开始商业捕鲸活动之前，在北大西洋海域，鲸鱼的数量为现在的2～24倍。鲸鱼是海洋生态系统的重要组成部分，是大自然赋予人类的宝贵资源，保护鲸鱼，维持生态平衡，不仅关系到人类的生存与发展，也是衡量一个国家文明程度的重要标志。

（三）获奖名单

获奖项目名单见表1。

表1　2016年"科学大咖秀"邀请赛获奖名单

科学表演秀组	科学脱口秀组
一等奖	一等奖
比冰还冷（广东）	不一样的那头鲸（大连）
万万没想到（广州）	与蚊共舞（上海）
二等奖	二等奖
结构的力量（上海）	5英寸的世界（上海）
奇幻泡泡（澳门）	美丽的铜话（沈阳）
科学好声音（哈尔滨）	藏在木头里的灵魂（上海）
三等奖	三等奖
最佳拍档（广东）	未来的材料之王——石墨烯（黑龙江）
花火（南京）	话说镜子（南京）
魔幻泡泡秀（宁夏）	"郎"眼与"鹰眼"（黑龙江）
地球回音（陕西）	完美身材进化论（重庆）
夺宝奇兵（沈阳）	鸡年说鸡（北京）

科学表演秀组	科学脱口秀组
优秀奖	优秀奖
无处不在的"震荡"（广西）	我爱伯努利（天津）
给我一张纸（黑龙江）	时空穿越的正确姿势（陕西）
科学之光——点亮心中梦想（江苏）	思维是解决问题的钥匙（吉林）
变形机器人表演秀（辽宁）	创客教育:帮小学生完成大学毕业设计（甘肃）
超级玛丽（吉林）	梓说科普之《北京时间》（广东）
二氧化碳历险记（新疆）	从无线充电到"中国式创新"（黑龙江）
Cindy 畅游童话乐园（湖南）	通信系统基本组成及其发展史（宁夏）
奥运科技手拉手（新疆建设兵团）	名侦探柯南与甲醛探秘（湖南）
来自"猩猩"的你（天津）	科学情报局——隐形眼镜不得不说的事（内蒙古）
大奔寻亲路（北京）	球兰不是兰（北京）
电与磁的邂逅（西藏）	关爱女性,从经期护理科普开始（广州）
氧气的力量（湖南）	远离乳癌　美丽人生（内蒙古）
趣味电子积木·爱拼才会赢（广州）	氧化与还原（哈尔滨）

B.12
京津冀公民科学素质协同提升路径研究

邓爱华　刘　涛　张灵蕤*

摘　要：　京津冀协同一体化发展是以地区协调产业发展的重大国家战略。本文根据历年公民科学素质调查相关数据和京津冀社会经济发展情况，分析了当前京津冀地区公民科学素质的现状和公民科学素质提升在京津冀协同发展中的关键作用，并根据科普投入等指标分析目前京津冀公民科学素质存在的若干问题，从提升科普供给侧水平，加强跨行政区域协调，创造科普驱动新动能，推进互联网、大数据科普，促进科普扶贫五个方面设计京津冀公民科学素质协同提升路径。

关键词：　京津冀一体化　公民科学素质　科普投入路径

京津冀协同发展战略是第一个以"十三五"规划的形式提出的跨行政区域发展规划。该战略将在未来数十年内重新调整北京市、天津市、河北省三地的产业结构、区域协作方式。最终目标

---

* 邓爱华，法学硕士，北京市科技传播中心发展研究部副主任，主要研究方向：科普及科技传播；刘涛，中国社会科学院研究生院数量经济与技术经济研究系博士研究生，主要研究方向：经济预测与评价、科普评价；张灵蕤，美国圣地亚哥大学商学院硕士研究生，主要研究方向：金融学、科普评价。

是普遍提升人民生活水平，实现资源节约和环境友好的中高速经济增长。

京津冀协同发展的内涵广泛而深刻，内容包括大批北京市、天津市的产业项目转移，教育等优势资源共享，促进三地资源整合，让京津冀三地人民群众享受发展红利。实现京津冀科普资源整合，是顺利实现建设高水平京津冀城市群发展的抓手性工作之一。通过科普文化培养一批具备较高科学素质的科研人员、企业管理者、普通劳动者，是实现产业升级转型，推动"双创"工作顺利开展的重要驱动力。

一　京津冀公民科学素质现状

（一）京津冀总体发展状况

京津冀地处华北平原，人口众多，根据 2015 年人口统计年鉴，京津冀三地人口总计 1.1 亿人，其中城市人口 7000 万人，农村人口 4300 万人，城市化水平为 62.3%；河北省人口多达 7400 万人，其中农村人口 3700 万人，占据了京津冀地区农村人口的 87%。

根据 2015 年教育统计年鉴，北京市、天津市、河北省的教育经费分别为 1093.74 亿元、632.63 亿元、1086.17 亿元，2015 年人均教育经费投入，北京 5208 元，天津 4089 元，河北省 1462 元。

（二）京津冀公民科学素质基本情况

在《中国公民科学素质报告（2014）》针对上海市、天津市、重庆市、湖南省、四川省等六个在全国具有代表性的地区所进行的公民科学素质调查中，北京市公民科学素质达标率为30.21%，在全国范围内最高。天津市达标率为22.63%，高于重庆市和湖南省、四川省三个中西部省市。次年，根据《中国公民科学素质报告（2015～2016)》中针对北京市、广州市、黑龙江省、湖南省、陕西省和重庆市开展的公民科学素质的调查结果，北京市达标率仍然达到全国最高水平，为30.96%。

公民的受教育程度和公民的户籍有着密切的关系，根据历年调查所获取的统计结果，农业户口和非农业户口有着明显的差距，公民科学素质达标率能够达到5～10个百分点的较大差距。这一点在河北省尤其明显：河北省虽地处东部沿海地区，但是经济发展有着很明显的西部省份的特征。河北省城市化水平低，大专及以上学历人口相对于北京市、天津市在总人口中的比重较低。

因此从总体上来看，北京市公民科学素质远高于全国水平，天津市公民科学素质高于全国平均水平，河北省公民科学素质略高于中西部省份。京津冀公民科学素质协同提升的重点与难点是如何提升河北省的公民科学素质。

（三）京津冀科普资源投入情况

近年来，京津冀地区各项科普资源投入逐年提升，尤其是在公民科普资源上的投入有了长足进步，人员、资金等科普资源开始凸显规模效应。至2015年，北京市科普专职人员为7062人，科技经费筹集额为21.74亿元，接近天津市的8倍，为全国之首。天津市、河北省积极组织科普志愿者参与科普活动。据统计，天津市登记注册的科普志愿者共计54643人，河北省注册科普志愿者共计53859人，天津市、河北省两地的科普志愿者年投入的工作量分别为64038人/月、88526人/月，工作量饱满（见表1）。

表1 2015年京津冀科普人员情况与科普经费筹集额

地区	科普专职人员（人）	科技经费筹集额（万元）	重大科技活动（次）	注册科普志愿者（人）	年度实际投入工作量（人/月）
北京市	7062	217381	605	20676	48440
天津市	3179	24233	377	54643	64038
河北省	6517	26500	1751	53859	88526

资料来源：《中国科普统计（2016年版）》。

注：以下表格除注明外均来自此文献。

京津冀根据各自当地特点开展社区、农村科普活动。天津市创造性地通过化整为零的手段，积极建设城市社区科普专用活动室。至2015年，天津市各社区设立科普工作室共计4745个。河北省重点开展农村科普场地，全省拥有农村科普活动场地19779个，同时也是三地开展科普画廊建设最多的，全省拥有科普画廊6388个，拥有一定规模的农村科普资源（见表2）。

表2 2015年京津冀科普宣传资源

地区	城市社区科普（技）专用活动室（个）	农村科普（技）活动场地（个）	科普宣传专用车（辆）	科普画廊（个）
北京市	1014	1839	82	3231
天津市	4745	6737	182	4650
河北省	2014	19779	41	6388

在社会科普资源开放程度方面，北京市2015年共计组织科普活动周3672次，群众参与热情高，参加人数58411039人。尽管河北省全省全年科普活动周较多，达到5199次，但是参与人数是三地最少的，为3184473人。北京市拥有569家向社会开放的科研机构和大学，高于天津市的197家和河北省的228家，同时参观人数也远远高于天津市、河北省（见表3）。

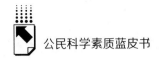

表3　2015年京津冀科普活动与开放科研机构

地区	科普专题活动次数（次）	参加人数（人）	科研机构、大学向社会开放单位（家）	参观人数（人）	实用技术培训举办次数(次)	实用技术培训参加人数(人)	重大科普活动次数（次）
北京市	3672	58411039	569	494183	18452	1013571	605
天津市	5488	3807150	197	310371	17629	1759256	377
河北省	5199	3184473	228	166028	32097	4715490	1751

二　公民科学素质对京津冀一体化的重要意义

（一）公民科学素质是"新常态"下社会稳定的必要条件

京津冀一体化不是北京市、天津市的过剩产能和高污染产能向河北省的简单转移，而是充分发挥地区间的比较优势，疏解非首都、非直辖市职能，重新调整经济产业链，优化产业布局。在这个大背景下，如何实现落后产能的合理退出，如何保障退出产业劳动力的安置，如何寻找新的经济动能等，都是京津冀地区各级政府、企业、劳动者不得不面对的挑战。

良好的公民科学素质不仅包含对自然科学的认知及劳动技能的掌握，也应当包括对科学发展观经济规律的正确把握。企事业单位领导干部是在公民科学素质建设中需要重点关注的群体。领导干部的科学素质直接决定了各级政府和事业单位对社会经济发展规律把握的程度和科学决策水平；领导干部对公民科学素质中关于中国传统文化方面的了解、掌握和认同是社会主义核心价值观积极传递的必要条件，也是政府科学行政、科学治理的重要文化基础。

高科学素质的劳动者是运用先进技术手段升级产业结构的实践主体。具备高科学素质的公民，运用新技术、新技能提升自身事业发展有更强的优势。他们能够科学冷静地认识新技术带来的影响和对突发事件进行科学合理判断。这些都是保障社会经济稳定运行的不可或缺的环节。比如日本福岛核事故后的"买盐囤盐"事件，社区居民对网络基站的抵制活动等，这些行为是由于公民缺乏基本的科学素质造成的，导致了市场价格无序波动，影响了市场经济的稳定运行以及公共服务的顺利提供。

在"新常态"背景下，提升公民科学素质有助于顺利渡过过剩产能消减时期，实现非首都功能疏解。在京津冀地区产业重新布局的过程中，使民众科学认识京津冀一体化的重要意义，离不开公民科学素质的提升。

（二）公民科学素质是河北省、天津市顺利承接北京市非首都功能的保障

根据京津冀发展规划纲要的战略指导，北京市、天津市、河北省三地陆续编制了"十三五"规划，目标在于建立一系列跨部门、跨区域的共同合作，形成优势互补、互利共赢的新型格局。在新的京津冀发展历史机遇下，北京市的主要职能在于做好跨行政区域的各项功能对接；天津市将作为创新发展驱动引擎，河北省在服务北京市、天津市的过程中加速发展，积极保障区域内经济和环境治理。

京津冀一体化是重大的国家战略，在这个过程中河北省将要承接北京市、天津市的各类先进装备制造、信息技术、商贸物流等行业的转移；天津市大举推进创新产业园区建设，引进各类创新型企业，在本地创造更多的创新创业空间。实现这一目标的基础是打造一批高素质的劳动者队伍——这里的劳动者指广义劳动者，包括企业的研发人员、管理者、各种行业和产品类型的创业者、投入新的产业的普通劳动者。

例如在 2016 年，河北省沧州市承接了中钢、中石油、中石化、

中核、现代汽车约 120 亿元的京津企业转移，这对承接地的劳动者素质提出了很高的要求。通过提高公民科学素质，帮助劳动者快速掌握先进技术，适应新的工作岗位，是保障河北省承接天津市、北京市产业结构调整，同时促进自身发展的重要条件。

提高包括领导干部、企业管理者在内的重点人群的科学素质，提高其正确把握社会经济发展规律的能力，有利于在京津冀协同一体化过程中打破行政区划，改善营商环境。京津冀协同一体化是三地共赢的良性发展规划，在这一过程中，必须破除本位主义和零和博弈思想，经济协同一体化过程必然是曲折的、螺旋前进发展的。如何协调各方利益向良性方向发展，要求领导干部、国有企业管理者以更高的格局，用协同的思想和科学的发展观念共同构建产业结构、文化发展、生态保护方面的新型京津冀协同发展方略。在决策制定过程中必须运用辩证和发展的哲学理念、先进的人文与生态观点来保证京津冀协同一体化政策制定和具体实施过程中操作方法的科学性。

（三）公民科学素质是京津冀地区产业升级转型，推进"双创"发展战略的条件

"大众创业，万众创新"（简称"双创"）是近两年来政府工作重点。当下中国处于经济换挡期，培育经济新动能，形成新的经济增长点，充分吸纳就业，实现传统产业向现代产业过渡，培育高端服务业、先进制造业，这些都需要充分的群众基础。"大众创业，万众创新"不是简单地将普通劳动者推向创业层面，或将现有的产业简单复制，而是运用创新思维，在现有的技术手段上，通过新商业模式挖掘新价值，来实现传统产业的改造升级，进而带动就业。

"大众创业，万众创新"一方面需要政府给予充分的物质条件支持、政策保障、融资渠道，更重要的是提高最广大人民群众的科学素质。以科学的态度和精神认识社会规律、经济规律与自然规律，提高

人民群众对科学知识和先进技术的理解。通过对先进的科学技术理念的传递，让潜在的创业者能够充分发挥自身的创造能力。运用先进的科学技术手段，例如互联网、大数据、电子商务进行模式创新，引导科技工作者运用其智慧发明创造出新产品、新工艺，并通过创新创业，将发明创造转化为市场价值。

科学运用知识和技术开展劳动的一个重要因素是公民科学素质，即公民应当具备相应的科学知识来安全高效地从事生产劳动。提高公民科学素质，是京津冀地区产业升级转型的重要驱动力。"双创"的蓬勃发展必然产生新的就业岗位，新形势下的就业岗位必然同传统产业的低技术含量、简单手工劳动有所不同，因此对公民科学素质中劳动技能的培养显得尤其重要。进一步实现产业升级，实现中国制造2025规划，需要一大批具有高素质的工匠型劳动者，这需要建立现代学徒制与职业教育充分结合的劳动者培养方式，同时需要社会提供必要条件来帮助普通劳动者实现终身学习、长远职业发展，不断提升劳动技能。

三 京津冀公民科学素质存在的主要问题

（一）京津冀公民科学素质整体水平较低且发展不平衡

根据《中国公民科学素质报告（2015～2016）》等一系列现有文献，公民科学素质的提升同调查对象的受教育程度、户籍、所从事的职业密切相关。尽管测评体系有所不同，但总体上中国同发达国家的公民科学素质仍有差距。这种差距不仅体现在整体的达标率上，还体现在两性差别、区域差别、城乡差别上。根据2015年中国公民科学素质报告，调查所覆盖的北京市、重庆市、广州市、山西省、湖南省、黑龙江省六个地区，公民科学素质达标率的两性差别能达到

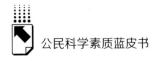

3%～5%，分户籍的公民科学素质达标率有10%左右的差距。公民科学素质的达标率同当地的社会经济发展水平密切相关。经济发达、对外开放程度高的地区公民科学素质达标率高。

（二）当前科普方式和内容仍然与民众的科普需求脱节

目前科普的方式和内容仍然不能够满足人民群众日益增长的科普文化需求。随着移动互联网的快速发展和社会上互联网公司的技术水平的提升，人民群众倾向于使用更加方便快捷的信息获取方式和信息交互方式，互联网技术已经深刻地影响了人民群众的生活方式。科普内容及方式在智能化和人性化上取得了一定发展，但仍然同社会上普遍采用的互联网产品有差距。部分科普方式过于生硬，科普内容书面化，导致受众面窄，加剧了科普信息获取的马太效应。

科普内容总量少，社会主流文化产品的科学知识含量低，甚至出现了反科学、伪科学文化产品大行其道的极端现象，这些都严重制约着我国科普工作的开展。2016年中国电影市场票房前20位中科技科幻题材电影仅有3部，且均为国外电影公司制作。尽管中国作家连续两年获得科幻创作界的顶级奖项雨果奖，但是科幻作品成为社会主流的文化消费产品仍然有非常大的距离，文化娱乐产业急需一批优秀的科普、科幻文学影视作品来打开局面，带动全社会认识科学、学习科学、运用科学的风气。

科学家参与科普工作不积极。目前社会上科学家从事科普工作主要来自科学家自身的奉献精神和责任感等内生动力，对科学家的职业评价体系中并没有明确地体现其应当承担的科普责任。科学家的科普工作的成绩和对社会经济发展的巨大促进作用缺乏认定机制，这就导致科普内容创作，缺失前沿的专家指导。当前的科普内容往往停留在中小学科普层次上，能够启发引导社会的主要支撑力量——劳动者、创业者、企事业单位领导者——的高层次前沿科普产品仍然不足。

（三）公民科普资源建设地区不平衡

当前中国科普资源投入存在较大的区域差异。这种差异在提升京津冀公民科学素质的工作上，具体表现为各类科普资源在京津冀三地的不平衡。根据《中国科普统计（2016 年版）》，从京津冀的科普投入总量上看，北京市在科普专职人员、科技馆数量和面积、年度科普经费筹集额等统计指标上相对于天津市、河北省有绝对优势（见表4）。

表4 2015 年京津冀科普场馆

地区	科普专职人员（人）	科技馆数量（个）	科技馆面积（平方米）	年度科普经费筹集额(万元)
北京市	7062	31	319979	217381
天津市	3179	1	18000	24233
河北省	6517	11	69362	26500

进一步观察人均科普资源投入，我们发现河北省人均科普专职人员、科技馆数量、人均科普经费落后于北京市、天津市。由于公民科学素质同受教育程度和城镇化比例有非常明确的相关性，因此经济、教育相对落后的河北省在提升公民科学素质的工作中面临更加艰巨的挑战。在京津冀一体化的国家战略布局下，提升京、津、冀三地公民科学素质必然同疏解北京市非首都功能，加快北京市、天津市优势地区科普资源共享，带动河北省公民科学素质提升的路径相结合。

四 协同提升京津冀公民科学素质路径

提升京津冀公民科学素质的核心在于通过建设各种科普资源共享

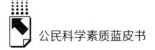
机制，提升现有科普资源效能。京、津、冀三地应当借助协同发展的契机，充分运用北京市文化中心的辐射作用，推进天津市创新创业基地快速成长，帮助河北省加快产业结构升级调整，顺利度过去产能，降污染过程的阵痛期。

本文从提升科普供给侧水平、加强跨行政区域协调、创造科普驱动新动能、运用技术手段提高科普效率、实现精准科普扶贫五个方面来探讨协同提升京津冀公民科学素质的路径。

（一）提升科普供给侧水平，满足日益增长的科普需求

近年来，在北京市、天津市开展的科普活动周以及科技馆开放日的火爆场面说明了人民群众对科普知识、科普活动、劳动技能培训等需求是非常旺盛的。京津冀地区迫切需要通过科普供给侧改革，提升科普供给水平，提供更高水平的科普文化活动、科普文化产品。

在提高科普供给水平上，首先应当继续加大财政投入，北京市在文化体育与传媒的财政支出2015年达到了188.5亿元，高于天津市的51.73亿元和河北省的88.34亿元。天津市大力推进R&D实现产业升级再造，2015年财政对科学技术的支出达到了120.82亿元。在城乡社区事务性资金支出上，北京市、天津市社区事务支出达到900亿元以上（见表5）。

表5　2015年京津冀科普相关公共服务财政投入

单位：亿元

地区	地方财政一般预算支出	地方财政一般公共服务支出	地方财政教育支出	地方财政科学技术支出	地方财政文化体育与传媒支出	地方财政城乡社区事务支出
北京市	5737.7	300.12	855.67	287.8	188.5	995.39
天津市	3232.35	178.3	507.44	120.82	51.73	922.16
河北省	5632.19	503.32	1041.16	45.5	88.34	476.59

资料来源：国家统计局。

从目前的财政支出统计数据中，我们发现专门针对科普和科学文化教育的财政支出比例不高。提升公民科学素质，应当进一步提高科普经费在财政支出中的比例，同时提高文化传媒教育等其他公共服务支出和科普支出相结合的比重，实现系统化教育、非系统化教育、一般传媒教育三位一体的科普教育模式，通过接地气、形式多样、人民群众喜闻乐见的科普文化作品来逐步淘汰当前浮躁且不符合社会主义核心价值观，甚至背离科学精神的文化作品。

以财政引导为主来培育一支高水平、广泛性的科普创作队伍。必须广泛同现有的文化、教育产业合作，通过多方协作，运用天津市的科技产业化园区、河北省地理优势和北京市科研机构与文化创作企业优势，通过跨行政区域的科普立项，以政府采购科普服务的新形式来提升科普供给水平，为广大人民群众提供丰富的科普文化产品。

（二）加强跨行政区域协调，提升优势资源共享程度

1. 发挥北京市在经济协同发展中文化中心定位优势

北京市是全国科普知识资源的创作中心，根据 2014 年科普统计数据，仅北京市出版科普类图书一项，出版发行种类达到 3605 种，占全国科普图书发行种类的 42%。在其他知识类科普资源的创作发行上，天津市的科普音像制品发行数量最高，约 38 万张（见表6）。

表6　2015 年京津冀科普文化产品创作发行情况

出版数量	北京市	天津市	河北省
科普期刊出版种数(种)	68	21	49
科普期刊出版总册数(册)	13788300	3864700	1955460
科普(技)音像制品.出版种数(种)	71	80	118
科普(技)音像制品.光盘发行总量(张)	244501	376420	181106
科普(技)音像制品.录音、录像带(盘)	4385	61100	6720
科技类报纸年发行总份数(份)	21895600	3174076	30312990

出版数量	北京市	天津市	河北省
电视台播出科普(技)节目时间(小时)	8822	5841	12712
电台播出科普(技)节目时间(小时)	9885	356	12409
科普网站个数(个)	184	179	74

充分发挥北京市在科普资源创作上的巨大智力优势和产业优势，通过文化产业投资引导，增强科普文化创意产业的自我造血机能，让科普文化产业成为文化产业中一个强有力的增长点。满足在京津冀一体化过程中人民群众日益增长的科普文化需求。

从科普文化产品的出版发行情况不难发现，在科普文化创作中，北京市科普期刊音像制品，科普报纸等创作量大，特别是在新型的科普传播方式上北京市可以承担京津冀科普协同一体化的文化创作发动机，利用北京市丰富的科技场馆、科研机构等各项资源，充分发挥科普文化的引领作用，积极开展同天津市、河北省对接的青少年、大学生科普交流活动。

在科普文化产品的创作中，天津市科普文化产品数量少、发行量大，走出了一条科普文化产业的精品化发展道路。天津市应当充分结合自身的产业发展道路，利用沿海城市的区位优势，结合大量的创业基地、创客空间、传统的科普资源，通过创新创业的引导，将初创企业的技术优势充分展示出来，加快科技型企业的孵化。一方面，可以帮助有创新性质的科技型企业加快融资步伐；另一方面，加强对先进的科学技术的了解，有助于科技型初创企业打开市场。

河北省相对于天津市、北京市，无论是电视节目制作还是音像出版均不能满足自身的科普文化需求，应当在出版发行领域进一步打破行政区划阻碍，加快北京市、天津市的科普文化产品进入河北省文化消费市场，带动北京市、天津市科普文化产品创作产业的发展。同时在京津冀协同一体化规划中，河北省需要承接北京市、天津市的一些制造业产业分流，也要同针对河北省的精准扶贫政策结合起来，既要积极引进北京市、天津市的科普文化资源，也要结合自身特点，开展扶贫下乡，以定点技能培训等方式来支撑提升京、津、冀三地公民科学素质的总体目标。

京、津、冀三地在科普协同进化的过程中，应当结合自身产业特点和定位，充分运用自身的比较优势，各有重点地开展科普文化产品创作、科技场馆建设和科技活动组织，推动公民科学素质建设。

（三）结合京、津、冀三地产业布局，创造科普驱动新动能

京津冀三地人力资本差距较大。经过何勤（2015）的测算，北京市、天津市的人均人力资本在 2000 年以后有了较为迅速的增长，2010 年已达到近 40 万元，是河北省人均人力资本的 2.9 倍，大幅超过河北省的人均水平。结合京津冀三次产业的布局，提高河北省地区公民科学素质中劳动技能水平，进一步提升北京市、天津市重点人群的科学素质达标比例，可以提高全区域劳动生产率提升当地居民收入水平。

根据《中国科普能力评价报告（2016～2017）》的分析报告，公民科学素质提升的动力来自当地整体经济发展水平、教育资源特别是科学素质相关教育资源投入，也与对外开放程度、当地科研院所和大学的推动、三次产业结构比重等有关联。

在京津冀协同一体化的重大产业调整过程中，还伴随着河北省、天津市居民城镇化比重进一步提高，京津冀三次产业结构重新布局的历史性机遇，应当利用新的产业布局开展符合京津冀地区特点的科普宣传工作，如在沧州建设汽车科普文化类宣传，以汽车为主体开展现代交通工具和交通网络规划设计管理的科普；依托天津市多个创新创业产业基地，同创新企业与当地主管部门共同宣传创新企业所依托的创新理念、专利技术；大力提高北京市科技场馆资源优势，同京津两

地学校推进跨行政区域的科普宣传活动，建立京津冀三地高校科普志愿者协会等组织，通过建立跨越行政区域的科普文化资源互动，进一步发挥北京市在京津冀地区科普文化建设中的引领地位。

将北京市打造为科普文化中心，需要提升北京市自身科普文化创造能力，这要求北京市充分运用丰富的高校与科研院所资源，让科学家发挥作为科普驱动力核心的作用，通过打通文化创作产业、传媒产业同科学家积极交流，让科学家科学理性专业的思维同科普文化产业结合。

（四）推动互联网科普，运用大数据手段提升科普效能

互联网本质上是一种成本极低的传播信息的方式，利用当前互联网、邮政网络等基础设施，将科普与京津冀精准扶贫结合起来，是共享科普资源的先进路径。河北省互联网建设水平处于全国中游，2015年，互联网普及率达到50.5%，百人移动电话拥有量达到82.63部，行政村互联网接入率达到了94%，2016年移动互联网和智能手机的普及率快速提升，基本实现了村村通宽带，人人能上网（见表7）。

表7　2015年京津冀互联网普及情况

地区	百人移动电话拥有量（部）	开通互联网宽带业务的行政村比重（%）	互联网普及率（%）
北京市	181.73	100	76.5
天津市	88.54	100	63
河北省	82.63	94	50.5

资料来源：国家统计局网站。

在这样的背景下，开展互联网、特别是移动互联网的科普工作，打破科普电子出版发行的地域局限，通过互联网实现普惠科普是京津冀科普协同的重要手段。

目前通过大数据手段提高科普效能的技术条件已经具备，充分利用互联网普及率高、互联网资费逐年下降、互联网产业蓬勃发展的形势，充分运用大数据手段，通过统计科普网站中的视频传播点击率、暂停回放的时间点来了解人民群众最需要的科普文化；对网络上的科普传播和科普分享方式进行分析，从而指导科普内容的创作；运用大数据对社交网络传播的特点进行关联分析，及时对社会热点问题和突发事件进行科普，使科学的资讯与知识跑赢谣言和反智主义。无论是对消除公众对先进技术的恐惧，还是对帮助人民群众树立正确的社会经济发展观念，大数据手段都有巨大的帮助。

运用北京市的全国信息技术资源优势，积极以大数据手段提升包括天津市、河北省在内的全国科普效能，通过提高各级机构管理信息系统人、财、物的信息共享程度，消除"信息孤岛"，有效帮扶科普工作重点人群，运用大数据精准分析京津冀协同发展过程中科普工作的痛点。研究运用大数据手段分析科普信息传播特点和收看方式方法。积极同先进互联网信息服务企业合作，运用大数据、云存储等技术手段，将科普资源充分共享，提高传播的广度。

紧跟人民群众日益丰富的科普知识文化消费潮流，开发符合当代科普文化消费的移动互联网科普应用软件和适合在线移动平台阅读、播放的科普文化作品，推进科普文章、科普纪录片、科普视频等内容短小化、微型化、时尚化。依托当前京津冀地区移动互联网基础设施完善的形势，利用智能手机等传播方式实现科普的跨越式传播。

（五）促进科普渠道下沉，推动精准科普扶贫

随着《京津冀协同发展交通一体化规划》出台，预计2030年京津冀地区的省县公路通行能力将大幅提升，高速公路断头路现象有效缓解，在交通通达的基础上，有效利用便利的交通条件，推进科普渠道下沉，进而针对北京市周边23个国家级贫困县进行科普帮扶，组

织各类科普展览，实现科学文化知识的富裕。针对山区的自然资源、地理、气候、人文特征开发科普旅游线路，组织科普志愿者利用当地资源建立基层科普服务站。

从《科普统计年鉴（2015 年版）》举办实用技术培训和重大科普活动次数来看，2015 年北京市举办实用技术培训 18452 次，参加 1013571 人次，人均接受实用技术培训数量最多，河北省实用技术培训规模最大，人民群众参与热情更高，平均实用技术培训规模为 147 人（见表 8）。

表 8　2015 年京津冀重大科普活动和实用技术培训次数

地区	举办实用技术培训		重大科普活动次数（次）
	举办次数（次）	参加人数（人次）	
北京市	18452	1013571	605
天津市	17629	1759256	377
河北省	32097	4715490	1751

在河北省目前实用技术培训的基础上，需要进一步投入资源来增加实用技术培训场次，提升技术培训覆盖率和培训力度，使其接近北京市、天津市水平。促进普通劳动者技能提升，对重点帮扶人群提供良好的技术技能培训，使其能够参与到具备一定技术含量的工作岗位上。

在科普渠道上，要根据居民的实际居住情况和具体职业等选择合理方式，如秦美婷和李金龙通过对京津冀雾霾事件的公众科普需求调查，发现农村居民存在严重的知识鸿沟问题。城市地区有较高文化基础的居民对科普的理解能力强、范围广，而农村地区科普需求层次较低。[1]

---

[1]　秦美婷、李金龙：《"雾霾事件"中京津冀地区公众健康与环境科普需求之研究》，《科普研究》2014 年第 9 期。

提升京津冀农村地区、贫困山区的科学素质，是整个公民科学素质提升工作的难点，需要集结大量人力财力，集中推进京津冀地区的国家级贫困县、贫困村扶贫攻坚。还要合理利用贫困地区优势资源，开发符合当地环境保护的科普旅游资源，利用当地自然地貌、原生态农业生产特色等开发跨区域协调科普旅游路线，以科普活动带动当地实现产业调整和新的经济增长点。

五　结语

习近平同志指出，京津冀协同一体化绝不是对原有产业的简单加减法与复制。在京津冀一体化的产业重新布局过程中，寻找一条符合京津协同发展五大理念的公民科学素质提升路径，是京津冀一体化产业协同，实现京津冀三地产业空间重新布局、调整优化，提高劳动生产效率和人民生活水平的关键所在。必须紧密围绕北京市的科技文化中心，天津市生产研发与创新基地，河北省去产能、去库存的供给侧结构性改革重点区域三重定位，以共享合作、打破行政区域限制的理念开展。

参考文献

［1］李群、许佳军：《中国公民科学素质报告（2014）》，社会科学文献出版社，2015。

［2］李群、陈雄、马宗文：《中国公民科学素质报告（2015～2016）》，社会科学文献出版社，2015。

［3］中华人民共和国科学技术部：《中国科普统计（2016年版）》，科学技术文献出版社，2016。

［4］韩庆峰：《基于京津冀协同发展的高等教育资源共享机制研究》，《图书馆学刊》2015年第1期。

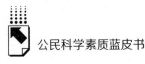
［5］陈兰杰、刘彦麟：《京津冀区域政府信息资源共享推进机制研究》，《情报科学》2015 年第 6 期。

［6］魏进平、刘鑫洋、魏娜：《京津冀协同发展的历程回顾、现实困境与突破路径》，《河北省工业大学学报》（社会科学版）2014 年第 6 期。

［7］许文建：《关于"京津冀协同发展"重大国家战略的若干理论思考——京津冀协同发展上升为重大国家战略的解读》，《中共石家庄市委党校学报》2014 年第 4 期。

［8］傅志华、石英华、封北麟：《"十三五"推动京津冀协同发展的主要任务》，《经济研究参考》2015 年第 62 期。

［9］郑念、张利梅：《科普对经济增长贡献率的估算》，《技术经济》2010 年第 12 期。

［10］秦美婷、李金龙：《"雾霾事件"中京津冀地区公众健康与环境科普需求之研究》，《科普研究》2014 年第 9 期。

［11］吴玫：《构建京津冀高等教育资源共享机制初探》，《天津经济》2010 年第 11 期。

B.13
科普经费与北京科普事业发展

李群 龙华东 李恩极*

摘　要： 北京作为中国科普事业的重要阵地，一直致力于科普事业发展，超额完成北京"十二五规划"设定的目标，也为全国科普事业发展做出了重要贡献。科普经费是科普事业蓬勃发展的重要保障。本报告对北京科普经费现状进行分析，并通过灰色关联度模型找到北京科普工作的薄弱环节，以期发现问题，探求解决路径。分析结果表明，未来北京科普工作应进一步拓宽科普经费筹资渠道，注重地区协调发展，加强对外交流，实现新的突破。

关键词： 北京科普发展　科普经费　灰色关联度

一　研究背景

科普能力建设是深入实行创新驱动战略，建设创新型国家的基础

---

* 李群，应用经济学博士后，中国社会科学院基础研究学者，中国社会科学院数量经济与技术经济研究所研究员、博士研究生导师、博士后合作导师，主要研究方向：经济预测与评价、人力资源与经济发展、科普评价；龙华东，硕士，北京市科学技术委员会科技宣传与软科学处副处长，主要研究方向：科技管理；李恩极，中国社会科学院研究生院数量经济与技术经济研究系博士研究生，主要研究方向：经济预测与评价、科普评价。

性社会工程,是由政府引导、社会全面参与的社会行动。加强科普能力建设,对于提高公民科学素质、提升国家自主创新能力、全面建成小康社会具有十分重要的意义。

党和政府历来高度重视科普工作,并出台了一系列的科普政策法规,为开展科普工作指明了方向,也为科普工作提供了有力的法律保障。早在艰苦的抗日战争时期,为了发展陕甘宁边区经济建设,发展科学事业,中共中央决定成立延安自然科学院,老一辈无产阶级革命家勇于进取、开拓创新的科学精神,至今仍然熠熠发光。新中国成立后,"中华全国自然科学专门学会联合会"和"中华全国科学技术普及协会"两个组织先后成立,后来合并发展成为"中国科学技术协会"。邓小平同志在 1978 年举行的全国科学大会上提出了"科学技术是第一生产力"的论断,发出了有关科技发展政策导向的最强音,为科教兴国战略和人才强国战略制定和实施奠定了基础,此次大会被誉为"科学的春天"。1994 年,《中共中央国务院关于加强科学技术普及工作的若干意见》的出台把科普工作提高到了新水平,为进一步开展科普工作提出了新要求。2002 年,《中华人民共和国科学技术普及法》颁布实施,以立法的形式确定了科普工作的法律地位,充分体现了党和政府对科普工作的重视,是我国科普发展史上的重要里程碑,标志着科普工作的阶段性飞跃。国务院于 2006 年印发《全民科学素质行动计划纲要(2006—2010—2020 年)》,又是一个里程碑式的文件,明确提出:"通过发展科学技术教育、传播与普及,尽快使全民科学素质在整体上有大幅度的提高,实现到 21 世纪中叶我国成年公民具备基本科学素质的长远目标。"自 2008 年国际金融危机以来,中国经济从高速增长逐步进入稳定增长,经济发展进入"新常态"。2016 年 5 月,全国"科技创新大会""两院院士大会""中国科协第九次全国代表大会"在北京召开,习近平总书记出席了大会并指出:"科技创新、科学普及是实现创新发展的两翼,要把科学普及放在与科技创新同等重要的位置。"李克强、刘云山、刘延东等国家领导人多次参加全国科普日和全国科技活动周等活动，并做出重要批示。在此背景下，我国科普事业蓬勃发展，同高水平公民科学素质国家的差距逐渐缩小。

北京一直是中国科普事业发展的重要阵地，各级党委和政府对科学普及工作高度重视，这为北京科普工作顺利展开提供了强有力的保障与支持。一直以来，北京紧紧围绕坚持中央和市委的有关文件精神，以建设社会主义核心价值体系为根本，牢固树立并自觉践行创新、协调、绿色、开放、共享的五大发展理念，坚持"政府引导、社会参与、创新引领、共享发展"十六字工作方针，深入实施创新驱动和京津冀协同发展战略。北京市围绕《全民科学素质行动计划纲要(2006—2010—2020年)》《国家中长期科学和技术发展规划纲要（2006—2020年)》和《"科技北京"行动计划（2009—2012年)》的具体目标与任务，立足现有基础，面向未来需要，充分发挥首都科技资源密集的优势，在全社会大力弘扬和培育创新精神，提升全民科学素质，推动首都科普能力显著增强，发挥首都示范引领作用，为首都创新城市建设和全国科普事业发展做出突出贡献。

近年来，北京科普工作已取得显著成效，科普能力建设已经领先全国，同时，北京科普事业的管理工作存在进一步提升的空间，尤其在科普经费的使用和管理上，主要表现在：一是首都核心区和其他城区发展不平衡，拉低了北京市整体科学素质水平；二是科普经费的筹集仍需要进一步多元化，科普作为一项社会性过程，必须全民参与，才能实现科普成果惠及全民；三是科普经费投入在对外交流、打造具有国际影响力的科普品牌方面略显不足。本报告从这些现状出发，探讨在新形势下，尤其是在北京建设全国科技传播中心的背景下，对北京科普经费现状进行分析，并通过灰色关联度模型找到北京科普工作

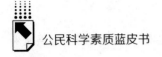

的薄弱环节，以期发现问题，探求解决路径，为北京科普事业发展提供可参考的建议。

二 北京科普经费现状分析

《北京市"十三五"时期科学技术普及发展规划》提出北京科普事业发展的总体目标是："到 2020 年，建成与全国科技创新中心相适应的国家科技传播中心，首都科普资源平台的服务能力显著增强，科普工作体制机制不断创新，科普人才队伍持续增长，科普基础设施体系基本形成，科普传播能力全国领先，创新文化氛围全面优化，科普产业初具规模，公民科学素质显著提高，'首都科普'的影响力和显示度不断提升。"为贯彻落实《北京市"十三五"时期科学技术普及发展规划》的指示精神，推动科普事业发展，北京在人员、资金、基础设施等方面的科普投入呈现稳增态势。必须加强各类保障条件，来推进科普"十三五"规划顺利实施。

科普经费是开展科普活动、发展科普事业的根本保障。近年来，按照《北京市科学技术普及条例》《北京市科学技术委员会关于加强北京市科普能力建设的实施意见》等文件的有关规定，北京市委和市政府进一步加强了科普经费的管理，全面深化财政科研项目和经费管理改革，推进在科普领域简政放权、放管结合、优化服务，激发科普事业各类主体和科普各类工作人员的创新创造活力。

（一）北京科普经费筹集情况

2015 年北京科普经费筹集额 21.26 亿元，比 2014 年减少了 2.2%，其中各级政府财政拨款 16.30 亿元，占总筹资额的 76.67%，2008～2014 年各级政府财政拨款占总筹资额的比例依次

为 82. 13% 、53. 12% 、54. 89% 、57. 41% 、59. 65% 、71. 29% 、
68. 91% ,[1] 说明目前科普经费投入的主要来源依然是政府。在政府
拨款的专项经费中,2015 年北京科普专项经费 11. 98 亿元,人均科
普专项经费 89. 1 元,远远高于全国平均水平,呈现稳增态势。2015
年科普经费筹集额中,社会捐赠 0. 13 亿元,捐赠资金在 2014 年为
0. 97 亿元,出现大幅回落;自筹资金 3. 39 亿元,占总筹资额的
15. 93% ,是仅次于政府拨款的主要经费来源,从额度上看,近几年
来逐步减少;其他收入 1. 44 亿元,比 2014 年略有提升(详见表 1)。[2]

表 1　2008～2015 年北京科普经费筹集额构成

经费筹集 额构成	北京科普经费筹集额(亿元)							
	2008 年	2009 年	2010 年	2011 年	2012 年	2013 年	2014 年	2015 年
政府拨款	11. 03	9. 45	11. 21	11. 64	13. 21	14. 52	15	16. 3
社会捐赠	1. 51	0. 27	0. 69	0. 19	0. 16	0. 26	0. 97	0. 13
自筹资金	14. 42	4. 82	6. 72	6. 92	7. 57	5. 12	4. 98	3. 39
其他收入	8. 61	3. 25	1. 79	1. 53	1. 2	0. 46	0. 81	1. 44

资料来源:《中国科普统计年鉴(2016 年版)》。

(二)北京科普经费使用情况

2015 年北京科普经费使用额总计 20. 16 亿元,其中,行政支出
2. 70 亿元,占使用总额的 13. 37% ;科普活动支出 12. 63 亿元,占使用
总额的 62. 66% ;科普场馆基建支出 1. 42 亿元,占使用总额的 7. 02% ;
其他支出 3. 06 亿元,占使用总额的 15. 18% 。[3] 从科普经费使用额的占
比看,行政支出和其他支出占使用经费的比例保持稳定,科普活动支

---

① 中华人民共和国科学技术部:《中国科普统计(2016 年版)》,科学技术文献出版社,2016。
② 中华人民共和国科学技术部:《中国科普统计(2016 年版)》,科学技术文献出版社,2016。
③ 中华人民共和国科学技术部:《中国科普统计(2016 年版)》,科学技术文献出版社,2016。

出占比逐年上升，科普场馆基建支出占比逐年下降，说明北京科普工作重心已逐步由硬件建设向提升科普软实力转变（详见表2）。

表2　2008～2015年北京科普经费使用额

支出类别	北京科普经费使用额构成（亿元）							
	2008年	2009年	2010年	2011年	2012年	2013年	2014年	2015年
行政支出	15.09	2.53	2.02	2.30	3.72	2.69	3.29	2.70
科普活动支出	50.94	6.76	8.70	8.02	9.46	10.59	11.29	12.63
科普场馆基建支出	56.51	5.21	4.81	4.48	5.18	2.25	2.57	1.42
其他支出	10.55	2.17	2.64	4.22	2.96	2.50	3.90	3.06

资料来源：《中国科普统计（2016年版）》。

三　科普经费与北京科普事业发展关联度分析

（一）数据来源与指标选取

科普经费从筹资和使用两方面考虑，选取科普经费筹集额、专项经费筹集额、科普经费使用额3个变量。科普发展主要选取了科普基础设施、科普活动、科普传播、国际交流四方面14个变量。基于2008～2015年北京科普数据，运用灰色关联度模型定量分析科普经费与科普发展的关联度（详见表3）。数据来源于历年《中国科普统计》和《北京科普统计年鉴》。

表3　科普经费与科普发展变量说明

变量	变量说明	单位
X_1	科普经费筹集额	万元
X_2	专项经费筹集额	万元
X_3	科普经费使用额	万元
Y_1	科技场馆个数	个
Y_2	科技馆展厅面积	平方米

变量	变量说明	单位
Y₃	科普场馆基建支出	万元
Y₄	科学技术博物馆个数	个
Y₅	科学技术博物馆展厅面积	平方米
Y₆	农村科普(技)活动场地面积	平方米
Y₇	城市社区科普(技)专用活动室面积	平方米
Y₈	科普图书期刊出版数	册
Y₉	科普网站个数	个
Y₁₀	电视电台科普播出时间	小时
Y₁₁	公共场所科普宣传次数	次
Y₁₂	科技活动周科普专题活动次数	次
Y₁₃	重大科普活动次数	次
Y₁₄	科普国际交流次数	次

（二）灰色关联度分析模型

灰色关联度分析模型的基本思想是根据不同序列之间的几何曲线的相似程度，来判定序列间的关联程度。不同序列几何曲线的相似程度越高，说明序列间的关联度越高，反之越小。基本思路是首先确定反映系统行为特征的序列以及相关影响因素序列，然后对数据进行无量纲化处理，最后计算序列的关联度。关联度分为广义关联度和邓氏灰色关联度，其中广义关联度包括综合关联度、绝对关联度、相对关联度等。本报告采用邓氏灰色关联度，计算步骤如下。

1. 确定时间行为序列

根据北京市科普经费和科普发展时间序列，有：

$$X_i = \left[x_i(1), x_i(2), x_i(3), x_i(4), x_i(5), x_i(6), x_i(7), x_i(8) \right], i = 1,2,3$$

$$Y_j = \left[y_j(1), y_j(2), y_j(3), y_j(4), y_j(5), y_j(6), y_j(7), y_j(8) \right], j = 1,2,\cdots,14$$

其中 X_i 为母序列，Y_j 为子序列。

2. 对数据进行无量纲化处理

采用均值法消除量纲，得均值，即用序列中每一个数除以该序列

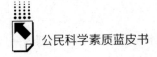

的平均值，有：

$$X_i' = [x_i'(1), x_i'(2), x_i'(3), x_i'(4), x_i'(5), x_i'(6), x_i'(7), x_i'(8)], i = 1,2,3$$

$$Y_j' = [y_j'(1), y_j'(2), y_j'(3), y_j'(4), y_j'(5), y_j'(6), y_j'(7), y_j'(8)], j = 1,2,\cdots,14$$

3. 计算关联系数

设母序列为$X_i(t)$，子序列为$Y_j(t)$，在$t=k$时刻，两比较序列的关联系数为：

$$r_{0i}(k) = \frac{m + \xi M}{\Delta_i(k) + \xi M}$$

其中$\Delta_i(k)$为两比较序列对应分量之差的绝对值，m和M分别为$\Delta_i(k)$的最大值和最小值，ξ为分辨系数，本报告中令$\xi = 0.1$。

4. 计算关联度

关联系数的平均值就是两比较序列的关联度：

$$r_{0i} = \frac{1}{n} \sum_{k=1}^{n} r_{0i}(k)$$

r_{0i}越接近于1，说明两比较序列关联性越大，反之越小。

5. 优势分析

将m个子序列与同一母序列的关联度进行排序，若$r_{0i} > r_{0j}$，说明对于同一母序列，$\{X_i\}$优于$\{X_j\}$的特征，记为$X_i > X_j$；若$r_{0i} = r_{0j}$，说明对于同一母序列，$\{X_i\}$等价于$\{X_j\}$，记为$X_i \sim X_j$；若$r_{0i} < r_{0j}$，说明对于同一母序列，$\{X_i\}$劣于$\{X_j\}$，记为$X_i < X_j$。

（三）关联度分析

通过实证分析，最终得到科普经费筹集额、科普专项经费额、科普经费使用额与科普发展的关联度（详见表4）。

1. 科普经费筹集额与科普发展关联度分析

科普经费筹集额与其他因子的关联序依次为科普场馆基建支出、

重大科普活动次数、科技馆展厅面积、科技场馆个数、科普图书期刊出版数、科技活动周科普专题活动次数、科学技术博物馆展厅面积、电视电台科普播出时间、科学技术博物馆个数、科普网站个数、公共场所科普宣传次数、农村科普（技）活动场地面积、科普国际交流次数、城市社区科普（技）专用活动室面积。

科普经费与科普场馆基建支出的关联系数最大，由此看出，科普经费在科普场馆建设方面十分重要，经费的投入是科普设施建设的有力保障；重大科普活动次数与科普场馆基建支出的关联系数次之，说明体验式、互动式的科普活动已逐渐成为科学普及的主要方式；科普图书期刊出版数、电视电台科普播出时间、科普网站个数等科普传播形式与科普经费的关联系数略小于科技场馆个数、重大科普活动次数与科普经费的关联系数，进一步体现了科普经费对科普传播的支持力度还有待加强。

具体地，在科普基础设施建设方面，科技馆、科学技术博物馆展厅面积和科普经费筹集额关联度优于科技馆、科学技术博物馆展厅个数和科普经费筹集额关联度，说明基础设施建设要重视实用价值，不应搞面子工程，只追求数量，忽视了科普设施建设的真正意义；农村科普（技）活动场地面积与科普经费筹集额关联度要优于城市社区科普（技）专用活动室面积与科普经费筹集额关联度，科普经费的投入应更加重视农村地区，才能让全民参与到科普事业中，让科普成果惠及社会。

在科普活动方面，重大科普活动次数与科普经费筹集额关联度劣于科普场馆基建支出与科普经费筹集额关联度，考虑到科普活动的顺利开展不仅需要资金、人员的保证，也需要有效的策划、组织、宣传，这也比较符合实际情况。

在科普传播方面，科普图书期刊出版数、电视电台科普播出时间与科普经费筹集额关联度要优于科普网站个数与科普经费筹集额关联度，也体现了传统传播媒介与新媒体的差异，"互联网＋"时代应加大对新媒体的支持力度；在对外交流方面，科普国际交流次数与科普经费筹集额关联度较小，应加大科普投入，努力打造具有国际影响力的科普品牌，发挥中国科普事业发展的"方向标"作用。

2.科普专项经费筹集额、科普经费使用额与科普发展关联度分析

根据关联矩阵，科普专项经费筹集额、科普经费使用额与科普发展关联度分析结果基本一致，与科普经费筹集额分析结果不同的两点是：一是科普场馆基建支出、农村科普（技）活动场地面积、科技馆个数和展厅面积等基础设施变量与科普经费的关联度排序均比较靠前，充分体现了科普经费对科普基础设施建设具有不可忽视的作用；二是科普国际交流次数与科普经费的关联度排序有所上升，彰显了政府对科普对外交流的支持力度（详见表4）。

表4　关联度矩阵

变量	变量说明	科普经费筹集额	科普专项经费筹集额	科普经费使用额
Y_1	科技场馆个数	0.4528	0.5299	0.5953
Y_2	科技馆展厅面积	0.4601	0.5303	0.6006
Y_3	科普场馆基建支出	0.5531	0.7508	0.7262
Y_4	科学技术博物馆个数	0.4244	0.5009	0.5464
Y_5	科学技术博物馆展厅面积	0.4312	0.5061	0.5533
Y_6	农村科普(技)活动场地面积	0.4013	0.5465	0.5878
Y_7	城市社区科普(技)专用活动室面积	0.3964	0.5411	0.5848
Y_8	科普图书期刊出版数	0.4446	0.4977	0.5516
Y_9	科普网站个数	0.4161	0.5235	0.5761
Y_{10}	电视电台科普播出时间	0.4283	0.5613	0.6277
Y_{11}	公共场所科普宣传次数	0.4074	0.5256	0.5638
Y_{12}	科技活动周科普专题活动次数	0.4339	0.4674	0.4893
Y_{13}	重大科普活动次数	0.534	0.6618	0.7102
Y_{14}	科普国际交流次数	0.3996	0.5408	0.5836

四 北京各区科普经费投入的关联度分析

（一）2008～2015年北京科普经费筹集额的地区分布

对比北京16个区科普经费筹集额的数据，可以看出，北京各区的科普投入差距较大。2015年北京科普经费筹集额前三位是西城区、朝阳区、海淀区，三个区的科普经费筹集额占北京总额57.36%，[①]这一比例虽为2008年以来的最低值，但仍然可以看出西城区、朝阳区、海淀区的科普经费筹集额远超于其他行政区。为了进一步分析北京各区科普经费趋势，同时剔除2008年北京奥运会的科普投入较高的影响，本报告只计算2009～2015年北京各区科普经费年平均增长率。从年平均增长率趋势看，朝阳区仍保持较高增长，西城区和海淀区出现负增长，朝阳区、丰台区、石景山区、通州区、怀柔区和延庆区均高于平均增长水平（详见表5）。

表5 2008～2015年北京各区科普经费筹集额的变化情况

地区	北京各区科普经费筹集额（亿元）								2009～2015年年平均增长率(%)
	2008年	2009年	2010年	2011年	2012年	2013年	2014年	2015年	
北　京	134.34	17.79	20.42	20.28	22.14	20.36	21.74	21.26	2.58
东城区	3.77	0.45	2.04	1.13	2.19	1.63	2.12	2.33	26.62
西城区	69.66	2.11	3.88	4.10	3.60	3.09	3.69	1.56	-4.18
朝阳区	23.01	3.56	2.91	5.13	5.22	8.32	6.95	8.93	14.03
丰台区	2.16	0.11	0.75	2.20	2.20	1.19	1.34	2.45	55.92

[①] 数据由《北京科普统计年鉴（2016年）》整理所得。

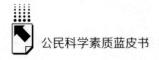

续表

地区	北京各区科普经费筹集额（亿元）								2009~2015年年平均增长率(%)
	2008年	2009年	2010年	2011年	2012年	2013年	2014年	2015年	
石景山区	0.56	0.18	0.09	0.08	0.10	0.16	0.16	0.77	22.74
海淀区	23.71	7.54	6.99	4.18	4.84	4.18	5.13	1.71	−19.14
门头沟区	0.51	0.27	0.08	0.12	0.10	0.15	0.14	0.42	6.79
房山区	0.81	0.13	0.10	0.03	0.19	0.26	0.18	0.23	9.03
通州区	0.77	0.06	0.05	0.11	0.18	0.42	0.35	0.41	31.98
顺义区	1.00	0.08	0.14	0.07	0.08	0.29	0.11	0.11	3.98
昌平区	2.57	2.49	2.58	2.51	2.54	0.21	0.25	1.07	−11.34
大兴区	1.24	0.21	0.20	0.18	0.25	0.34	0.73	0.23	1.45
怀柔区	0.57	0.11	0.10	0.09	0.18	0.12	0.14	0.24	12.31
平谷区	1.01	0.14	0.23	0.08	0.18	0.25	0.05	0.17	2.89
密云区	1.33	0.22	0.11	0.13	0.15	0.10	0.14	0.33	5.81
延庆区	1.67	0.14	0.16	0.14	0.16	0.56	0.28	0.31	11.59

（二）2008~2015年北京科普经费投入的关联度分析

1.数据选取

为了定量分析北京各区之间的科普投入不平衡现象，本报告选取2008~2015年北京16个区科普经费筹集额，进行了关联度分析。

2.灰色关联度分析模型

首先，确定行为序列，即选择母序列和子序列。为了分析2008~2015年北京科普经费投入情况，以及地区分布差异，报告以2008~2015年北京科普经费筹集额作为母序列 X，以2008~2015年北京16个区科普经费筹集额作为子序列 Y。[①]

---

① 数据由《北京科普统计年鉴（2016年）》整理所得。

$$X = \left[x(1), x(2), x(3), x(4), x(5), x(6), x(7), x(8)\right]$$
$$Y_i = \left[y_i(1), y_i(2), y_i(3), y_i(4), y_i(5), y_i(6), y_i(7), y_i(8)\right], i = 1, 2, \cdots, 16$$

然后对数据进行无量纲化处理，再计算关联系数，并进行排序，具体步骤同前。

3. 2008~2015年北京科普经费投入的关联度分析

通过计算分析，最终得到了 2008~2015 年北京科普经费投入关联度矩阵，对各区差异进行更具体阐述，力求更准确地把握北京科普经费投入的区域特征。

根据关联度排序的结果，可以看出，西城区、海淀区、朝阳区与北京科普经费筹集额的关联度较高，大兴区、顺义区、平谷区与北京科普经费筹集额的关联度较低；同时，各区与北京科普经费筹集额的关联度差异较大，西城区与北京科普经费筹集额的关联度高达 0.9015，而平谷区与北京科普经费筹集额的关联度只有 0.2003。依据实证分析，说明北京科普经费投入存在严重的不平衡，如果这种情况继续下去，将难以实现北京科普事业可持续发展（详见表6）。

表6　2008~2015 年北京科普经费投入关联度矩阵

排序	区	关联度系数	排序	区	关联度系数
1	西城区	0.9015	9	石景山区	0.5116
2	海淀区	0.6693	10	房山区	0.4926
3	朝阳区	0.6664	11	延庆区	0.4637
4	丰台区	0.6495	12	怀柔区	0.3662
5	东城区	0.6306	13	密云区	0.3591
6	通州区	0.6104	14	大兴区	0.3234
7	门头沟区	0.5916	15	顺义区	0.3177
8	昌平区	0.5650	16	平谷区	0.2003

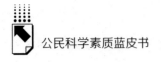
五　结论和建议

（一）拓宽科普经费的筹资渠道，建立多元化投入机制

只有形成全社会共同参与科普事业发展的新局面，北京科普事业才能跨上一个新台阶。根据统计数据，北京科普事业依然存在投资渠道单一的问题：北京科普经费筹集额仍然以政府拨款为主，且有逐年上升的趋势，2015年政府拨款占筹资总额的76.67%，自筹资金占筹资总额的15.93%，而自筹资金大部分来源于政府部门，社会捐赠不足1%。2010年，北京市委宣传部、科委、北京市发改委等7个部门共同发布了《关于加强北京市科普能力建设的实施意见》，提出要建立政府引导的多元化投入机制，此举有效地推动了社会资金参与到科普事业发展中。2010年，社会捐助资金占科普经费筹集额的3.39%，近几年出现回落，今后还须进一步落实《意见》的指示精神，坚持政府引领，开拓筹资渠道，方便广大群众参与到科普工作中，激发公众学科学、爱科学、用科学的热情，为科普事业蓬勃发展注入不竭动力。

（二）缩小地区间差距，实现区域平衡发展

从北京各区科普经费筹集额和使用额看，地区差异显著。2015年，朝阳区科普经费筹集额8.93亿元，而顺义区科普经费筹集额只有0.11亿元，相差几十倍之多。例如，朝阳区人均专项经费348.12元，而大兴区人均专项经费仅有8.41元，是朝阳区的2.4%。科普工作是一项社会公益性事业，不应该将资源过度集中在经济发达的区域，如果这种趋势继续下去，"马太效应"将会出现在北京科普事业中，非常不利于北京科普的可持续发展。鉴于此，应加大对顺义区、

大兴区、平谷区等科普基础薄弱地区的支持，缩小各区间的差距，实现北京全体市民科学素质的提升。

（三）发挥新媒体的优势，开启"互联网＋科普"模式

新媒体的盛行为科普传播和科普发展带来了新的挑战和机遇。《北京市"十三五"时期科学技术普及发展规划》明确提出实施"互联网＋科普"工程，进而打造"首都科普"新媒体平台，提升科学普及的信息化水平，推动科普大数据开发与共享。实证分析表明，科普经费与传统报刊数量的关联度优于科普经费与科普网站个数的关联度，说明目前对新媒体的重视程度还不够。新媒体有传播速度快、信息量大等优势，必须要充分发挥新媒体的这些特点，继续加强对新媒体的扶持，着力推进新产品、新技术、新理念的普及，着力推进"两微一端"建设，开启"互联网＋科普"模式，实现精准科普、"建设国家科技传播中心"的伟大目标。

（四）加强对外交流，提升国际影响力

北京科普能力的建设在全国处于领先位置，但是在科普品牌建设、国际影响力方面与国际水平还有很大差距。2008～2015年，北京举办科普国际交流的次数依次为409次、359次、442次、318次、360次、351次、356次、345次，基本保持稳定，但从统计数据来看，科普经费对国际交流方面的投入和支出还有待提升。加强国际交流有助于实现"走出去和引进来"，扩大北京乃至中国科普品牌的国际影响力。科普资金投入是开展有关对外交流活动的重要保障。为实现《北京市"十三五"时期科学技术普及发展规划》提出的"培育5个以上具有全国或国际影响力的科普品牌活动"的具体目标，契合"一带一路"国家战略，必须以更大的力度推进北京科学普及工作，谋划科普新篇章。

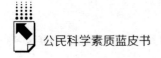

参考文献

［1］李富强、李群：《中国科普能力评价报告（2016～2017)》，社会科学文献出版社，2016。

［2］科学技术部政策法规司：《中国科普法律法规与政策汇编》，科学技术文献出版社，2013。

［3］朱世龙：《北京科普工作特点及对策研究》，《科普研究》2015年第4期。

［4］佟贺丰：《科普投入的国内外对比研究及对策分析》，《科普研究》2006年第4期。

［5］侯晨阳、杨传喜：《科普投入与国家创新能力关联性研究》，《中国科技资源导刊》2016年第2期。

［6］程远宏：《博物馆科研及科普课题经费管理的思考》，《人口与经济》，2011年增刊。

［7］刘思峰、蔡华、杨英杰、曹颖：《灰色关联分析模型研究进展》，《系统工程理论与实践》2013年第8期。

［8］崔立志、刘思峰：《面板数据的灰色矩阵相似关联模型及其应用》，《中国管理科学》2015年第11期。

B.14
甘肃省公民科学素质调查测评研究报告

荣良骥　刘军　杨亚妮*

摘　要： 本报告基于《中国公民科学素质基准》，采用科技部制定的统一调查问卷，开展2017年甘肃省公民科技素质调查。调查采取分层抽样的方法，选取兰州市、酒泉市、平凉市、定西市、陇南市和甘南州6个具有典型性和代表性的测评地区，以甘肃省2301位公民为例，对甘肃省公民科学素质调查实施方案、调查完成情况进行了描述，并深入围绕调查样本、测试结果等从不同角度、不同领域进行结构性分析。测评结果表明，少数民族地区科普成效显著，省会城市公民科学素质有待提升，在此基础上，提出了几点相关思考。

关键词： 甘肃省　公民科学素质调查　结构分析　公民科学素质基准

为推动《中国公民科学素质基准》的颁布与实施，进一步指导中国公民科学素质监测与评估工作，掌握代表性省区市和典型地区的

---

* 荣良骥，信息管理与信息系统，研究生，甘肃省科学技术情报研究所，甘肃省科技评价监测重点实验室，副研究员；刘军，计算机，本科，甘肃省科学技术情报研究所，甘肃省科技评价监测重点实验室，高级工程师；杨亚妮，统计，本科，甘肃省科学技术情报研究所，甘肃省科技评价监测重点实验室，实习研究员。以上人员主要研究方向均为：科技情报与科技政策。

公民科学素质状况，科技部启动了 2017 年中国公民科学素质试点调查。本次调查选取了北京、上海、广州、重庆、黑龙江和甘肃六省市作为测评地区。此次调查是科技部首次在甘肃进行公民科学素质试点调查。开展甘肃省公民科学素质基准测评工作，测评结果将为各级政府在社会经济发展的相关战略部署以及科学技术教育领域中的相关政策制定提供决策基础和科学依据。

一　调查实施方案

遵循"中国公民科学素质调查技术流程"，专门制定了一套"2017 年甘肃省公民科学素质调查实施方案"，方案设计内容包括以下几个方面。

（一）调查样本抽取

采取分层抽取样本。抽取兰州、酒泉、平凉、定西、陇南和甘南 6 个市州作为一级样本地；每个一级样本地抽取市州政府所在区市及 2 个所辖区县作为二级样本地；在二级样本地抽取街道、乡、镇作为三级样本地；在三级样本点抽取居民社区、行政村、机关、事业单位、企业、学校作为四级样本点，每个三级样本地可抽取 1~2 个四级样本点；在四级样本点随机起点，按调查对象总数等距抽取访问样本，每个四级样本点完成 10 个有效样本。

（二）抽样调查对象、数量及范围

抽样调查对象为中国年龄在 18~69 岁的常住人口以及居住期满 6 个月的流动人口（不含现役军人、智力障碍者）。本次调查有效抽样样本数量至少应达到 2000 个，其中公民科学素质关注的重点人群——机关事业单位工作人员、学生、社区居民、农民比例均不小于 20%。同时，各市州样本总量按城镇人口和乡村人口比例抽取，并依据"公民科学素质调查技术流程"所要求的最低样本数，对各市州样本数进行适当的调整整合。

（三）调查现场作业

调查方法采用访问员与受访者面对面填写纸质问卷方式，不允许他人代填。对单位、学校、机构受访者，在总量基础上采用"随机等距抽样原则"进行抽取；对社区、自然村受访者，采用随机起点、"成功隔六"的方式，如果本自然村户数不足，顺延至下一个自然村。单位、学校、机构的现场调查时间为工作日工作时间；社区、自然村的现场调查时间为工作日下班后及双休日全天。

（四）调查数据质量控制

设置专门的质量检查员，每个市州设置一名督导兼质量检查员。质量检查员负责检查抽样的规范性、问卷的真实性、问卷访问过程的完整性、问卷的卷面质量等。每个访问员在每个样本地须完成50%的问卷访问全程录音；所有问卷记录的电话、姓名须完全真实。问卷复核总量不少于30%，同时做好备份问卷以弥补总量差距。

二 调查完成情况

2017年甘肃省公民科学素质调查涵盖了全省6个市州18个区县的60个乡镇和街道，207个村庄和社区、居委会。本次调查接触家庭达8807户，实际完成有效问卷2301份，入户成功率为26.13%。在完成的问卷中，实现全程录音的问卷有1992份，占86.57%；复核问卷298份，占12.95%。在2301个受访者中，有2228位受访者留下电话，占96.83%；有73位受访者无手机、无固话或拒绝留下电话号码，占3.17%（见表1、图1）。

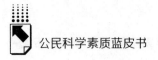
表 1　2017 年甘肃省公民科学素质调查完成情况统计

市/州	县/区	街道/乡镇（个）	社区/村（个）	接触数（户）	样本完成数（份）	入户成功率（%）	问卷录音数（份）	复核问卷数（份）
全省		64	230	8807	2301	26.13	1992	298
兰州市	主城区	18	21	2522	324	12.85	319	10
	榆中县	2	14	360	184	51.11	181	10
	永登县	1	10	270	119	44.07	98	9
	合计	21	45	3152	627	19.89	598	29
定西市	安定区	2	10	274	125	45.62	99	26
	通渭县	2	11	335	105	31.34	85	20
	临洮县	2	8	219	107	48.86	73	34
	合计	6	29	828	337	40.70	257	80
甘南州	合作市	5	16	512	126	24.61	103	23
	临潭县	4	14	391	105	26.85	101	4
	舟曲县	4	14	378	105	27.78	90	15
	合计	13	44	1281	336	26.23	294	42
酒泉市	肃州区	8	42	533	105	19.70	93	12
	金塔县	2	8	440	116	26.36	99	17
	敦煌市	2	15	685	115	16.79	95	20
	合计	12	65	1658	336	20.27	287	49
陇南市	武都区	3	10	363	105	28.93	93	12
	成县	2	6	293	115	39.25	81	34
	康县	2	7	310	115	37.10	86	29
	合计	7	23	966	335	34.68	260	75
平凉市	崆峒区	2	7	372	106	28.49	98	8
	泾川县	1	9	290	111	38.28	106	7
	华亭县	2	8	260	113	43.46	92	8
	合计	5	24	922	330	35.79	296	23

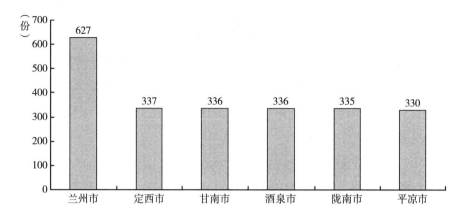

图1　2017甘肃省公民科学素质调查各市州问卷回收情况

三　调查结果与分析

2017年甘肃省公民科学素质调查采用科技部设计的"2017年公民科学素质调查问卷（A卷）"。该调查问卷分为两大部分：第一部分是被调查者的基本信息，包括性别、年龄、户籍、受教育程度和职业、被采访类型6项基本信息。第二部分是36个测评试题，涵盖《中国公民科学素质基准》26条基准。

（一）调查样本结构分析

从性别构成来看，调查对象中男性1223人，占53.2%；女性1078人，占46.8%，男女比例平衡。各地区调查对象的男女比例基本为1:1，其中兰州、定西、甘南、酒泉和陇南5市州男性比例高于女性，而平凉市女性比例高于男性。

从年龄分布来看，调查对象中各年龄段按所占比例大小依次为：18~29岁有840人（占36.5%）、30~39岁有494人（占21.5%）、

40～49岁有390人（占16.9%）、50～59岁有309人（占13.4%）、60～69岁有268人（占11.6%）；由此可见，七成以上的被调查者为中青年（即18～49岁）。各地区调查对象年龄分布与总体情况基本一致，其中陇南、定西和酒泉中青年人数占当地被调查总人数的八成及以上；兰州和甘南的中青年人数占比在七成；平凉中青年比重较低，不足七成。

从户籍类型来看，被调查对象中农业户口和非农业户口基本持平，分别为1176人（占51.1%）和1125人（占48.9%）。各地区调查对象的情况是，兰州、酒泉和甘南的非农业户口比例高于农业户口比例，但是差距不大；平凉、定西和陇南的农业户口比例高于非农业户口比例，其中陇南和平凉比例相差很大，分别相差12.2%和9.1%。

从职业构成来看，调查对象以学生及待升学人员、家务劳动者（失业人员/下岗人员）、管理人员这三类人员为主，三类人员占到总调查人数的六成以上。陇南、平凉和甘南这三类职业的调查对象占比较高，在七成以上；其他市州这三类职业的调查对象均在六成左右，与总体分布一致。

从教育程度来看，调查对象中大专及以上的人员最多，有1077人（占46.8%），其次是高中学历的人员525人（占22.8%），这两类人员占总调查人数的近七成。兰州、定西、酒泉和陇南4个地区调查对象的文化程度与总体情况基本一致；甘南和平凉2个地区调查对象的文化程度偏低。

从被采访类型来看，公民科学素质调查的四类重点人群机关事业单位工作人员、学生、社区居民、农民四类人群比例均超过20%，符合本次调查人群比例的要求；其中居民占比最高，有673人（占29.2%）。各调查地区的人群比例与总体情况基本一致。表2为对甘肃省公民科学素质调查样本结构的总体归纳。

表2　甘肃省公民科学素质调查样本结构分析

单位：人

调查对象信息		全部样本	兰州	酒泉	平凉	定西	陇南	甘南
总数量		2301	627	336	330	337	335	336
性别	男	1223	324	174	161	213	179	172
	女	1078	303	162	169	124	156	164
年龄段	18~29岁	840	210	141	89	140	156	104
	30~39岁	494	119	69	70	85	79	72
	40~49岁	390	110	58	65	44	53	60
	50~59岁	309	97	37	63	34	31	47
	60~69岁	268	91	31	43	34	16	53
户籍	农业户口	1176	306	166	180	173	188	163
	非农业户口	1125	321	170	150	164	147	173
职业	各级各类管理人员	503	116	74	70	63	89	91
	专业技术人员	197	77	39	8	37	19	17
	农林牧渔水利业生产人员	128	11	43	19	21	4	30
	生产工人、运输设备操作及有关人员	99	34	7	21	13	16	8
	商业及服务人员	223	68	35	34	28	23	35
	学生及待升学人员	543	143	83	76	89	88	64
	离退休人员	104	43	14	10	17	9	11
	家务劳动者、失业人员及下岗人员	504	135	41	92	69	87	80
教育程度	小学及以下	315	73	38	59	33	35	77
	初中	384	99	51	84	54	54	42
	高中/中专	525	121	90	82	105	69	58
	大专及以上	1077	334	157	105	145	177	159
受访者类型	机关/单位	543	151	86	71	76	84	75
	学生	540	143	83	78	88	80	68
	居民	673	194	105	95	86	86	107
	农民	545	139	62	86	87	85	86

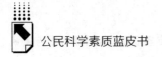

（二）调查问卷结果分析

1. 调查结果总体情况

2017 年甘肃省公民科学素质调查中共有 2301 人参加了调查问卷的填写，对调查对象的答题结果进行统计分析可得：答题准确率平均值介于 10% ~ 100%，计算得出总体准确率平均值为 53.7%。对答题准确率平均值进行分段，其中在 50% ~ 60% 的人最多，有 599 人，占总人数的 26.0%；其次是在 60% ~ 70% 的人，有 508 人，占总人数的 22.1%；第三是 40% ~ 50% 的人，有 466 人，占总人数的 20.3%。以上三个区间的人数占到了总人数的近七成（见图2）。

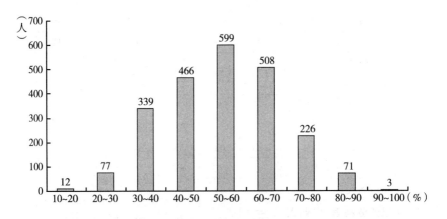

图2 甘肃省公民素质调查对象答题准确率区间划分情况

按调查问卷设计思想，"2017 年公民科学素质调查问卷（A卷）"的 36 道测评试题可归纳为三个领域，分别是科学思想和科学价值观念，科技基础知识和科学生活、科学劳动及获取知识能力。3 个领域中各包括 12 道试题。通过对 36 道测试题的答题结果进行统计分析可得：答题准确率平均值介于 20% ~ 90%。对答题准确率平均值进行分段，其中有 5 道题准确率超过 80%，占总题数的

13.9%，即这5道题有八成以上的人员能够选择出正确答案，从领域看这些题均属于"科学生活、科学劳动及获取知识能力"领域，试题具体包括环境污染的危害、自然灾害的防御、安全出行、安全生产及健康饮食等方面；有8道题准确率在60%~80%，占总题数的22.2%；有13道题准确率在40%~60%，占总题数的36.1%；有10道题准确率在20%~40%，占总题数的27.8%，这些题在"科学思想和科学价值观念"和"科技基础知识"两个领域的居多，试题具体包括人体生理知识、地球科学知识、天文知识和科学技术研究等方面。

对各领域试题答题准确率的情况进行分析可得：甘肃省公民在科学生活、科学劳动及获取知识能力的领域答题情况表现最好，有40%~60%的公民能够答对6道科学基础知识题目，有90%的公民能够答对5道科学生活、科学劳动及获取知识能力的题目（见图3）。

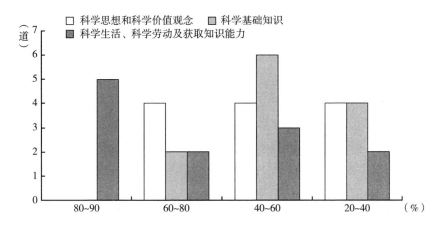

图3 甘肃省公民素质调查测试题答题准确率各领域区间划分

2. 测评地区答题情况

2017年甘肃省公民科学素质调查抽取了兰州、酒泉、平凉、定西、陇南和甘南6个市州作为测评地区。通过对每个地区抽样人群的答题准确率的分析可得：6个测评地区的答题准确率平均值从大到小依次为：定西57.1%、酒泉56.7%、陇南56.5%、兰州52.6%、甘南50.7%和平凉49.4%，其中定西、酒泉和陇南3地区的答题准确率平均值高于总体平均值（53.7%），说明这三个地区公民的科学素质掌握程度为相对较高（见图4）。

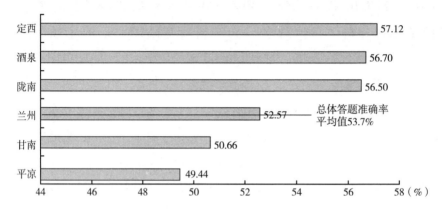

图4　甘肃省公民素质调查测评地区答题准确率平均值排序

从调查问卷的三大领域来看，在科学生活、科学劳动及获取知识能力领域中，测评地区答题准确率从高到低依次为酒泉、定西、陇南、兰州、甘南和平凉；在科学思想和科学价值观念领域中，测评地区答题准确率从高到低依次为陇南、定西、酒泉、兰州、平凉和甘南；在科学基础知识领域中，测评地区答题准确率从高到低依次为定西、酒泉、陇南、兰州、甘南和平凉（见图5）。可见测评地区按领域划分得出的答题情况与各地区总体情况基本一致。

3.各类人群答题情况

从性别来看，甘肃省男性答题准确率的平均值为55.5%，高于女性3.4个百分点，同时高于总体平均值（53.7%）。6个测评地区中除陇南市女性答题准确率的平均值高于男性，其他地区均为男性高于女性，其中甘南州男性答题准确率比女性高5.5个百分点。与总体

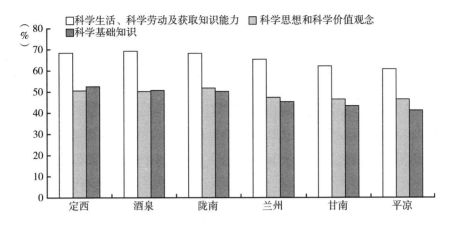

图5　甘肃省测评地区分领域答题准确率平均值

平均值对比，定西、酒泉和陇南三市男女答题准确率均高于平均水平；兰州市男性答题准确率高于平均水平，女性低于平均水平；甘南和平凉2市男女答题准确率均低于平均水平（见表3）。

表3　按性别划分甘肃省测评地区答题准确率平均值

单位：%

地区	男	女	地区	男	女
兰州	54.81	50.17	酒泉	58.49	54.78
定西	58.65	54.50	陇南	55.99	57.09
甘南	53.34	47.85	平凉	51.36	47.62

从年龄段的答题准确率平均值分布来看，18～29岁为58.8%，30～39岁为56.7%，40～49岁为52.0%，50～59岁为46.2%，60～69岁为44.0%。由此可见，随着年龄增加，答题的准确率呈现下降趋势，且39岁以下的人群答题准确率高于总体平均值（53.7%）。在6个测评地区中，18～29岁答题准确率平均值最高的地区为酒泉市，其余四个年龄段答题准确率平均值最高的地区均为定

西市。甘南州为18~29岁、50~59岁和60~69岁这3个年龄段答题准确率平均值最低的地区；平凉市为30~39岁和40~49岁这两个年龄段答题准确率平均值最低的地区（见表4）。

表4　按年龄段划分甘肃省测评地区答题准确率平均值

单位：%

地区	18~29岁	30~39岁	40~49岁	50~59岁	60~69岁
兰州	59.9	53.6	51.9	45.2	43.1
定西	57.6	63.2	56.7	49.2	48.4
酒泉	62.0	59.4	53.0	46.8	45.1
陇南	60.3	57.9	51.3	47.0	47.6
平凉	56.8	50.7	48.7	44.7	40.3
甘南	56.4	55.4	50.2	44.1	39.4

从户籍类型来看，甘肃省非农业户口人群的答题准确率平均值为57.3%，高于农业户口6.7个百分点，同时高于总体平均值（53.7%）。6个测评地区非农户口的人群答题准确率平均值普遍高于农业户口人群，两者差距最大的地区是陇南、甘南和定西，这3个地区的非农户口人群答题准确率平均值高于农业户口10个百分点左右（见表5）。

表5　按户籍类型划分甘肃省测评地区答题准确率平均值

单位：%

地区	农业户口	非农业户口	地区	农业户口	非农业户口
兰州	50.7	54.4	酒泉	53.9	59.5
定西	52.4	62.1	陇南	52.0	62.3
甘南	45.5	55.5	平凉	49.0	50.0

从职业划分来看，甘肃省答题准确率的平均值最高的三类人群分别是：管理人员 61.7%，学生及待升学人员 58.9%，专业技术人员 57.1%，同时这三类人群答题准确率平均值普遍高于总体平均值（53.7%）。答题准确率最低的人群是家务劳动者、失业人员及下岗人员，为44.1%。6个测评地区中，在管理人员、专业技术人员、离退休人员和家务劳动者、失业人员及下岗人员4类人群中定西市的答题准确率平均值最高；在学生及待升学人员和生产工人、运输设备操作及有关人员两类人群中酒泉市的答题准确率平均值最高；在商业及服务人员中兰州市的答题准确率平均值最高；在农林牧渔水利业生产人员中陇南市的答题准确率平均值最高（见表6）。

表6　按职业划分甘肃省测评地区答题准确率平均值

单位：%

地区	管理人员	专业技术人员	农林牧渔水利业生产人员	生产工人、运输设备操作及有关人员	商业及服务人员	学生及待升学人员	离退休人员	家务劳动者、失业人员及下岗人员
兰州	55.15	54.91	47.47	46.73	55.07	61.01	46.25	42.72
定西	68.56	62.54	49.87	50.00	53.77	58.18	51.63	48.67
酒泉	64.41	59.97	43.48	54.76	54.37	62.78	47.02	46.88
陇南	68.26	57.75	60.42	50.87	51.21	58.93	49.38	44.73
平凉	53.13	50.35	44.44	46.43	45.51	57.02	45.56	43.90
甘南	60.68	57.03	41.67	49.65	51.35	55.56	44.95	37.95

从各类人群的受教育程度来看，甘肃省小学及以下、初中、高中/中专、大专及以上四类人群答题准确率的平均值分别为40.7%、45.7%、52.6%和61.4%，其中大专及以上人员的答题准确率均高于总体平均值（53.7%）。不难看出，随着受教育程度的增加，答题

的准确率显著增加。6个测评地区定西市受教育程度在小学及以下的人群答题准确率的平均值略高于初中，其余地区的各类人群的受教育程度大体情况与总体基本一致，即随着受教育程度的增加，答题准确率不断增加；6个测评地区中，受教育程度在小学及以下、大专及以上的人群中定西市的答题准确率平均值最高，初中人群中陇南市的答题准确率平均值最高，高中/中专人群中酒泉市的答题准确率平均值最高（见表7）。

表7　按受教育程度划分甘肃省测评地区答题准确率平均值

单位：%

地区	小学及以下	初中	高中/中专	大专以上
兰州	41.1	43.9	49.9	58.6
定西	46.6	46.0	54.1	65.8
酒泉	40.4	47.6	57.2	63.3
陇南	41.3	47.9	51.9	63.9
平凉	38.2	45.4	51.6	57.3
甘南	36.7	43.2	50.8	59.3

从被采访类型来看，甘肃省公民科学素质调查的四类重点人群中机关事业单位工作人员答题准确率最高，平均值达61.8%；其次是学生，为59.0%；第三是社区居民，为51.0%；农民的答题准确率最低，为44.3%。6个测评地区中，定西、酒泉、陇南和甘南4个地区的答题准确率在四类重点人群中的分布与总体一致，分值从高到低依次是机关事业单位工作人员、学生、社区居民和农民；兰州市的答题准确率在四类重点人群中从高到低依次是学生、机关事业单位工作人员、社区居民和农民；平凉市的答题准确率在四类重点人群中从高到低依次是学生、机关事业单位工作人员、农民和社区居民（见表8）。

表8　按被采访类型划分甘肃省测评地区答题准确率平均值

单位：%

地区	学生 （18～20岁）	机关事业单位 工作人员	社区居民	农民
兰州	60.9	54.1	51.5	43.8
定西	59.2	69.1	53.3	48.3
酒泉	62.8	63.7	53.7	43.9
陇南	58.3	69.0	53.8	45.2
平凉	56.9	53.1	44.4	45.1
甘南	55.7	61.5	49.0	39.2

4. 分基准答题情况

本套调查问卷的36道测评试题是基于《中国公民科学素质基准》的26条基准设计出来的。对26条基准对应试题答题准确率的情况进行分析可得：有5条基准的准确率平均值超过了80%；有3条基准的准确率平均值在60%～70%；有11条基准的准确率平均值在40%～60%；有7条基准的准确率平均值在20%～40%。其中第26条基准（了解环境污染的危害及其应对措施，合理利用土地资源和水资源）的答题准确率最高，为88.1%；第16条基准（了解人体生理知识）的答题准确率最低，仅为22.7%（见表9）。

表9　甘肃省测评地区基准答题情况

单位：%

基准序号	基准内容	准确率 平均值
26	了解环境污染的危害及其应对措施,合理利用土地资源和水资源	88.1
25	掌握自然灾害的防御和应急避险的基本方法	87.0
19	掌握安全出行基本知识,能正确使用交通工具	86.4
23	具有安全生产意识,遵守生产规章制度和操作规程	85.1

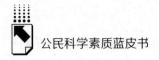

续表

基准序号	基准内容	准确率平均值
18	掌握饮食、营养的基本知识,养成良好生活习惯	85.0
8	崇尚科学,具有辨别信息真伪的基本能力	73.4
9	掌握获取知识或信息的科学方法	60.8
1	知道世界是可被认知的,能以科学的态度认识世界	60.1
11	掌握基本的物理知识	59.3
20	掌握安全用电、用气等常识,能正确使用家用电器和电子产品	58.8
12	掌握基本的化学知识	58.5
6	树立生态文明理念,与自然和谐相处	56.4
15	了解生命现象、生物多样性与进化的基本知识	53.9
24	掌握常见事故的救援知识和急救方法	52.9
2	知道用系统的方法分析问题、解决问题	52.6
17	知道常见疾病和安全用药的常识	45.5
4	具有创新意识,理解和支持科技创新	44.3
14	掌握基本的地球科学和地理知识	41.8
10	掌握基本的数学运算和逻辑思维能力	40.5
3	具有基本的科学精神,了解科学技术研究的基本过程	39.5
21	了解农业生产的基本知识和方法	37.0
13	掌握基本的天文知识	33.8
22	具备基本劳动技能,能正确使用相关工具与设备	28.8
7	树立可持续发展理念,有效利用资源	28.2
5	了解科学、技术与社会的关系,认识到技术产生的影响具有两面性	23.2
16	了解人体生理知识	22.7

四　关于甘肃省公民科学素质的几点思考

当今社会,科学技术在不断渗透并影响着人类的社会生活,公民科学素质水平已经成为决定一个国家或地区整体素质的重要因素。公民科学素质水平的低下，严重阻碍了创新型城市建设的进程，也成了制约地区经济发展和社会进步的瓶颈之一。甘肃省首次开展公民科学素质调查，通过对具有典型性和代表性的 6 个测评地区 2301 位公民进行试点调查，获得了一套非常宝贵、重要的测评资料。调查为摸清甘肃公民科学素质状况、开展公民科学素质测评研究、推动公民科学素质提升相关政策的制定等提供了科学依据和决策基础。通过对本次调查结果的研究分析，提出以下几点相关思考。

（一）充分调动全社会力量共同参与，大力实施公民科学素质提升行动

公民的科学素质是公民素质的重要组成部分，提升公民素质是全社会各类人群共同的行动。从甘肃省公民科学素质调查结果可以看出，农民、女性、低学历、家务劳动者等群体是甘肃省公民科学素质建设的薄弱环节，因此开展有针对性的公民科学素质提升行动非常必要。通过开展科技下乡、技术培训等多种形式进行农业科技服务，鼓励科技特派员、农业专家向农民传播、普及科学技术知识，不断带动农村地区的科普能力建设；可根据职业特点，以劳动技能培训、技术创新等方式，围绕科技创新、可持续发展、生态文明等活动主题，调动科普志愿者的积极性，多开展科普宣讲、科普竞赛、科普展示等活动，不断提升各类人群的科学素质水平。

（二）实施未成年人科学素质行动，强化科学基础知识的普及

近年来，甘肃省积极开展了青少年科普竞赛、科技创新大赛及青少年夏令营等多项有意义的活动，同时也搭建了甘肃省青少年科技创新活动服务平台，甘肃科技馆也即将建成并对外开放，这些科普行动的实施对激发青少年的科学兴趣、求知欲望帮助很大。抓好青少年科

普教育，提高他们的科普知识水平，将会为甘肃省今后推动科技发展、提高公民科学素质打下坚实的基础。同时，在开展科普活动中加强对科学基础知识领域的知识普及是非常有必要的。本次调查反映出甘肃省公民对科学基础知识领域的知识掌握比较薄弱，有待加强，特别是在青少年科普行动中可强化对科学基础知识的普及。

（三）省会城市公民科学素质有待进一步提高，少数民族地区科普有一定成效

兰州市作为甘肃省省会城市，是全省政治、文化、经济和科教中心，在甘肃省6个公民科学素质测评地区中，兰州市的测评准确率并不是最高，排在定西和酒泉之后，因此兰州市作为省会城市在今后的科普行动中要努力加强，建议建立完善的公民科学素质建设的基础设施、保障条件、组织实施、监测评估等体系，使全市公民的科学素质在整体上有较大幅度的提高；甘南州作为甘肃省的少数民族地区，在甘肃省6个公民科学素质测评地区中，排在第5位，排在平凉市之前，在问卷测试中对环境污染和自然灾害防御等方面的知识掌握得很好，这与甘南州委、州政府确立的"生态立州"战略有很大关系，由此可见，甘南州近年来在公民科学素质的建设中是有一定成效的。

附　　录

Appendices

B.15

附录一　《中国公民科学素质基准》*

《中国公民科学素质基准》（以下简称《基准》）是指中国公民应具备的基本科学技术知识和能力的标准。公民具备基本科学素质一般指了解必要的科学技术知识，掌握基本的科学方法，树立科学思想，崇尚科学精神，并具有一定的应用它们处理实际问题、参与公共事务的能力。制定《基准》是健全监测评估公民科学素质体系的重要内容，将为公民提高自身科学素质提供衡量尺度和指导。《基准》共有 26 条基准、132 个基准点，基本涵盖公民需要具有的科学精神、掌握或了解的知识、具备的能力，每条基准下列出了相应的基准点，对基准进行了解释和说明。

《基准》适用范围为 18 周岁以上，具有行为能力的中华人民共

---

* 中华人民共和国科学技术部：《中国公民科学素质基准》，http：//www.most.gov.cn/mostinfo/xinxifenlei/fgzc/gfxwj/gfxwj2016/201604/t20160421_125270.htm，2017 年 10 月 16 日。

和国公民。

测评时从 132 个基准点中随机选取 50 个基准点进行考察，50 个基准点需覆盖全部 26 条基准。根据每个基准点设计题目，形成调查题库。测评时，从 500 道题库中随机选取 50 道题目（必须覆盖 26 条基准）进行测试，形式为判断题或选择题，每题 2 分。正确率达到 60% 视为具备基本科学素质。

《中国公民科学素质基准》结构

序号	基准内容	基准点序号	基准点（个）
1	知道世界是可被认知的,能以科学的态度认识世界	1~5	5
2	知道用系统的方法分析问题、解决问题	6~9	4
3	具有基本的科学精神,了解科学技术研究的基本过程	10~12	3
4	具有创新意识,理解和支持科技创新	13~18	6
5	了解科学、技术与社会的关系,认识到技术产生的影响具有两面性	19~23	5
6	树立生态文明理念,与自然和谐相处	24~27	4
7	树立可持续发展理念,有效利用资源	28~31	4
8	崇尚科学,具有辨别信息真伪的基本能力	32~34	3
9	掌握获取知识或信息的科学方法	35~38	4
10	掌握基本的数学运算和逻辑思维能力	39~44	6
11	掌握基本的物理知识	45~52	8
12	掌握基本的化学知识	53~58	6
13	掌握基本的天文知识	59~61	3
14	掌握基本的地球科学和地理知识	62~67	6
15	了解生命现象、生物多样性与进化的基本知识	68~74	7
16	了解人体生理知识	75~78	4
17	知道常见疾病和安全用药的常识	79~88	10
18	掌握饮食、营养的基本知识,养成良好生活习惯	89~95	7
19	掌握安全出行基本知识,能正确使用交通工具	96~98	3
20	掌握安全用电、用气等常识,能正确使用家用电器和电子产品	99~101	3
21	了解农业生产的基本知识和方法	102~106	5

续表

序号	基准内容	基准点序号	基准点（个）
22	具备基本劳动技能,能正确使用相关工具与设备	107~111	5
23	具有安全生产意识,遵守生产规章制度和操作规程	112~117	6
24	掌握常见事故的救援知识和急救方法	118~122	5
25	掌握自然灾害的防御和应急避险的基本方法	123~125	3
26	了解环境污染的危害及其应对措施,合理利用土地资源和水资源	126~132	7

基准点（132 个）

1. 知道世界是可被认知的，能以科学的态度认识世界

（1）树立科学世界观，知道世界是物质的，是能够被认知的，但人类对世界的认知是有限的。

（2）尊重客观规律能够让我们与世界和谐相处。

（3）科学技术是在不断发展的，科学知识本身需要不断深化和拓展。

（4）知道哲学社会科学同自然科学一样，是人们认识世界和改造世界的重要工具。

（5）了解中华优秀传统文化对认识自然和社会、发展科学和技术具有重要作用。

2. 知道用系统的方法分析问题、解决问题

（6）知道世界是普遍联系的，事物是运动变化发展的、对立统一的；能用普遍联系的、发展的观点认识问题和解决问题。

（7）知道系统内的各部分是相互联系、相互作用的，复杂的结构可能是由很多简单的结构构成的；认识到整体具备各部分之和所不具备的功能。

（8）知道可能有多种方法分析和解决问题，知道解决一个问题可能会引发其他的问题。

（9）知道阴阳五行、天人合一、格物致知等中国传统哲学思想观念，是中国古代朴素的唯物论和整体系统的方法论，并具有现实意义。

3. 具有基本的科学精神，了解科学技术研究的基本过程

（10）具备求真、质疑、实证的科学精神，知道科学技术研究应具备好奇心、善于观察、诚实的基本素质。

（11）了解科学技术研究的基本过程和方法。

（12）对拟成为实验对象的人，要充分告知本人或其利益相关者实验可能存在的风险。

4. 具有创新意识，理解和支持科技创新

（13）知道创新对个人和社会发展的重要性，具有求新意识，崇尚用新知识、新方法解决问题。

（14）知道技术创新是提升个人和单位核心竞争力的保证。

（15）尊重知识产权，具有专利、商标、著作权保护意识；知道知识产权保护制度对促进技术创新的重要作用。

（16）了解技术标准和品牌在市场竞争中的重要作用，知道技术创新对标准和品牌的引领和支撑作用，具有品牌保护意识。

（17）关注与自己的生活和工作相关的新知识、新技术。

（18）关注科学技术发展。知道"基因工程""干细胞""纳米材料""热核聚变""大数据""云计算""互联网＋"等高新技术。

5. 了解科学、技术与社会的关系，认识到技术产生的影响具有两面性

（19）知道解决技术问题经常需要新的科学知识，新技术的应用常常会促进科学的进步和社会的发展。

（20）了解中国古代四大发明、农医天算以及近代科技成就及其对世界的贡献。

（21）知道技术产生的影响具有两面性，而且常常超过了设计的初衷，既能造福人类，也可能产生负面作用。

（22）知道技术的价值对于不同的人群或者在不同的时间，都可能是不同的。

（23）对于与科学技术相关的决策能进行客观公正地分析，并理性表达意见。

6. 树立生态文明理念，与自然和谐相处

（24）知道人是自然界的一部分，热爱自然，尊重自然，顺应自然，保护自然。

（25）知道我们生活在一个相互依存的地球上，不仅全球的生态环境相互依存，社会经济等其他因素也是相互关联的。

（26）知道气候变化、海平面上升、土地荒漠化、大气臭氧层损耗等全球性环境问题及其危害。

（27）知道生态系统一旦被破坏很难恢复，恢复被破坏或退化的生态系统成本高、难度大、周期长。

7. 树立可持续发展理念，有效利用资源

（28）知道发展既要满足当代人的需求，又不损害后代人满足其需求的能力。

（29）知道地球的人口承载力是有限的；了解可再生资源和不可再生资源，知道矿产资源、化石能源等是不可再生的；具有资源短缺的危机意识和节约物质资源、能源的意识。

（30）知道开发和利用水能、风能、太阳能、海洋能和核能等清洁能源是解决能源短缺的重要途径；知道核电站事故、核废料的放射性等危害是可控的。

（31）了解材料的再生利用可以节省资源，做到生活垃圾分类堆放，以及可再生资源的回收利用，减少排放；节约使用各种材料，少用一次性用品；了解建筑节能的基本措施和方法。

8. 崇尚科学，具有辨别信息真伪的基本能力

（32）知道实践是检验真理的唯一标准，实验是检验科学真伪的重要

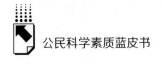

手段。

（33）知道解释自然现象要依靠科学理论，尊重客观规律，实事求是，对尚不能用科学理论解释的自然现象不迷信、不盲从。

（34）知道信息可能受发布者的背景和意图影响，具有初步辨识信息真伪的能力，不轻信未经核实的信息。

9. 掌握获取知识或信息的科学方法

（35）关注与生活和工作相关的知识和信息，具有通过图书、报刊和网络等途径检索、收集所需知识和信息的能力。

（36）知道原始信息与二手信息的区别，知道通过调查、访谈和查阅原始文献等方式可以获取原始信息。

（37）具有初步加工整理所获的信息，将新信息整合到已有的知识中的能力。

（38）具有利用多种学习途径终身学习的意识。

10. 掌握基本的数学运算和逻辑思维能力

（39）掌握加、减、乘、除四则运算，能借助数量的计算或估算来处理日常生活和工作中的问题。

（40）掌握米、千克、秒等基本国际计量单位及其与常用计量单位的换算。

（41）掌握概率的基本知识，并能用概率知识解决实际问题。

（42）能根据统计数据和图表进行相关分析，做出判断。

（43）具有一定的逻辑思维的能力，掌握基本的逻辑推理方法。

（44）知道自然界存在着必然现象和偶然现象，解决问题讲究规律性，避免盲目性。

11. 掌握基本的物理知识

（45）知道分子、原子是构成物质的微粒，所有物质都是由原子组成，原子可以结合成分子。

（46）区分物质主要的物理性质，如密度、熔点、沸点、导电性等，并能用它们解释自然界和生活中的简单现象；知道常见物质固、液、气三态变化的条件。

（47）了解生活中常见的力，如重力、弹力、摩擦力、电磁力等；知道大气压的变化及其对生活的影响。

（48）知道力是自然界万物运动的原因；能描述牛顿力学定律，能用它解释生活中常见的运动现象。

（49）知道太阳光由七种不同的单色光组成，认识太阳光是地球生命活动所需能量的最主要来源；知道无线电波、微波、红外线、可见光、紫外线、X射线都是电磁波。

（50）掌握光的反射和折射的基本知识，了解成像原理。

（51）掌握电压、电流、功率的基本知识，知道电路的基本组成和连接方法。

（52）知道能量守恒定律，能量既不会凭空产生，也不会凭空消灭，只会从一种形式转化为另一种形式，或者从一个物体转移到其他物体，而总量保持不变。

12. 掌握基本的化学知识

（53）知道水的组成和主要性质，能举例说出水对生命体的影响。

（54）知道空气的主要成分；知道氧气、二氧化碳等气体的主要性质，并能列举其用途。

（55）知道自然界存在的基本元素及分类。

（56）知道质量守恒定律，化学反应只改变物质的原有形态或结构，质量总和保持不变。

（57）能识别金属和非金属，知道常见金属的主要化学性质和用途；知道金属腐蚀的条件和防止金属腐蚀常用的方法。

（58）能说出一些重要的酸、碱和盐的性质，能说明酸、碱和盐在日常生活中的用途，并能用它们解释自然界和生活中的有关简单

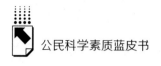

现象。

13. 掌握基本的天文知识

（59）知道地球是太阳系中的一颗行星，太阳是银河系内的一颗恒星，宇宙由大量星系构成；了解"宇宙大爆炸"理论。

（60）知道地球自西向东自转一周为一日，形成昼夜交替；地球绕太阳公转一周为一年，形成四季更迭；月球绕地球公转一周为一月，伴有月圆月缺。

（61）能够识别北斗七星，了解日食月食、彗星流星等天文现象。

14. 掌握基本的地球科学和地理知识

（62）知道固体地球由地壳、地幔和地核组成，地球的运动和地球内部的各向异性产生各种力，造成自然灾害。

（63）知道地球表层是地球大气圈、岩石圈、水圈、生物圈相互交接的层面，它构成与人类密切相关的地球环境。

（64）知道地球总面积中陆地面积和海洋面积的百分比，能说出七大洲、四大洋。

（65）知道我国主要地貌特点、人口分布、民族构成、行政区划及主要邻国，能说出主要山脉和水系。

（66）知道天气是指短时段内的冷热、干湿、晴雨等大气状态，气候是指多年气温、降水等大气的一般状态；能看懂天气预报及气象灾害预警信号。

（67）知道地球上的水在太阳能和重力作用下，以蒸发、水汽输送、降水和径流等方式不断运动，形成水循环；知道在水循环过程中，水的时空分布不均造成洪涝、干旱等灾害。

15. 了解生命现象、生物多样性与进化的基本知识

（68）知道细胞是生命体的基本单位。

（69）知道生物可分为动物、植物与微生物，能识别常见的动物和植物。

（70）知道地球上的物种是由早期物种进化而来的，人是由古猿进化而来的。

（71）知道光合作用的重要意义，知道地球上的氧气主要来源于植物的光合作用。

（72）了解遗传物质的作用，知道 DNA、基因和染色体。

（73）了解各种生物通过食物链相互联系，抵制捕杀、销售和食用珍稀野生动物的行为。

（74）知道生物多样性是生物长期进化的结果，保护生物多样性有利于维护生态系统平衡。

16. 了解人体生理知识

（75）了解人体的生理结构和生理现象，知道心、肝、肺、胃、肾等主要器官的位置和生理功能。

（76）知道人体体温、心率、血压等指标的正常值范围，知道自己的血型。

（77）了解人体的发育过程和各发育阶段的生理特点。

（78）知道每个人的身体状况随性别、体重、活动以及生活习惯而不同。

17. 知道常见疾病和安全用药的常识

（79）具有对疾病以预防为主、及时就医的意识。

（80）能正确使用体温计、体重计、血压计等家用医疗器具，了解自己的健康状况。

（81）知道蚊虫叮咬对人体的危害及预防、治疗措施；知道病毒、细菌、真菌和寄生虫可能感染人体，导致疾病；知道污水和粪便处理、动植物检疫等公共卫生防疫和检测措施对控制疾病的重要性。

（82）知道常见传染病（如传染性肝炎、肺结核病、艾滋病、流行性感冒等）、慢性病（如高血压、糖尿病等）、突发性疾病（如脑梗死、心肌梗死等）的特点及相关预防、急救措施。

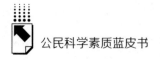

（83）了解常见职业病的基本知识，能采取基本的预防措施。

（84）知道心理健康的重要性，了解心理疾病、精神疾病基本特征，知道预防、调适的基本方法。

（85）知道遵医嘱或按药品说明书服药，了解安全用药、合理用药以及药物不良反应常识。

（86）知道处方药和非处方药的区别，知道自身对其过敏的药物。

（87）了解中医药是中国传统医疗手段，与西医相比各有优势。

（88）知道常见毒品的种类和危害，远离毒品。

18. 掌握饮食、营养的基本知识，养成良好生活习惯

（89）选择有益于健康的食物，做到合理营养、均衡膳食。

（90）掌握饮用水、食品卫生与安全知识，有一定的鉴别日常食品卫生质量的能力。

（91）知道食物中毒的特点和预防食物中毒的方法。

（92）知道吸烟、过量饮酒对健康的危害。

（93）知道适当运动有益于身体健康。

（94）知道保护眼睛、爱护牙齿等的重要性，养成爱牙护眼的好习惯。

（95）知道作息不规律等对健康的危害，养成良好的作息习惯。

19. 掌握安全出行基本知识，能正确使用交通工具

（96）了解基本交通规则和常见交通标志的含义，以及交通事故的救援方法。

（97）能正确使用自行车等日常家用交通工具，定期对交通工具进行维修和保养。

（98）了解乘坐各类公共交通工具（汽车、轨道交通、火车、飞机、轮船等）的安全规则。

20. 掌握安全用电、用气等常识，能正确使用家用电器和电子产品

（99）了解安全用电常识，初步掌握触电的防范和急救的基本技能。

（100）安全使用燃气器具，初步掌握一氧化碳中毒的急救方法。

（101）能正确使用家用电器和电子产品，如电磁炉、微波炉、热水器、洗衣机、电风扇、空调、冰箱、收音机、电视机、计算机、手机、照相机等。

21. 了解农业生产的基本知识和方法

（102）能分辨和选择食用常见农产品。

（103）知道农作物生长的基本条件、规律与相关知识。

（104）知道土壤是地球陆地表面能生长植物的疏松表层，是人类从事农业生产活动的基础。

（105）农业生产者应掌握正确使用农药、合理使用化肥的基本知识与方法。

（106）了解农药残留的相关知识，知道去除水果、蔬菜残留农药的方法。

22. 具备基本劳动技能，能正确使用相关工具与设备

（107）在本职工作中遵循行业中关于生产或服务的技术标准或规范。

（108）能正确操作或使用与本职工作有关的工具或设备。

（109）注意生产工具的使用年限，知道保养可以使生产工具保持良好的工作状态和延长使用年限；能根据用户手册规定的程序，对生产工具进行诸如清洗、加油、调节等保养。

（110）能使用常用工具来诊断生产中出现的简单故障，并能及时维修。

（111）能尝试通过工作方法和流程的优化与改进来缩短工作周期，提高劳动效率。

23. 具有安全生产意识，遵守生产规章制度和操作规程

（112）生产者在生产经营活动中，应树立安全生产意识，自觉履行岗位职责。

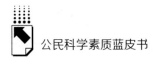

（113）在劳动中严格遵守安全生产规定和操作手册。

（114）了解工作环境与场所潜在的危险因素，以及预防和处理事故的应急措施，自觉佩戴和使用劳动防护用品。

（115）知道有毒物质、放射性物质、易燃或爆炸品、激光等安全标志。

（116）知道生产中爆炸、工伤等意外事故的预防措施，一旦事故发生，能自我保护，并及时报警。

（117）了解生产活动对生态环境的影响，知道清洁生产标准和相关措施，具有监督污染环境、安全生产、运输等的社会责任。

24. 掌握常见事故的救援知识和急救方法

（118）了解燃烧的条件，知道灭火的原理，掌握常见消防工具的使用和在火灾中逃生自救的一般方法。

（119）了解溺水、异物堵塞气管等紧急事件的基本急救方法。

（120）选择环保建筑材料和装饰材料，减少和避免苯、甲醛、放射性物质等对人体的危害。

（121）了解有害气体泄漏的应对措施和急救方法。

（122）了解犬、猫、蛇等动物咬伤的基本急救方法。

25. 掌握自然灾害的防御和应急避险的基本方法

（123）了解我国主要自然灾害的分布情况，知道本地区常见自然灾害。

（124）了解地震、滑坡、泥石流、洪涝、台风、雷电、沙尘暴、海啸等主要自然灾害的特征及应急避险方法。

（125）能够应对主要自然灾害引发的次生灾害。

26. 了解环境污染的危害及其应对措施，合理利用土地资源和水资源

（126）知道大气和海洋等水体容纳废物和环境自净的能力有限，知道人类污染物排放速度不能超过环境的自净速度。

（127）知道大气污染的类型、污染源与污染物的种类，以及控制大气污染的主要技术手段；能看懂空气质量报告；知道清洁生产和绿色产品的含义。

（128）自觉地保护所在地的饮用水源地；知道污水必须经过适当处理达标后才能排入水体；不往水体中丢弃、倾倒废弃物。

（129）知道工业、农业生产和生活的污染物进入土壤，会造成土壤污染，不乱倒垃圾。

（130）保护耕地，节约利用土地资源；懂得合理利用草场、林场资源，防止过度放牧；知道应该合理开发荒山荒坡等未利用土地。

（131）知道过量开采地下水会造成地面沉降、地下水位降低、沿海地区海水倒灌；选用节水生产技术和生活器具；知道合理利用雨水、中水，关注公共场合用水的查漏塞流。

（132）具有保护海洋的意识，知道合理开发利用海洋资源的重要意义。

B.16
附录二 公民科学素质调查技术流程[*]

"公民科学素质基准测评方法研究"课题组

中国公民科学素质调查通过对我国 18～69 周岁的公民进行全国性抽样调查，来了解我国劳动适龄人口的科学素质水平。通过 2016 年 4 月国家颁布的《中国公民科学素质基准》，涵盖科学技术知识、科学思想、科学能力三个领域，26 条基准，132 个基准点。在《基准》基础上研制的中国公民科学素质调查试题库（试行），选聘保密专家，从试题库抽取 36 道题目，形成中国公民科学素质调查问卷。

第一部分 问卷指标体系

一 调查的主要内容

依据《中国公民科学素质基准》，本次调查的主要内容包括科学基础知识；以理解科学事业、科学价值观、参与公共事务为基础的科学思想；科学生活、科学劳动及其他获取和运用科技知识的能力三个领域的内容。

二 调查问卷的题目分布

按科学生活能力、科学劳动能力、参与公共事务能力、终身学习与全面发展能力四个领域来分，调查问卷题目的分布情况如表 1 所示。

---

[*] 为了保证问卷调查标准一致，历次公民科学素质测评的入户调查流程保持一致。
李群、许佳军：《中国公民科学素质报告（2014）》，社会科学文献出版社，2014；李群、陈雄、马宗文：《中国公民科学素质报告（2015～2016）》社会科学文献出版社，2016。

表1　能力测试题分布（按领域分）

领域	题号	题量（道）
以理解科学事业、科学价值观、参与公共事务为基础的科学思想	1、2、3、4、5、6、7、8、9、10、11、12、13	13
科学基础知识	14、15、16、17、18、19、20、21、22、23、24、25、26、27	14
科学生活、科学劳动及其他获取和运用科技知识的能力	28、29、30、31、32、33、34、35、36	9

三　问卷说明与指标解释

（一）问卷说明

1. 问卷结构

问卷由封面、问卷主体和封底组成。

封面包括调查名称、先导语、国家统计局批准文号、调查机关和调查有效期等内容。

问卷主体包括基本的答卷说明和两个主要部分。答卷说明主要为引导被访者采取有效的答卷方式而设计。两个主要部分包括：被访者个人情况，问题部分的判断题、选择题。从问题设置上，尽量做到由浅入深、由简入繁。从贴近被访者生活实际的问题入手，逐步增加问题难度。在问题用语上，在保证问题的科学性基础上，尽量做到言简意赅、清晰易懂、不产生歧义。

封底主要包括被访者的姓名和联系电话等信息，方便对调查问卷的真实性进行审核和复核。

2. 问卷填写说明

（1）问卷的地区编码应严格按照规定填写。

（2）问卷应由被抽中调查对象填写，如有困难，可以由调查员代为填写。按问卷内容、提问顺序逐一回答，以免遗漏。

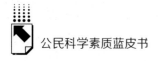

（3）在问卷每个选择题后的回答栏中，设有若干可选择的答案，每题答案均选一个。

（4）用钢笔或圆珠笔在认为合适的答案的序号或代码下打"√"或将答案填写在横线上。

（5）调查结束后，及时核对被访者的基本信息，填写调查结束时间和调查员的姓名。

（二）指标解释

1. 职业的界定

各级各类管理人员（国家机关、党群组织负责人/企事业单位负责人/办事人员）

（1）中国共产党中央委员会和地方各级党组织负责人；

（2）国家机关及其工作机构负责人；

（3）民主党派和社会团体及其工作机构负责人；

（4）事业单位负责人；

（5）企业负责人；

（6）公务员；

（7）参照公务员管理的事业人员；

（8）其他办事人员和有关人员。

专业技术人员

（1）科学研究人员；

（2）工程技术人员；

（3）农业技术人员；

（4）飞机和船舶技术人员；

（5）卫生专业技术人员；

（6）经济业务人员；

（7）金融业务人员；

（8）法律专业人员；

（9）教学人员（高等教育教师、中等职业教育教师、中学教师、小学教师、幼儿教师、特殊教育教师、其他教学人员）；

（10）文学艺术工作人员；

（11）体育工作人员；

（12）新闻出版、文化工作人员；

（13）宗教职业者；

（14）其他专业技术人员。

农林牧渔水利业生产人员

（1）种植业生产人员；

（2）林业生产及野生动植物保护人员；

（3）畜牧业生产人员；

（4）渔业生产人员；

（5）水利设施管理养护人员；

（6）养殖业生产人员；

（7）其他农林牧渔水利业生产人员。

生产工人、运输设备操作及有关人员

（1）勘测及矿物开采人员；

（2）金属冶炼、轧制人员；

（3）化工产品生产人员；

（4）机械制造加工人员；

（5）机电产品装配人员；

（6）机械设备修理人员；

（7）电力安装、运行、检修及供电人员；

（8）电子设备元器件及设备制造、装配调试及维修人员；

（9）橡胶和塑料制品生产人员；

（10）纺织、针织、印染人员；

（11）裁剪缝纫和皮革、毛皮制品加工制作人员；

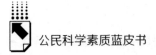
（12）粮油、食品、饮料生产及饲料生产加工人员；

（13）烟草及其制品加工人员；

（14）药品生产人员；

（15）木材加工、人造板制品制作人员；

（16）制浆、造纸和纸制品生产加工人员；

（17）建筑材料生产加工人员；

（18）玻璃、陶瓷、搪瓷及其制品生产加工人员；

（19）广播影视制品制作、播放及文物保护作业人员；

（20）印刷人员；

（21）工艺美术品制作人员；

（22）文化教育、体育用品制作人员；

（23）工程施工人员；

（24）运输设备操作人员及有关人员；

（25）环境监测与废物处理人员；

（26）检验、计量人员；

（27）其他生产、运输设备操作人员及有关人员。

商业及服务业人员

（1）购销人员；

（2）仓储人员；

（3）餐饮服务人员；

（4）饭店、旅游及健身娱乐场所服务人员；

（5）运输服务人员；

（6）医疗卫生辅助服务人员；

（7）生活服务和居民生活服务人员；

（8）其他商业、服务业人员。

2. 重点人群的界定

领导干部及公务员

领导干部指在党的机关、人大机关、行政机关、政协机关、审判机关、检察机关、人民团体、事业单位、国有特大型企业、国有大型企业、国有中型企业、含有国有股权或部分国有投资的实行公司制的大中型企业、县（市）乡（镇）直属机关、基层站所等中担任一定的领导职务，具有事业编制或行政编制的工作人员。

公务员指依法履行公职、纳入国家行政编制、由国家财政负担工资福利的工作人员。

城镇劳动人口

城镇劳动人口是指在城镇工作的未退休人员，还包括具有劳动能力但待业的城镇户口适龄公民，以及以在城镇务工为主要生活来源的农村进城务工人员（即"农民工"群体），排除领导干部和公务员。年龄为男 18~60 岁、女 18~55 岁。包括：

（1）上述"专业技术人员"；

（2）上述"商业及服务业人员"；

（3）上述"生产工人、运输设备操作及有关人员"。

农民

农民是指户口登记在农村，为农业户口，且以从事农业劳动为主要生活来源的公民（排除以在城镇务工为主要生活来源的"农民工"群体）。年龄为 18~69 岁。包括：

（1）民办教师；

（2）农村诊所人员；

（3）农村杂货店人员；

（4）农机维修工；

（5）出租农机者；

（6）兽医；

（7）农产品加工人员；

（8）家务劳动者；

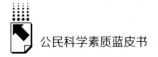

（9）农村中的服务业人员，如居住在农村的农产品经纪人等；

（10）承包土地给别人的农民；

（11）村干部；

（12）忙时务农闲时进城打工的人员（建筑工人、泥水瓦匠等）；

（13）手工业者；

（14）自产自销农产品的人员；

（15）在农村打工的农民；

（16）忙时务农闲时在乡镇企业打工的人员；

（17）上述"农林牧渔水利业生产人员"等。

学生

年龄为 18～20 岁，高中或大学在校学生。

第二部分 抽样实施方案

一 调查的组织实施

调查前，跟国家及地方统计局协商，取得此次全国调查或地方调查的批准文号。抽样调查工作由各地统计局调查部门负责实施。各地要加强领导，周密部署，精心组织，确保人力投入，积极配合，独立完成调查工作。

具体入户调查工作由各地统计局城乡调查队调查员执行，不得聘用其他系统工作人员或社会人员。调查前对所有调查员进行培训。所有参加调查的人员要依法统计，恪守职业道德，严格遵守"五不准"，即不准随意变更调查制度和方案，不准伪造篡改调查数据和资料，不准泄露有关信息资料，不准接受被调查地方和单位的宴请，不准接受被调查地方和单位的任何馈赠。

二 具体抽样方案

调查对象为我国除港澳台之外的 31 个省级地区 16 ~ 69 岁的公民（不含现役军人、智力障碍者）。根据调查精度要求及前期在六个省市的测评经验，建议每省（自治区、直辖市）抽样 2000 份，考虑到海南、宁夏、青海、西藏人口不足 1000 万，建议在四地各抽样 1500 份。

直辖市调查范围要覆盖全部区县，其他省（自治区、直辖市）尽量覆盖所有地级市（自治州、地区）。如果不能完全覆盖，要考虑经济发展水平、人口规模和地域分布等要素，每个省（自治区、直辖市）抽选至少 3 个地级市单元。

抽样方法采用多阶段式。直辖市首先按照各区县的常住人口规模比例，将总样本量分配到各区县，根据户籍类型的比例，分配居委会和村委会样本量；然后采用 PPS 方法进行多阶段抽样，根据区县所有街道（镇）数与要抽取的街道（镇）数的比例，确定抽样间距，以随机起始点开始，按照统计代码顺序排列街道（镇），等间距抽选街道（镇）；根据抽选的街道（镇）内所有居委会（村委会）数和要抽选的居委会（村委会）数的比例，确定抽样间距，以随机起点开始，按照统计代码顺序排列居委会（村委会），等间距选取居委会（村委会）；根据居委会（村委会）内住户总数和要抽取的住户数的比例，确定抽样间距，以随机起点开始，按照门牌号自然顺序排列，等间距选取调查户。

直辖市以外的其他省份，确定抽选的地级市（自治州、地区）及其样本量后，首先将样本量按各区县常住人口规模比例分配到各个区县；然后根据户籍类型、年龄和学历的比例进行交叉分类，在选中的各区县分配居委会和村委会、各年龄段、各学历水平的样本量；接下来，采用简单随机方法，抽选出调查的居委会和村委会，采用"成功隔六"或随机等距抽样原则抽选调查户。

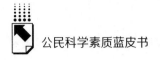

第三部分　入户调查规程

一　入户调查工作基本制度

（一）访问时间要求

星期一至星期五，一般应安排在晚上进行调查；星期六和星期日，可以安排在白天或晚上进行调查。应注意避免吃饭时间进行调查。为了能得到有代表性的样本，访问应该尽可能安排在全家人都在家时进行。

（二）访问地点要求

调查员要争取得到允许，进入被访者家中，最好是和被访者一起面对面地坐在一张桌子旁边，以便准确地提问和记录。

二　入户调查规程

（一）填写入户调查情况登记表

入户调查情况登记表是用来记录与被访者接触情况的表格。本次调查使用的入户调查情况登记表上，是事先经过科学的抽样、按一定要求抽取的一定数量的被访者地址。由于它关系到样本的代表性，所以要求访问员必须严格按照入户调查情况登记表找到被访家庭户，并在访问过程中认真填写"调查情况登记表"（见附件a）。这意味着，访问员必须按照入户调查情况登记表的地址逐户访问，不得随意涂改地址；每敲一户必须填写相应的入户情况。

（二）与住户沟通

在找到指定的受访问家庭户后，可按照入户调查程序开始尝试与住户进行接触。开场白应该包括以下几部分：问候语；介绍自己，以及调查单位；调查目的及意义。

完整、清晰而礼貌的开场白，比较容易获得受访家庭户的合作，取得比较正确的资料。好的开场白可以建立融洽的沟通气氛，使被访者不会对调查产生怀疑，更乐于表达自己的意见。

在尝试与住户沟通的过程中，有时候会出现由于种种原因未能成功进入该家庭户进行访问，这时可能导致未成功访问。未成功访问的原因可以分为两类：住户的原因、被访者的原因。其中住户原因及处理方法如下。

无人在家。通常在刚开始敲一户人家的门时，如果确认没人在家，并不是简单地放弃这个地址，而是要记录敲门的日期，另外还要安排两次不同时间的敲门。注意一天内同一户敲门不应超过两次。经三次不同时间敲门后确实无人在，才可放弃该地址，改访最邻近的家庭。

住户拒访。有人在家，但拒绝访问。如果经访问员耐心说服仍无效，可放弃该户，改访最邻近的家庭。

其他原因。地址上的住户无法接触，如有密码门、门卫等；或者其他由于住户原因造成的未成功访问，可放弃该户，改访最邻近的家庭。

由于被访者原因而导致未成功访问的部分将在下文提出。

（三）确定被访者

本次调查规定全国 16～69 岁的成年人口（不含现役军人、有智力障碍者）为访问对象。由于在每个抽中的家庭户中只实施一个具体的访问对象，而在每个家庭户中可能同时存在若干名符合要求的潜在被访者。因此，为避免人为因素的影响，需要按随机原则确定该抽样地址中唯一的、最终的被访者。

为了简便易操作，选择出生日期最接近 10 月 1 日，具有回答能力的人为调查对象。

（四）进行访问

找到合格的被访者后，如果该被访者同意接受访问，则可进入访

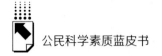

问阶段；如果被访者由于种种原因导致未成功访问，则是前文提到的被访者原因的未成功访问。被访者原因及处理方法如下。

拒访。在户中找到合格被访者，但本人拒绝访问。对于这类拒绝访问，应对其进行耐心的说服，对其讲清楚此次调查的意义，若仍然无效，可放弃该调查对象，用受访户中的其他家庭成员替代，并记入入户调查情况登记表。替代原则是选择与其年龄最接近的其他家庭成员。

中断访问。由于访问时间太长或被访者临时有事，访问中断。若是主观原因被访者中途拒访，或停止发表意见，请耐心说服，并保持礼貌。若是客观原因被访者必须中断访问，则可以：①了解清楚该人何时有时间，再做补充调查，具体约访情况应在入户调查情况登记表上做记录；②在条件许可的情况下，随行到该人所要去的地方去作访问。

不在家。符合条件的被访者不在家。一般有三种处理方法：一是了解清楚该人何时回来，再做补充调查，具体约访情况应在入户调查情况登记表上做记录；二是在条件许可的情况下，追踪到该人所在的地方去作访问；在上述两种做法都行不通而调查工作又不允许拖延时，就采取第三种方法，即用家庭其他成员替代。替代原则是选择与其年龄最接近的其他家庭成员。

其他。由于其他原因（如生病、出差等）而无法进行访问。此类情况可放弃该人，用受访户中的其他家庭成员替代。替代原则是选择与其年龄最接近的其他家庭成员。

（五）记录

对符合条件的、能接受访问的被访者，要记录相应的被访者姓名（可不留全名）、性别、访问日期及联系方式等。

调查员应严格按问卷中的指导语和问答题的要求来提问，不能按自己的理解修改问卷中问题的提法。提问应遵循的基本原则：

（1）对问卷十分熟悉。

（2）按问答题在问卷中出现的顺序来提问。

（3）丝毫不差地按问卷中的措辞来提问。

（4）提问时说话要慢而清楚。

（5）对方不理解的问答题要重新提问。

提问中要特别注意不要诱导被访者。如果被访者要求对词汇或短语作解释，调查员不应给出过多的说明，而应将解释的责任推还给被访者，比如可以说："按您所认为的那样去理解就可以了。"另外，访问中应尽量减少可以避免的题外话，以便集中注意力讨论重要的问题。

（六）结束访问

正式访问后，要感谢被访者的参与，送上小礼物。在离开受访家庭户前，要再一次检查被访者基本信息、所记录的问卷及入户调查情况登记表，以确认有关的所有资料无遗漏。如果离开后才发现有遗漏的信息，需要回到受访家庭户中补问被访者。

三　入户调查注意事项

调查员必须参加项目访前培训，熟悉访问相关领域知识及专业名词。培训时应详细阅读问卷，不仅能够顺畅地念出题目，调查员本身更要对题目的逻辑、题意的精神有清楚的认知。若表达上发生困难或对题意理解不清楚，需要随时向培训人员提出，或在访问进行期间与负责督导的人员联系。

调查中出现拒访是很正常的，不要因此影响了情绪，更不要因此与被访者发生争执。调查的目的是在良好沟通的前提下获得更为贴近实际的数据。保持自信平常的心态很重要。同时要注意总结经验。

数据的质量是影响分析的关键，弄虚作假是绝对不允许的。

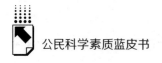

第四部分　问卷汇总核查

一　问卷回收

（一）问卷编码

本次调查问卷编码共分三部分，前两位是调查年份。中间六位是调查地区编码，为了方便核查，六位地区编码为该地邮政编码。最后四位为该地区被访者编号，从0001开始编号。

（二）问卷审核

问卷的审核一般由各省（自治区、直辖市）调查督导完成。

（1）把问卷按照表号顺序整理好。

（2）首先检查调查员是否签字，调查日期是否填写完全；入户调查情况登记表是否填写完全。

（3）根据入户调查情况登记表，检查地区编码是否正确，如不正确则予以改正。

（4）检查每份问卷的每个问题是否填写完全、正确，如基本信息有遗漏，则马上追问调查员。

（5）每份问卷审核完成后，都要在问卷封底的表中签名、填写日期。

二　数据录入与汇总

（一）数据录入

此次问卷采用统一答题卡，由入户调查员把被调查者的答题结果统一涂在答题卡上，用光标阅读机读取答题卡结果。

（二）汇总格式要求

问卷调查结果汇总表的每行为一个被调查者的答题情况，列为个人信息和各题目答题情况。为了后续计算方便，选择题的"A""B""C""D"选项分别转换成"1""2""3""4"，答题情况输入表2。

表2 问卷调查结果汇总

问卷编号	性别	年龄	户籍	职业	文化程度	重点人群	题1	题2	题3	题4	题5	…
0001	1	2	2	8	6	1	1	2	1	2	3	
0002	2	5	1	6	3	2	1	1	2	4	1	
…												

三　问卷核查

（一）核查比例

为了确保从被调查者的答卷结果录入调查结果汇总表的数据误差在可控范围内，需要对二者进行核查。以省（自治区、直辖市）为单位进行核查。方法是随机抽取10%的调查问卷，核对问卷的答题结果与汇总表中结果的一致性。

（二）核查要求

以每份问卷的答题结果或者汇总表中每行为一个数据，如果数据的错误率在5%以内则达到精度要求，如果超过5%的数据出现错误，则需要对数据进行纠正。

（三）纠正措施

对出现问题的省（自治区、直辖市），需要对所有数据重新录入。录入后重新进行核查，直到满足精度要求为止。

附件 a

入户调查情况登记表

县（市、区）：　　　　乡（镇、街道）：　　　　村（小区）：　　　　调查员编号：　　　　调查员姓名：　　　　调查日期：

样本详细地址	预约			保留问卷的随机号或编号	家人/被访者拒访	中途拒访	访问不成功情况						访问成功情况		
	敲门		预约时间				两次无人/被访者两次都不在家	不是居民户	无合适条件	无法接触	无法预约	找不到地址	其他请注明	被访者姓名	联系电话	调查时间长度
	敲门时间(1)	敲门时间(2)														
1																
2																
3																
4																
5																
6																
7																
8																
9																
10																
11																
12																
合计																

Abstract

President Xi Jinping pays highly attention to Science Popularization, and once indicated in Three Conference of Science and Technology that "Science Innovation, science popularization" is double wings of realizing innovation development, we should place the same status for science popularization and scientific innovation. We should fully promote Civic Science Quality, provide inexhaustible momentous power for fully enhancing innovative ability, which is not only an everlasting input arduous task, but also an important propellant of historical mission of China's great rejuvenation. Persist in tracking investigating Chinese Civic Scientific quality is developing all-round science popularization, pushing up science popularization efficiency-a basic work. Institute of Quantitative & Technical Economics , Chinese Academy of Social Sciences and Chinese science and technology exchange center of Ministry of science and technology Chinese co-organize 〈 Civic Science Popularization Quality Blue Book: Chinese Civic Science Quality Report (2017 – 2018)〉

Under situation of promulgating Civic Scientific Quality Baseline and Civic Scientific Quality Assessment, This report focus on the development of Chinese Civic scientific quality and Chinese science popularization cause, inducing from theoretical research and practical experience, which include research on Chinese Civic Scientific quality research and Chinese science popularization and frontiers development of cause. This book categories three parts which called General Report, the Theory and the Practice. The General part: Chinese Civic Scientific Quality Investigating Research Report (2016 – 2017) based on the 2016 Ministry of science and technology, The Central Propaganda Department issued a formal "Chinese citizen scientific quality benchmark" and Civic scientific literacy exam (Trial) assessment library, making up uniformed questionnaire, we choose samples from Beijing, guangzhou, heilongjiang and Gansu, taking up uniformed sampling design, commissioned Government Statistics Department, testing 8593 citizens. Through analyzing result of investigation, we exploit theoretical research and practice in pushing up the development of Science Popularization Cause, fully advancing institutional construction of Civic Science Quality.

The Theory altogether includes 5 reports, which further research on improving completely Chinese civic scientific quality and strengthening scientific popularization science, implementing the spirit the "benchmark of China scientific literacy", we made a thorough theoretical study and empirical research on the relationship between Country Innovative ability and civic scientific quality promotion, testified the important liaison between civic scientific quality and nation innovative ability, how to through system/institutional construction and technical tool for the all sorts of Science Popularization, we point out multiply measures of enhancing scientific Popularization resource sharing level; Through research on domestically and internationally practice, we illustrate short board that the scientists participate in Science Popularization and importance of participating in Science Popularization, and put forward improving the system of assessment and motivation of scientists attending in Science Popularization, Specific measures to implement the special economic science popularization research funding proportion; functioning advanced method of project reactionary theory further optimize civic science assessment method of frontier theory research

The Special subject includes 8 papers, which illustrates the short board that promotes Science Quality of rural groups, provides related suggestions; and makes theoretic blueprint for Beijing-Tianjin-Hebei areas coordinated development; sampling from Beijing, Shanghai, Guangdong, based on assessing index system, we comprehensively assess for their areas Science Popularization ability, through comparing analysis, we understand the situation of Beijing's Science Popularization, we find out problems, make some suggestion; we put forward suggestions great potentials and future development plan for Belt and Road internationalization cooperation, for the fund resource , management, use situation. We Induce Beijing advanced methods of Science Popularization Fund Management; for the construction of present Chinese Science Popularization Museum construction and utilizing situation , we point out improving suggestion and method and some existing problems. We researched deeply the investigational situation of Gansu Province, which participated in the investigation of the scientific quality of citizens at the first time, and we induced and summed up the experience of holding the "popular science show" contest in 2016 and its promotion of popular science work.

In sum, the whole book focus on the theme of Chinese Civic Scientific Quality, through all kinds of latest research of assessing, investigating, enhancing for Civic Scientific Assessment, we strive to provide policy suggestion for government related departments for their researching and enhancing Chinese Civic Scientific Quality purpose.

Keywords: Civic Scientific Quality; Sampling Investigation; Citizens' Scientific Quality Benchmark

Contents

I General Report

Abstract: To investigate the civic scientific literacy, a questionnaire was designed in accordance with the Benchmarks for China's civic scientific literacy (Trial) and sent to the citizens in four cities and provinces, including Beijing, Guangzhou, Heilongjiang and Gansu. 8, 593 samples were collected by the local statistics authorities. The rates of civic scientific literacy are Beijing: 31. 35% , Guangzhou: 26. 73% , Heilongjiang: 19. 07% and Gansu: 15. 99% . This paper, by analyzing the collected samples, perfected the evaluating index system for China's civic scientific literacy and verified the feasibility of the Benchmarks. The paper also studied both the theories and practices for improving civic scientific literacy through dissemination of scientific knowledge.

Keywords: Civic Scientific Literacy; Benchmarks; Evaluation Index System; Questionnaire

II   Topic Report

Abstract: The report focuses on the significance of improving the scientific quality of citizens and how to promote the work. On the basis of analyzing the current situation of the quality of Chinese scientific research, the way of strengthen philosophy and social science research to implement the "Chinese citizens' scientific quality standard " spirit was puts forward. Forward, the methods to enhance the quality of our citizens' scientific quality were discussed. In the end, we given several specific measures in promoting the construction practical work.

Keywords: Scientific Quality; Philosophy and Social Science Citizens' Scientific Quality Benchmark

Abstract: There are two inherent requirements to strengthen the national comprehensive strength and international competitiveness for citizen's scientific quality improvement and Innovation Cultural construction. Perfecting the laws and regulations and policy system in Science

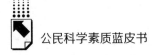
Popularization is an effective way to achieve the two requirements. By researching the relevant policies and regulations, we can find that China has formed a law policy system in science popularization, based on Constitution Protection, centered on Act of Science Popularization, and supported by the local policy in science popularization. In the construction of improving citizens' scientific quality and innovative culture, the system of laws, regulations and policy in Science Popularization can not only provide a harmonious and stable operation mechanism and social environment for the citizens to enhance the scientific quality, but also can provide an effective incentive structure and dynamic mechanism to creating structure, and create an environment of innovative culture and the soil for the ultimate goal of innovation and cultural construction. However, there are some problems in the implementation of Act of Science Popularization and related regulations, such as "Act of Science Popularization" is lacking of operability, the development strategy of emergency science Popularization industry is blank, and the supporting of Science Popularization research and development and innovation patent of technology protection needs to be established. To resolve these problems, relevant suggestions were put forward for the improvement of laws, regulations and policy in science popularization.

Keywords: Prompting Scientific Quality; Innovational Cultural Construction; China Popular Science Law; Regulations and Policy of Science Popularization

B. 4　Scientific Resources sharing and Co − building
　　　mechanism Reasearch

Dong Quanchao, Liu Yanfeng, Liu Jiancheng and Li Qun / 070

Abstract: Science resources sharing are the basis work of China's popular science. It was also effectively way to enhance the effectiveness of science and science resources input-output ratio. This paper described the current science development status of public science resources sharing through statistics data and analyzed the three main problems in science work. There are investing bias in current science resources, unbalance in regional and urban-rural development and missing of scientific data mining. Accordingly, we discussed the way to based discusses and proposes measures to improve the level of sharing science resources based on big data using , data sharing mechanism construction, technology, digital resources building, scientific and technical activities organization and puts forward recommendations.

Keywords: Science Resources; Sharing Mechanism; Usage of Big Data

B. 5   Research on Obligations, Responsibilities and Channel of Scientists on Science Popularization

Zang Hanfen and Zu Hongdi / 081

Abstract: As a scientist, he or she not only shoulders the research task, but also should shoulder responsibilities and obligations for the task of Popularization of Science, which may be more important. With the development of Internet, self-media, and virtual reality technology, scientists should take science popularization through these modern technologies as propaganda tools and channels. By using 'WeChat, Weibo and mobile end', the scientist can make better science popularization service to the public. When participating the activities of science Popularization, scientists should learn from foreign excellent experience, such as allocating a certain proportional funds to science popularization. In order to make a

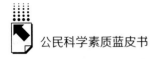

wider space room and more channel for scientists to do the work of science popularization, we should establish national Popularization of Science Fund, improve the judging and evaluating system of Science of Popularization for scientists, and improve scientists' situation in the will to work on science of popularization, the funds of Science of Popularization and the time of Science of Population.

Keywords: Scientists; Science Popularization; Evaluation of Science Popularization; The Ways of Science Popularization

B. 6   Strengthen Rural Science Popularization to Promote
Scientific Literacy   *Wang Bin* / 093

Abstract: The farmers' scientific literacy is the short board of China's civic scientific literacy, and also is an important part of issues of agriculture, farmer and rural area. Strengthening rural science popularization is conducive to promote the construction of new socialist countryside. This report described the importance of rural science popularization, and then listed the existing problems; at last, this report put forward some targeted policy suggestions.

Keywords: Rural Science Popularization; Scientific Literacy; Science Promotion

B. 7   Popular Science Development Situation Analysis Based
on Regional Current Evaluation in Beijing   *Gao Chang* / 108

Abstract: Regional Science Popularization ability is the basis of civic scientific quality construction. With the increasing importance of the construction of all the people's scientific quality, the construction of regional popular science ability gradually is also getting more and more attention. Beijing will be built as a Scientific and Innovative center with global influence, which requires speeding up and advancing Science Popular comprehensively capacity, to sustain the comprehensive improvement of civic scientific quality. This paper takes Beijing, Shanghai, Tianjin and Guangdong as samples, and comprehensively value regional science popularization ability on the basis of evaluating index. Through analyzing the present situation of Beijing's Science Popularization development, we want to find out the existing problems, propose policy suggestions. We expect these can be a useful reference for further promoting Beijing's Popular Science ability construction, and promoting the whole nation's scientific quality.

Keywords: Science Popularization Ability; Science Popularization Development; Beijing Science Popularization Ability Evaluation

B. 8   A Study in Research on the Method of Citizen's

Scientific Quality Evaluation

Liu Yueyue, Min Suqin and Li Shaopeng / 122

Abstract: A comprehensive understanding of the scientific quality of citizens could provide the basis for the formulation of national economic and cultural construction. This paper analyzes the index system of citizens' scientific quality, and contrasts the differences of assessment methods in the United States, the European Union, Britain, India and other countries. Then, we make an exploratory study on the methods for evaluating scientific quality of citizens in China.

Keywords: Citizen Science Quality Evaluation Methods; Media Reports; Project Response Theory

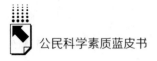
公民科学素质蓝皮书

Ⅲ　Case Report

Abstract: Chinese Science Popularization has ushered into a rapid
development period, which play an important role in improving the public
scientific quality and popularizing sciences knowledge. But, compared with
the science popularization museum in developed countries, there are still a
number of unsatisfied place. Further to analyze the short board of Chinese
Science Popularization Museum, to adapt to the challenges and opportunities
of internet brings, to enhance Chinese science popularization museum
products research and development. Works creation, film creation, science
popularization expound ability construction, realizing transformation from
Science dissemination into research dissemination, which is a direction that
Chinese Science Popularization should move forward later on

Keywords: Science Popularization Museum; Exhibition Style;
Exhibition Product Research and Development; Experience; Experiment

Abstract: the "Belt And One Road" initiative brings new

development opportunities to the international cooperation of sciencepopularization, and the international cooperation of science popularization will also inject new vitality and motivation into the international cooperation of " One Belt And One Road ". Through combing, we found China, Russia, and India, have lots of popular science activities, the scale is large, and the level is high, which reveals a good cooperation foundation among "One Belt And One Road" countries. The suggestions are as follows: to jointly sponsor and establish science festival, science and technology week, science day, and other activities; to start teenagers' scientific exchanges and survey activities such as the popular science " summer camp ", " winter camp ", to implement public participation in science plan on the topic of environmental protection, health and ecology, and to carry out " mobile science and technology museum" tour.

Keywords: Science Popularization Cooperation; Science Popularization Activities; "One Belt And One Road" Initiative

B. 11   The function of science popularization match in pushing science popularization under the new situation-a case example of Big-shots show of the invitational match in 2016

Ma Zongwen, Hu Feining, Li Enji and Bi Ran / 177

Abstract: For implementing speech spirit of Chairman Xi jinping in Great scientific and Technological Innovation Conference, better promoting creative level of Chinese Science Popularization works, Sponsored by the China Science and technology exchange center, the Guangdong Science Center, and the Guangzhou Science Popularization

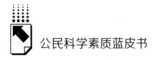
Association, the "sciences big-shots show" invitational tournament was successfully held on November 2016 12 - 13. This conference enlarges influence area of Science Popularization works creation , promotes innovation of science popularization works form, and provides and accumulates experience for future other kinds of science popularization match.

Keywords: Science Big-shots Show; Science Popularization Match; Science Popularization Works

B. 12   The Research of Collaborative Paths to Improve Citizen's Scientific Literacy in Beijing-Tianjin-Hebei Area

Deng Aihua , Liu Tao and Zhang Lingrui / 190

Abstract: Beijing-Tianjin-Hebei collaborative integration is an important area coordination industry national development strategy. Based on years of citizen's scientific literacy survey data and the Beijing-Tianjin-Hebei economic and social development situation, the paper analyzed the current status of Beijing-Tianjin-Hebei area of citizen's scientific literacy and citizen's scientific quality in the critical role of coordinated development in the Beijing-Tianjin-Hebei. According to indicators such as the scientific input, we point out exists of several problems in Beijing, Tianjin and Hebei citizen's scientific literacy. In the end, we give five aspects to improve Beijing-Tianjin-Hebei, Citizen's scientific quality. There are upgrading science supply side level, strengthening across administrative coordination, similarity of Beijing-Tianjin-Hebei industrial layout characteristics, using advance Internet and big data science, promoting poverty.

Keywords: Integration of Beijing-Tianjin-Hebei; Citizen's Scientific Quality; Science Investment Development Path

B. 13　The Research of relation between Science Funds and Science Development in Beijing

Li Qun, Long Huadong and Li Enji / 209

Abstract: Beijing, as an important position in the cause of science and technology in China, has been committed to the development of science and technology, exceeding the "Beijing Twelve Five Plan" set goals, It has made important contributions to the national science and technology development. The science fund is an important and vigorous guarantee for the development of popular science. These reports analyzed the current situation of popular science expenditure in Beijing and find out the weak subject though the gray relation model about links between fund and popular science work in Beijing. Its aim is to find out the problems and given the solution of the development of popular science.

Keywords: Beijing Science Popularization Development; Science Funds; Gray Relational Model

B. 14　Investigation Report on Survey and Evaluation of Citizens' Science and Technology Quality in Gansu Province

Rong Liangji, Liu Jun and Yang Yani / 225

Abstract: This paper is based on the "Chinese citizens' scientific quality benchmark", using a unified questionnaire, which are developed by

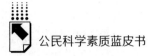

the Ministry of Science and Technology-the stratified sampling method. We Select six typical and representative evaluation areas （Lanzhou, Jiuquan, Pingliang, Dingxi, Longnan and Gannan）, taking 2301 citizens in Gansu Province as an example. As a result, the implementation plan and completion of science quality of citizens in Gansu Province is carried out. We make a structural analysis on survey samples, and test results from different angles, and different fields, and put forward some related thinking.

Keywords: Gansu Province; Citizens' Scientific Quality Investigation; Structural Analysis; Citizens' Scientific Quality Benchmark

❖ 皮书起源 ❖

"皮书"起源于十七、十八世纪的英国,主要指官方或社会组织正式发表的重要文件或报告,多以"白皮书"命名。在中国,"皮书"这一概念被社会广泛接受,并被成功运作、发展成为一种全新的出版形态,则源于中国社会科学院社会科学文献出版社。

❖ 皮书定义 ❖

皮书是对中国与世界发展状况和热点问题进行年度监测,以专业的角度、专家的视野和实证研究方法,针对某一领域或区域现状与发展态势展开分析和预测,具备原创性、实证性、专业性、连续性、前沿性、时效性等特点的公开出版物,由一系列权威研究报告组成。

❖ 皮书作者 ❖

皮书系列的作者以中国社会科学院、著名高校、地方社会科学院的研究人员为主,多为国内一流研究机构的权威专家学者,他们的看法和观点代表了学界对中国与世界的现实和未来最高水平的解读与分析。

❖ 皮书荣誉 ❖

皮书系列已成为社会科学文献出版社的著名图书品牌和中国社会科学院的知名学术品牌。2016年,皮书系列正式列入"十三五"国家重点出版规划项目;2012~2016年,重点皮书列入中国社会科学院承担的国家哲学社会科学创新工程项目;2017年,55种院外皮书使用"中国社会科学院创新工程学术出版项目"标识。

权威报告·热点资讯·特色资源

皮书数据库
ANNUAL REPORT(YEARBOOK)
DATABASE

当代中国与世界发展高端智库平台

所获荣誉

- 2016年，入选"国家'十三五'电子出版物出版规划骨干工程"
- 2015年，荣获"搜索中国正能量 点赞2015""创新中国科技创新奖"
- 2013年，荣获"中国出版政府奖·网络出版物奖"提名奖
- 连续多年荣获中国数字出版博览会"数字出版·优秀品牌"奖

成为会员

通过网址www.pishu.com.cn或使用手机扫描二维码进入皮书数据库网站，进行手机号码验证或邮箱验证即可成为皮书数据库会员（建议通过手机号码快速验证注册）。

会员福利

- 使用手机号码首次注册会员可直接获得100元体验金，不需充值即可购买和查看数据库内容（仅限使用手机号码快速注册）。
- 已注册用户购书后可免费获赠100元皮书数据库充值卡。刮开充值卡涂层获取充值密码，登录并进入"会员中心"—"在线充值"—"充值卡充值"，充值成功后即可购买和查看数据库内容。

社会科学文献出版社 皮书系列
SOCIAL SCIENCES ACADEMIC PRESS (CHINA)

卡号：699131535954
密码：

数据库服务热线：400-008-6695
数据库服务QQ：2475522410
数据库服务邮箱：database@ssap.cn
图书销售热线：010-59367070/7028
图书服务QQ：1265056568
图书服务邮箱：duzhe@ssap.cn

S 子库介绍
ub-Database Introduction

中国经济发展数据库

涵盖宏观经济、农业经济、工业经济、产业经济、财政金融、交通旅游、商业贸易、劳动经济、企业经济、房地产经济、城市经济、区域经济等领域，为用户实时了解经济运行态势、把握经济发展规律、洞察经济形势、做出经济决策提供参考和依据。

中国社会发展数据库

全面整合国内外有关中国社会发展的统计数据、深度分析报告、专家解读和热点资讯构建而成的专业学术数据库。涉及宗教、社会、人口、政治、外交、法律、文化、教育、体育、文学艺术、医药卫生、资源环境等多个领域。

中国行业发展数据库

以中国国民经济行业分类为依据，跟踪分析国民经济各行业市场运行状况和政策导向，提供行业发展最前沿的资讯，为用户投资、从业及各种经济决策提供理论基础和实践指导。内容涵盖农业，能源与矿产业，交通运输业，制造业，金融业，房地产业，租赁和商务服务业，科学研究，环境和公共设施管理，居民服务业，教育，卫生和社会保障，文化、体育和娱乐业等100余个行业。

中国区域发展数据库

对特定区域内的经济、社会、文化、法治、资源环境等领域的现状与发展情况进行分析和预测。涵盖中部、西部、东北、西北等地区，长三角、珠三角、黄三角、京津冀、环渤海、合肥经济圈、长株潭城市群、关中—天水经济区、海峡经济区等区域经济体和城市圈，北京、上海、浙江、河南、陕西等34个省份及中国台湾地区。

中国文化传媒数据库

包括文化事业、文化产业、宗教、群众文化、图书馆事业、博物馆事业、档案事业、语言文字、文学、历史地理、新闻传播、广播电视、出版事业、艺术、电影、娱乐等多个子库。

世界经济与国际关系数据库

以皮书系列中涉及世界经济与国际关系的研究成果为基础，全面整合国内外有关世界经济与国际关系的统计数据、深度分析报告、专家解读和热点资讯构建而成的专业学术数据库。包括世界经济、国际政治、世界文化与科技、全球性问题、国际组织与国际法、区域研究等多个子库。

法 律 声 明

皮书系列

2018年

智库成果出版与传播平台

社会科学文献出版社
SOCIAL SCIENCES ACADEMIC PRESS (CHINA)

社长致辞

蓦然回首，皮书的专业化历程已经走过了二十年。20年来从一个出版社的学术产品名称到媒体热词再到智库成果研创及传播平台，皮书以专业化为主线，进行了系列化、市场化、品牌化、数字化、国际化、平台化的运作，实现了跨越式的发展。特别是在党的十八大以后，以习近平总书记为核心的党中央高度重视新型智库建设，皮书也迎来了长足的发展，总品种达到600余种，经过专业评审机制、淘汰机制遴选，目前，每年稳定出版近400个品种。"皮书"已经成为中国新型智库建设的抓手，成为国际国内社会各界快速、便捷地了解真实中国的最佳窗口。

20年孜孜以求，"皮书"始终将自己的研究视野与经济社会发展中的前沿热点问题紧密相连。600个研究领域，3万多位分布于800余个研究机构的专家学者参与了研创写作。皮书数据库中共收录了15万篇专业报告，50余万张数据图表，合计30亿字，每年报告下载量近80万次。皮书为中国学术与社会发展实践的结合提供了一个激荡智力、传播思想的入口，皮书作者们用学术的话语、客观翔实的数据谱写出了中国故事壮丽的篇章。

20年跬步千里，"皮书"始终将自己的发展与时代赋予的使命与责任紧紧相连。每年百余场新闻发布会，10万余次中外媒体报道，中、英、俄、日、韩等12个语种共同出版。皮书所具有的凝聚力正在形成一种无形的力量，吸引着社会各界关注中国的发展，参与中国的发展，它是我们向世界传递中国声音、总结中国经验、争取中国国际话语权最主要的平台。

皮书这一系列成就的取得，得益于中国改革开放的伟大时代，离不开来自中国社会科学院、新闻出版广电总局、全国哲学社会科学规划办公室等主管部门的大力支持和帮助，也离不开皮书研创者和出版者的共同努力。他们与皮书的故事创造了皮书的历史，他们对皮书的拳拳之心将继续谱写皮书的未来！

现在，"皮书"品牌已经进入了快速成长的青壮年时期。全方位进行规范化管理，树立中国的学术出版标准；不断提升皮书的内容质量和影响力，搭建起中国智库产品和智库建设的交流服务平台和国际传播平台；发布各类皮书指数，并使之成为中国指数，让中国智库的声音响彻世界舞台，为人类的发展做出中国的贡献——这是皮书未来发展的图景。作为"皮书"这个概念的提出者，"皮书"从一般图书到系列图书和品牌图书，最终成为智库研究和社会科学应用对策研究的知识服务和成果推广平台这一整个过程的操盘者，我相信，这也是每一位皮书人执着追求的目标。

"当代中国正经历着我国历史上最为广泛而深刻的社会变革，也正在进行着人类历史上最为宏大而独特的实践创新。这种前无古人的伟大实践，必将给理论创造、学术繁荣提供强大动力和广阔空间。"

在这个需要思想而且一定能够产生思想的时代，皮书的研创出版一定能创造出新的更大的辉煌！

社会科学文献出版社社长

中国社会学会秘书长

2017年11月

社会科学文献出版社简介

社会科学文献出版社（以下简称"社科文献出版社"）成立于1985年，是直属于中国社会科学院的人文社会科学学术出版机构。成立至今，社科文献出版社始终依托中国社会科学院和国内外人文社会科学界丰厚的学术出版和专家学者资源，坚持"创社科经典，出传世文献"的出版理念、"权威、前沿、原创"的产品定位以及学术成果和智库成果出版的专业化、数字化、国际化、市场化的经营道路。

社科文献出版社是中国新闻出版业转型与文化体制改革的先行者。积极探索文化体制改革的先进方向和现代企业经营决策机制，社科文献出版社先后荣获"全国文化体制改革工作先进单位"、中国出版政府奖·先进出版单位奖，中国社会科学院先进集体、全国科普工作先进集体等荣誉称号。多人次荣获"第十届韬奋出版奖""全国新闻出版行业领军人才""数字出版先进人物""北京市新闻出版广电行业领军人才"等称号。

社科文献出版社是中国人文社会科学学术出版的大社名社，也是以皮书为代表的智库成果出版的专业强社。年出版图书2000余种，其中皮书400余种，出版新书字数5.5亿字，承印与发行中国社科院院属期刊72种，先后创立了皮书系列、列国志、中国史话、社科文献学术译库、社科文献学术文库、甲骨文书系等一大批既有学术影响又有市场价值的品牌，确立了在社会学、近代史、苏东问题研究等专业学科及领域出版的领先地位。图书多次荣获中国出版政府奖、"三个一百"原创图书出版工程、"五个'一'工程奖"、"大众喜爱的50种图书"等奖项，在中央国家机关"强素质·做表率"读书活动中，入选图书品种数位居各大出版社之首。

社科文献出版社是中国学术出版规范与标准的倡议者与制定者，代表全国50多家出版社发起实施学术著作出版规范的倡议，承担学术著作规范国家标准的起草工作，率先编撰完成《皮书手册》对皮书品牌进行规范化管理，并在此基础上推出中国版芝加哥手册——《社科文献出版社学术出版手册》。

社科文献出版社是中国数字出版的引领者，拥有皮书数据库、列国志数据库、"一带一路"数据库、减贫数据库、集刊数据库等4大产品线11个数据库产品，机构用户达1300余家，海外用户百余家，荣获"数字出版转型示范单位""新闻出版标准化先进单位""专业数字内容资源知识服务模式试点企业标准化示范单位"等称号。

社科文献出版社是中国学术出版走出去的践行者。社科文献出版社海外图书出版与学术合作业务遍及全球40余个国家和地区，并于2016年成立俄罗斯分社，累计输出图书500余种，涉及近20个语种，累计获得国家社科基金中华学术外译项目资助76种、"丝路书香工程"项目资助60种、中国图书对外推广计划项目资助71种以及经典中国国际出版工程资助28种，被五部委联合认定为"2015-2016年度国家文化出口重点企业"。

如今，社科文献出版社完全靠自身积累拥有固定资产3.6亿元，年收入3亿元，设置了七大出版分社、六大专业部门，成立了皮书研究院和博士后科研工作站，培养了一支近400人的高素质与高效率的编辑、出版、营销和国际推广队伍，为未来成为学术出版的大社、名社、强社，成为文化体制改革与文化企业转型发展的排头兵奠定了坚实的基础。

宏观经济类

经济蓝皮书

2018 年中国经济形势分析与预测

李平 / 主编　2017 年 12 月出版　定价：89.00 元

◆ 本书为总理基金项目，由著名经济学家李扬领衔，联合中国社会科学院等数十家科研机构、国家部委和高等院校的专家共同撰写，系统分析了 2017 年的中国经济形势并预测 2018 年中国经济运行情况。

城市蓝皮书

中国城市发展报告 No.11

潘家华　单菁菁 / 主编　2018 年 9 月出版　估价：99.00 元

◆ 本书是由中国社会科学院城市发展与环境研究中心编著的，多角度、全方位地立体展示了中国城市的发展状况，并对中国城市的未来发展提出了许多建议。该书有强烈的时代感，对中国城市发展实践有重要的参考价值。

人口与劳动绿皮书

中国人口与劳动问题报告 No.19

张车伟 / 主编　2018 年 10 月出版　估价：99.00 元

◆ 本书为中国社会科学院人口与劳动经济研究所主编的年度报告，对当前中国人口与劳动形势做了比较全面和系统的深入讨论，为研究中国人口与劳动问题提供了一个专业性的视角。

中国省域竞争力蓝皮书

中国省域经济综合竞争力发展报告（2017～2018）

李建平　李闽榕　高燕京 / 主编　2018 年 5 月出版　估价：198.00 元

◆　本书融多学科的理论为一体，深入追踪研究了省域经济发展与中国国家竞争力的内在关系，为提升中国省域经济综合竞争力提供有价值的决策依据。

金融蓝皮书

中国金融发展报告（2018）

王国刚 / 主编　2018 年 2 月出版　估价：99.00 元

◆　本书由中国社会科学院金融研究所组织编写，概括和分析了 2017 年中国金融发展和运行中的各方面情况，研讨和评论了 2017 年发生的主要金融事件，有利于读者了解掌握 2017 年中国的金融状况，把握 2018 年中国金融的走势。

区 域 经 济 类

京津冀蓝皮书

京津冀发展报告（2018）

祝合良　叶堂林　张贵祥 / 等著　2018 年 6 月出版　估价：99.00 元

◆　本书遵循问题导向与目标导向相结合、统计数据分析与大数据分析相结合、纵向分析和长期监测与结构分析和综合监测相结合等原则，对京津冀协同发展新形势与新进展进行测度与评价。

社 会 政 法 类

社会蓝皮书

2018 年中国社会形势分析与预测

李培林　陈光金　张翼 / 主编　2017 年 12 月出版　定价 : 89.00 元

◆　本书由中国社会科学院社会学研究所组织研究机构专家、高校学者和政府研究人员撰写，聚焦当下社会热点，对 2017 年中国社会发展的各个方面内容进行了权威解读，同时对 2018 年社会形势发展趋势进行了预测。

法治蓝皮书

中国法治发展报告 No.16（2018）

李林　田禾 / 主编　2018 年 3 月出版　估价 : 118.00 元

◆　本年度法治蓝皮书回顾总结了 2017 年度中国法治发展取得的成就和存在的不足，对中国政府、司法、检务透明度进行了跟踪调研，并对 2018 年中国法治发展形势进行了预测和展望。

教育蓝皮书

中国教育发展报告（2018）

杨东平 / 主编　2018 年 4 月出版　估价 : 99.00 元

◆　本书重点关注了 2017 年教育领域的热点，资料翔实，分析有据，既有专题研究，又有实践案例，从多角度对 2017 年教育改革和实践进行了分析和研究。

社会体制蓝皮书

中国社会体制改革报告 No.6（2018）

龚维斌/主编　2018 年 3 月出版　估价：99.00 元

◆　本书由国家行政学院社会治理研究中心和北京师范大学中国社会管理研究院共同组织编写，主要对 2017 年社会体制改革情况进行回顾和总结，对 2018 年的改革走向进行分析，提出相关政策建议。

社会心态蓝皮书

中国社会心态研究报告（2018）

王俊秀　杨宜音/主编　2018 年 12 月出版　估价：99.00 元

◆　本书是中国社会科学院社会学研究所社会心理研究中心"社会心态蓝皮书课题组"的年度研究成果，运用社会心理学、社会学、经济学、传播学等多种学科的方法进行了调查和研究，对于目前中国社会心态状况有较广泛和深入的揭示。

华侨华人蓝皮书

华侨华人研究报告（2018）

贾益民/主编　2018 年 1 月出版　估价：139.00 元

◆　本书关注华侨华人生产与生活的方方面面。华侨华人是中国建设 21 世纪海上丝绸之路的重要中介者、推动者和参与者。本书旨在全面调研华侨华人，提供最新涉侨动态、理论研究成果和政策建议。

民族发展蓝皮书

中国民族发展报告（2018）

王延中/主编　2018 年 10 月出版　估价：188.00 元

◆　本书从民族学人类学视角，研究近年来少数民族和民族地区的发展情况，展示民族地区经济、政治、文化、社会和生态文明"五位一体"建设取得的辉煌成就和面临的困难挑战，为深刻理解中央民族工作会议精神、加快民族地区全面建成小康社会进程提供了实证材料。

产业经济类

房地产蓝皮书

中国房地产发展报告 No.15（2018）

李春华　王业强/主编　2018年5月出版　估价：99.00元

◆ 2018年《房地产蓝皮书》持续追踪中国房地产市场最新动态，深度剖析市场热点，展望2018年发展趋势，积极谋划应对策略。对2017年房地产市场的发展态势进行全面、综合的分析。

新能源汽车蓝皮书

中国新能源汽车产业发展报告（2018）

中国汽车技术研究中心　日产（中国）投资有限公司

东风汽车有限公司/编著　2018年8月出版　估价：99.00元

◆ 本书对中国2017年新能源汽车产业发展进行了全面系统的分析，并介绍了国外的发展经验。有助于相关机构、行业和社会公众等了解中国新能源汽车产业发展的最新动态，为政府部门出台新能源汽车产业相关政策法规、企业制定相关战略规划，提供必要的借鉴和参考。

行业及其他类

旅游绿皮书

2017～2018年中国旅游发展分析与预测

中国社会科学院旅游研究中心/编　2018年2月出版　估价：99.00元

◆ 本书从政策、产业、市场、社会等多个角度勾画出2017年中国旅游发展全貌，剖析了其中的热点和核心问题，并就未来发展作出预测。

民营医院蓝皮书

中国民营医院发展报告（2018）

薛晓林 / 主编　2018 年 1 月出版　估价：99.00 元

◆　本书在梳理国家对社会办医的各种利好政策的前提下，对我国民营医疗发展现状、我国民营医院竞争力进行了分析，并结合我国医疗体制改革对民营医院的发展趋势、发展策略、战略规划等方面进行了预估。

会展蓝皮书

中外会展业动态评估研究报告（2018）

张敏 / 主编　　2018 年 12 月出版　估价：99.00 元

◆　本书回顾了 2017 年的会展业发展动态，结合"供给侧改革"、"互联网 +"、"绿色经济"的新形势分析了我国展会的行业现状，并介绍了国外的发展经验，有助于行业和社会了解最新的展会业动态。

中国上市公司蓝皮书

中国上市公司发展报告（2018）

张平　王宏淼 / 主编　　2018 年 9 月出版　估价：99.00 元

◆　本书由中国社会科学院上市公司研究中心组织编写的，着力于全面、真实、客观反映当前中国上市公司财务状况和价值评估的综合性年度报告。本书详尽分析了 2017 年中国上市公司情况，特别是现实中暴露出的制度性、基础性问题，并对资本市场改革进行了探讨。

工业和信息化蓝皮书

人工智能发展报告（2017 ～ 2018）

尹丽波 / 主编　　2018 年 6 月出版　估价：99.00 元

◆　本书国家工业信息安全发展研究中心在对 2017 年全球人工智能技术和产业进行全面跟踪研究基础上形成的研究报告。该报告内容翔实、视角独特，具有较强的产业发展前瞻性和预测性，可为相关主管部门、行业协会、企业等全面了解人工智能发展形势以及进行科学决策提供参考。

国际问题与全球治理类

世界经济黄皮书

2018年世界经济形势分析与预测

张宇燕 / 主编　2018 年 1 月出版　估价：99.00 元

◆　本书由中国社会科学院世界经济与政治研究所的研究团队撰写，分总论、国别与地区、专题、热点、世界经济统计与预测等五个部分，对 2018 年世界经济形势进行了分析。

国际城市蓝皮书

国际城市发展报告（2018）

屠启宇 / 主编　2018 年 2 月出版　估价：99.00 元

◆　本书作者以上海社会科学院从事国际城市研究的学者团队为核心，汇集同济大学、华东师范大学、复旦大学、上海交通大学、南京大学、浙江大学相关城市研究专业学者。立足动态跟踪介绍国际城市发展时间中，最新出现的重大战略、重大理念、重大项目、重大报告和最佳案例。

非洲黄皮书

非洲发展报告 No.20（2017 ~ 2018）

张宏明 / 主编　2018 年 7 月出版　估价：99.00 元

◆　本书是由中国社会科学院西亚非洲研究所组织编撰的非洲形势年度报告，比较全面、系统地分析了 2017 年非洲政治形势和热点问题，探讨了非洲经济形势和市场走向，剖析了大国对非洲关系的新动向；此外，还介绍了国内非洲研究的新成果。

国别类

美国蓝皮书

美国研究报告（2018）

郑秉文　黄平／主编　2018年5月出版　估价：99.00元

◆　本书是由中国社会科学院美国研究所主持完成的研究成果，它回顾了美国2017年的经济、政治形势与外交战略，对美国内政外交发生的重大事件及重要政策进行了较为全面的回顾和梳理。

德国蓝皮书

德国发展报告（2018）

郑春荣／主编　2018年6月出版　估价：99.00元

◆　本报告由同济大学德国研究所组织编撰，由该领域的专家学者对德国的政治、经济、社会文化、外交等方面的形势发展情况，进行全面的阐述与分析。

俄罗斯黄皮书

俄罗斯发展报告（2018）

李永全／编著　2018年6月出版　估价：99.00元

◆　本书系统介绍了2017年俄罗斯经济政治情况，并对2016年该地区发生的焦点、热点问题进行了分析与回顾；在此基础上，对该地区2018年的发展前景进行了预测。

文 化 传 媒 类

新媒体蓝皮书

中国新媒体发展报告 No.9（2018）

唐绪军 / 主编　2018 年 6 月出版　估价：99.00 元

◆　本书是由中国社会科学院新闻与传播研究所组织编写的关于新媒体发展的最新年度报告，旨在全面分析中国新媒体的发展现状，解读新媒体的发展趋势，探析新媒体的深刻影响。

移动互联网蓝皮书

中国移动互联网发展报告（2018）

余清楚 / 主编　　2018 年 6 月出版　估价：99.00 元

◆　本书着眼于对 2017 年度中国移动互联网的发展情况做深入解析，对未来发展趋势进行预测，力求从不同视角、不同层面全面剖析中国移动互联网发展的现状、年度突破及热点趋势等。

文化蓝皮书

中国文化消费需求景气评价报告（2018）

王亚南 / 主编　2018 年 2 月出版　估价：99.00 元

◆　本书首创全国文化发展量化检测评价体系，也是至今全国唯一的文化民生量化检测评价体系，对于检验全国及各地 " 以人民为中心 " 的文化发展具有首创意义。

地方发展类

北京蓝皮书

北京经济发展报告（2017～2018）

杨松/主编　2018年6月出版　估价：99.00元

◆　本书对2017年北京市经济发展的整体形势进行了系统性的分析与回顾，并对2018年经济形势走势进行了预测与研判，聚焦北京市经济社会发展中的全局性、战略性和关键领域的重点问题，运用定量和定性分析相结合的方法，对北京市经济社会发展的现状、问题、成因进行了深入分析，提出了可操作性的对策建议。

温州蓝皮书

2018年温州经济社会形势分析与预测

蒋儒标　王春光　金浩/主编　2018年4月出版　估价：99.00元

◆　本书是中共温州市委党校和中国社会科学院社会学研究所合作推出的第十一本温州蓝皮书，由来自党校、政府部门、科研机构、高校的专家、学者共同撰写的2017年温州区域发展形势的最新研究成果。

黑龙江蓝皮书

黑龙江社会发展报告（2018）

王爱丽/主编　2018年6月出版　估价：99.00元

◆　本书以千份随机抽样问卷调查和专题研究为依据，运用社会学理论框架和分析方法，从专家和学者的独特视角，对2017年黑龙江省关系民生的问题进行广泛的调研与分析，并对2017年黑龙江省诸多社会热点和焦点问题进行了有益的探索。这些研究不仅可以为政府部门更加全面深入了解省情、科学制定决策提供智力支持，同时也可以为广大读者认识、了解、关注黑龙江社会发展提供理性思考。

宏观经济类

城市蓝皮书
中国城市发展报告（No.11）
著(编)者：潘家华 单菁菁
2018年9月出版 / 99.00元
PSN B-2007-091-1/1

城乡一体化蓝皮书
中国城乡一体化发展报告（2018）
著(编)者：付崇兰
2018年9月出版 / 估价：99.00元
PSN B-2011-226-1/2

城镇化蓝皮书
中国新型城镇化健康发展报告（2018）
著(编)者：张占斌
2018年8月出版 / 估价：99.00元
PSN B-2014-396-1/1

创新蓝皮书
创新型国家建设报告（2018~2019）
著(编)者：詹正茂
2018年12月出版 / 估价：99.00元
PSN B-2009-140-1/1

低碳发展蓝皮书
中国低碳发展报告（2018）
著(编)者：张希良 齐晔
2018年6月出版 / 估价：99.00元
PSN B-2011-223-1/1

低碳经济蓝皮书
中国低碳经济发展报告（2018）
著(编)者：薛进军 赵忠秀
2018年11月出版 / 估价：99.00元
PSN B-2011-194-1/1

发展和改革蓝皮书
中国经济发展和体制改革报告No.9
著(编)者：邹东涛 王再文
2018年1月出版 / 估价：99.00元
PSN B-2008-122-1/1

国家创新蓝皮书
中国创新发展报告（2017）
著(编)者：陈劲　2018年3月出版 / 估价：99.00元
PSN B-2014-370-1/1

金融蓝皮书
中国金融发展报告（2018）
著(编)者：王国刚
2018年2月出版 / 估价：99.00元
PSN B-2004-031-1/7

经济蓝皮书
2018年中国经济形势分析与预测
著(编)者：李平　2017年12月出版 / 定价：89.00元
PSN B-1996-001-1/1

经济蓝皮书春季号
2018年中国经济前景分析
著(编)者：李扬　2018年5月出版 / 估价：99.00元
PSN B-1999-008-1/1

经济蓝皮书夏季号
中国经济增长报告（2017~2018）
著(编)者：李扬　2018年9月出版 / 估价：99.00元
PSN B-2010-176-1/1

经济信息绿皮书
中国与世界经济发展报告（2018）
著(编)者：杜平
2017年12月出版 / 估价：99.00元
PSN G-2003-023-1/1

农村绿皮书
中国农村经济形势分析与预测（2017~2018）
著(编)者：魏后凯 黄秉信
2018年4月出版 / 估价：99.00元
PSN G-1998-003-1/1

人口与劳动绿皮书
中国人口与劳动问题报告No.19
著(编)者：张车伟　2018年11月出版 / 估价：99.00元
PSN G-2000-012-1/1

新型城镇化蓝皮书
新型城镇化发展报告（2017）
著(编)者：李伟 宋敏 沈体雁
2018年3月出版 / 估价：99.00元
PSN B-2005-038-1/1

中国省域竞争力蓝皮书
中国省域经济综合竞争力发展报告（2016~2017）
著(编)者：李建平 李闽榕 高燕京
2018年2月出版 / 估价：198.00元
PSN B-2007-088-1/1

中小城市绿皮书
中国中小城市发展报告（2018）
著(编)者：中国城市经济学会中小城市经济发展委员会
　　　　中国城镇化促进会中小城市发展委员会
　　　　《中国中小城市发展报告》编纂委员会
　　　　中小城市发展战略研究院
2018年11月出版 / 估价：128.00元
PSN G-2010-161-1/1

区域经济类

东北蓝皮书
中国东北地区发展报告（2018）
著(编)者：姜晓秋　2018年11月出版 / 估价：99.00元
PSN B-2006-067-1/1

金融蓝皮书
中国金融中心发展报告（2017~2018）
著(编)者：王力 黄育华　2018年11月出版 / 估价：99.00元
PSN B-2011-186-6/7

京津冀蓝皮书
京津冀发展报告（2018）
著(编)者：祝合良 叶堂林 张贵祥
2018年6月出版 / 估价：99.00元
PSN B-2012-262-1/1

西北蓝皮书
中国西北发展报告（2018）
著(编)者：任宗哲 白宽犁 王建康
2018年4月出版 / 估价：99.00元
PSN B-2012-261-1/1

西部蓝皮书
中国西部发展报告（2018）
著(编)者：璋勇 任保平　2018年8月出版 / 估价：99.00元
PSN B-2005-039-1/1

长江经济带产业蓝皮书
长江经济带产业发展报告（2018）
著(编)者：吴传清　2018年11月出版 / 估价：128.00元
PSN B-2017-666-1/1

长江经济带蓝皮书
长江经济带发展报告（2017~2018）
著(编)者：王振　2018年11月出版 / 估价：99.00元
PSN B-2016-575-1/1

长江中游城市群蓝皮书
长江中游城市群新型城镇化与产业协同发展报告（2018）
著(编)者：杨刚强　2018年11月出版 / 估价：99.00元
PSN B-2016-578-1/1

长三角蓝皮书
2017年创新融合发展的长三角
著(编)者：刘飞跃　2018年3月出版 / 估价：99.00元
PSN B-2005-038-1/1

长株潭城市群蓝皮书
长株潭城市群发展报告（2017）
著(编)者：张萍 朱有志　2018年1月出版 / 估价：99.00元
PSN B-2008-109-1/1

中部竞争力蓝皮书
中国中部经济社会竞争力报告（2018）
著(编)者：教育部人文社会科学重点研究基地南昌大学中国
中部经济社会发展研究中心
2018年12月出版 / 估价：99.00元
PSN B-2012-276-1/1

中部蓝皮书
中国中部地区发展报告（2018）
著(编)者：宋亚平　2018年12月出版 / 估价：99.00元
PSN B-2007-089-1/1

区域蓝皮书
中国区域经济发展报告（2017~2018）
著(编)者：赵弘　2018年5月出版 / 估价：99.00元
PSN B-2004-034-1/1

中三角蓝皮书
长江中游城市群发展报告（2018）
著(编)者：秦尊文　2018年9月出版 / 估价：99.00元
PSN B-2014-417-1/1

中原蓝皮书
中原经济区发展报告（2018）
著(编)者：李英杰　2018年6月出版 / 估价：99.00元
PSN B-2011-192-1/1

珠三角流通蓝皮书
珠三角商圈发展研究报告（2018）
著(编)者：王先庆 林至颖　2018年7月出版 / 估价：99.00元
PSN B-2012-292-1/1

社会政法类

北京蓝皮书
中国社区发展报告（2017~2018）
著(编)者：于燕燕　2018年9月出版 / 估价：99.00元
PSN B-2007-083-5/8

殡葬绿皮书
中国殡葬事业发展报告（2017~2018）
著(编)者：李伯森　2018年4月出版 / 估价：158.00元
PSN G-2010-180-1/1

城市管理蓝皮书
中国城市管理报告（2017-2018）
著(编)者：刘林 刘承水　2018年5月出版 / 估价：158.00元
PSN B-2013-336-1/1

城市生活质量蓝皮书
中国城市生活质量报告（2017）
著(编)者：张连城 张平 杨春学 郎丽华
2018年2月出版 / 估价：99.00元
PSN B-2013-326-1/1

城市政府能力蓝皮书
中国城市政府公共服务能力评估报告（2018）
著（编）者：何艳玲　2018年4月出版 / 估价：99.00元
PSN B-2013-338-1/1

创业蓝皮书
中国创业发展研究报告（2017～2018）
著（编）者：黄群慧 赵卫星 钟宏武
2018年11月出版 / 估价：99.00元
PSN B-2016-577-1/1

慈善蓝皮书
中国慈善发展报告（2018）
著（编）者：杨团　2018年6月出版 / 估价：99.00元
PSN B-2009-142-1/1

党建蓝皮书
党的建设研究报告No.2（2018）
著（编）者：崔建民 陈东平　2018年1月出版 / 估价：99.00元
PSN B-2016-523-1/1

地方法治蓝皮书
中国地方法治发展报告No.3（2018）
著（编）者：李林 田禾　2018年3月出版 / 估价：118.00元
PSN B-2015-442-1/1

电子政务蓝皮书
中国电子政务发展报告（2018）
著（编）者：李季　2018年8月出版 / 估价：99.00元
PSN B-2003-022-1/1

法治蓝皮书
中国法治发展报告No.16（2018）
著（编）者：吕艳滨　2018年3月出版 / 估价：118.00元
PSN B-2004-027-1/3

法治蓝皮书
中国法院信息化发展报告No.2（2018）
著（编）者：李林 田禾　2018年2月出版 / 估价：108.00元
PSN B-2017-604-3/3

法治政府蓝皮书
中国法治政府发展报告（2018）
著（编）者：中国政法大学法治政府研究院
2018年4月出版 / 估价：99.00元
PSN B-2015-502-1/2

法治政府蓝皮书
中国法治政府评估报告（2018）
著（编）者：中国政法大学法治政府研究院
2018年9月出版 / 估价：168.00元
PSN B-2016-576-2/2

反腐倡廉蓝皮书
中国反腐倡廉建设报告No.8
著（编）者：张英伟　2018年12月出版 / 估价：99.00元
PSN B-2012-259-1/1

扶贫蓝皮书
中国扶贫开发报告（2018）
著（编）者：李培林 魏后凯　2018年12月出版 / 估价：128.00元
PSN B-2016-599-1/1

妇女发展蓝皮书
中国妇女发展报告 No.6
著（编）者：王金玲　2018年9月出版 / 估价：158.00元
PSN B-2006-069-1/1

妇女教育蓝皮书
中国妇女教育发展报告 No.3
著（编）者：张李玺　2018年10月出版 / 估价：99.00元
PSN B-2008-121-1/1

妇女绿皮书
2018年：中国性别平等与妇女发展报告
著（编）者：谭琳　2018年12月出版 / 估价：99.00元
PSN G-2006-073-1/1

公共安全蓝皮书
中国城市公共安全发展报告（2017～2018）
著（编）者：黄育华 杨文明 赵建辉
2018年6月出版 / 估价：99.00元
PSN B-2017-628-1/1

公共服务蓝皮书
中国城市基本公共服务力评价（2018）
著（编）者：钟君 刘志昌 吴正杲
2018年12月出版 / 估价：99.00元
PSN B-2011-214-1/1

公民科学素质蓝皮书
中国公民科学素质报告（2017～2018）
著（编）者：李群 陈雄 马宗文
2018年1月出版 / 估价：99.00元
PSN B-2014-379-1/1

公益蓝皮书
中国公益慈善发展报告（2016）
著（编）者：朱健刚 胡小军　2018年2月出版 / 估价：99.00元
PSN B-2012-283-1/1

国际人才蓝皮书
中国国际移民报告（2018）
著（编）者：王辉耀　2018年2月出版 / 估价：99.00元
PSN B-2012-304-3/4

国际人才蓝皮书
中国留学发展报告（2018）No.7
著（编）者：王辉耀 苗绿　2018年12月出版 / 估价：99.00元
PSN B-2012-244-2/4

海洋社会蓝皮书
中国海洋社会发展报告（2017）
著（编）者：崔凤 宋宁而　2018年3月出版 / 估价：99.00元
PSN B-2015-478-1/1

行政改革蓝皮书
中国行政体制改革报告No.7（2018）
著（编）者：魏礼群　2018年6月出版 / 估价：99.00元
PSN B-2011-231-1/1

华侨华人蓝皮书
华侨华人研究报告（2017）
著（编）者：贾益民　2018年1月出版 / 估价：139.00元
PSN B-2011-204-1/1

环境竞争力绿皮书
中国省域环境竞争力发展报告（2018）
著(编)者：李建平 李闽榕 王金南
2018年11月出版 / 估价：198.00元
PSN G-2010-165-1/1

环境绿皮书
中国环境发展报告（2017~2018）
著(编)者：李波　2018年4月出版 / 估价：99.00元
PSN G-2006-048-1/1

家庭蓝皮书
中国"创建幸福家庭活动"评估报告（2018）
著(编)者：国务院发展研究中心"创建幸福家庭活动评估"课题组
2018年12月出版 / 估价：99.00元
PSN B-2015-508-1/1

健康城市蓝皮书
中国健康城市建设研究报告（2018）
著(编)者：王鸿春 盛继洪　2018年12月出版 / 估价：99.00元
PSN B-2016-564-2/2

健康中国蓝皮书
社区首诊与健康中国分析报告（2018）
著(编)者：高和荣 杨叔禹 姜杰
2018年4月出版 / 估价：99.00元
PSN B-2017-611-1/1

教师蓝皮书
中国中小学教师发展报告（2017）
著(编)者：曾晓东 鱼霞　2018年6月出版 / 估价：99.00元
PSN B-2012-289-1/1

教育扶贫蓝皮书
中国教育扶贫报告（2018）
著(编)者：司树杰 王文静 李兴洲
2018年12月出版 / 估价：99.00元
PSN B-2016-590-1/1

教育蓝皮书
中国教育发展报告（2018）
著(编)者：杨东平　2018年4月出版 / 估价：99.00元
PSN B-2006-047-1/1

金融法治建设蓝皮书
中国金融法治建设年度报告（2015~2016）
著(编)者：朱小黄　2018年6月出版 / 估价：99.00元
PSN B-2017-633-1/1

京津冀教育蓝皮书
京津冀教育发展研究报告（2017~2018）
著(编)者：方中雄　2018年4月出版 / 估价：99.00元
PSN B-2017-608-1/1

就业蓝皮书
2018年中国本科生就业报告
著(编)者：麦可思研究院　2018年6月出版 / 估价：99.00元
PSN B-2009-146-1/2

就业蓝皮书
2018年中国高职高专生就业报告
著(编)者：麦可思研究院　2018年6月出版 / 估价：99.00元
PSN B-2015-472-2/2

科学教育蓝皮书
中国科学教育发展报告（2018）
著(编)者：王康友　2018年10月出版 / 估价：99.00元
PSN B-2015-487-1/1

劳动保障蓝皮书
中国劳动保障发展报告（2018）
著(编)者：刘燕斌　2018年9月出版 / 估价：158.00元
PSN B-2014-415-1/1

老龄蓝皮书
中国老年宜居环境发展报告（2017）
著(编)者：党俊武 周燕珉　2018年1月出版 / 估价：99.00元
PSN B-2013-320-1/1

连片特困区蓝皮书
中国连片特困区发展报告（2017~2018）
著(编)者：游俊 冷志明 丁建军
2018年4月出版 / 估价：99.00元
PSN B-2013-321-1/1

流动儿童蓝皮书
中国流动儿童教育发展报告（2017）
著(编)者：杨东平　2018年1月出版 / 估价：99.00元
PSN B-2017-600-1/1

民调蓝皮书
中国民生调查报告（2018）
著(编)者：谢耘耕　2018年12月出版 / 估价：99.00元
PSN B-2014-398-1/1

民族发展蓝皮书
中国民族发展报告（2018）
著(编)者：王延中　2018年10月出版 / 估价：188.00元
PSN B-2006-070-1/1

女性生活蓝皮书
中国女性生活状况报告No.12（2018）
著(编)者：韩湘景　2018年7月出版 / 估价：99.00元
PSN B-2006-071-1/1

汽车社会蓝皮书
中国汽车社会发展报告（2017~2018）
著(编)者：王俊秀　2018年1月出版 / 估价：99.00元
PSN B-2011-224-1/1

青年蓝皮书
中国青年发展报告（2018）No.3
著(编)者：廉思　2018年4月出版 / 估价：99.00元
PSN B-2013-333-1/1

青少年蓝皮书
中国未成年人互联网运用报告（2017~2018）
著(编)者：李为民 李文革 沈杰
2018年11月出版 / 估价：99.00元
PSN B-2010-156-1/1

人权蓝皮书
中国人权事业发展报告No.8（2018）
著(编)者：李君如　2018年9月出版 / 估价：99.00元
PSN B-2011-215-1/1

社会保障绿皮书
中国社会保障发展报告No.9（2018）
著(编)者：王延中　2018年1月出版 / 估价：99.00元
PSN G-2001-014-1/1

社会风险评估蓝皮书
风险评估与危机预警报告（2017~2018）
著(编)者：唐钧　2018年8月出版 / 估价：99.00元
PSN B-2012-293-1/1

社会工作蓝皮书
中国社会工作发展报告（2016~2017）
著(编)者：民政部社会工作研究中心
2018年8月出版 / 估价：99.00元
PSN B-2009-141-1/1

社会管理蓝皮书
中国社会管理创新报告No.6
著(编)者：连玉明　2018年11月出版 / 估价：99.00元
PSN B-2012-300-1/1

社会蓝皮书
2018年中国社会形势分析与预测
著(编)者：李培林 陈光金 张翼
2017年12月出版 / 定价：89.00元
PSN B-1998-002-1/1

社会体制蓝皮书
中国社会体制改革报告No.6（2018）
著(编)者：龚维斌　2018年3月出版 / 估价：99.00元
PSN B-2013-330-1/1

社会心态蓝皮书
中国社会心态研究报告（2018）
著(编)者：王俊秀　2018年12月出版 / 估价：99.00元
PSN B-2011-199-1/1

社会组织蓝皮书
中国社会组织报告（2017-2018）
著(编)者：黄晓勇　2018年1月出版 / 估价：99.00元
PSN B-2008-118-1/2

社会组织蓝皮书
中国社会组织评估发展报告（2018）
著(编)者：徐家良　2018年12月出版 / 估价：99.00元
PSN B-2013-366-2/2

生态城市绿皮书
中国生态城市建设发展报告（2018）
著(编)者：刘举科 孙伟平 胡文臻
2018年9月出版 / 估价：158.00元
PSN G-2012-269-1/1

生态文明绿皮书
中国省域生态文明建设评价报告（ECI 2018）
著(编)者：严耕　2018年12月出版 / 估价：99.00元
PSN G-2010-170-1/1

退休生活蓝皮书
中国城市居民退休生活质量指数报告（2017）
著(编)者：杨一帆　2018年5月出版 / 估价：99.00元
PSN B-2017-618-1/1

危机管理蓝皮书
中国危机管理报告（2018）
著(编)者：文学国 范正青
2018年8月出版 / 估价：99.00元
PSN B-2010-171-1/1

学会蓝皮书
2018年中国学会发展报告
著(编)者：麦可思研究院
2018年12月出版 / 估价：99.00元
PSN B-2016-597-1/1

医改蓝皮书
中国医药卫生体制改革报告（2017~2018）
著(编)者：文学国 房志武
2018年11月出版 / 估价：99.00元
PSN B-2014-432-1/1

应急管理蓝皮书
中国应急管理报告（2018）
著(编)者：宋英华　2018年9月出版 / 估价：99.00元
PSN B-2016-562-1/1

政府绩效评估蓝皮书
中国地方政府绩效评估报告 No.2
著(编)者：贠杰　2018年12月出版 / 估价：99.00元
PSN B-2017-672-1/1

政治参与蓝皮书
中国政治参与报告（2018）
著(编)者：房宁　2018年8月出版 / 估价：128.00元
PSN B-2011-200-1/1

政治文化蓝皮书
中国政治文化报告（2018）
著(编)者：邢元敏 魏大鹏 龚克
2018年8月出版 / 估价：128.00元
PSN B-2017-615-1/1

中国传统村落蓝皮书
中国传统村落保护现状报告（2018）
著(编)者：胡彬彬 李向军 王晓波
2018年12月出版 / 估价：99.00元
PSN B-2017-663-1/1

中国农村妇女发展蓝皮书
农村流动女性城市生活发展报告（2018）
著(编)者：谢丽华　2018年12月出版 / 估价：99.00元
PSN B-2014-434-1/1

宗教蓝皮书
中国宗教报告（2017）
著(编)者：邱永辉　2018年8月出版 / 估价：99.00元
PSN B-2008-117-1/1

产业经济类

保健蓝皮书
中国保健服务产业发展报告 No.2
著(编)者：中国保健协会　　中共中央党校
2018年7月出版 / 估价：198.00元
PSN B-2012-272-3/3

保健蓝皮书
中国保健食品产业发展报告 No.2
著(编)者：中国保健协会
　　　　　中国社会科学院食品药品产业发展与监管研究中心
2018年8月出版 / 估价：198.00元
PSN B-2012-271-2/3

保健蓝皮书
中国保健用品产业发展报告 No.2
著(编)者：中国保健协会
　　　　　国务院国有资产监督管理委员会研究中心
2018年3月出版 / 估价：198.00元
PSN B-2012-270-1/3

保险蓝皮书
中国保险业竞争力报告（2018）
著(编)者：保监会　　2018年12月出版 / 估价：99.00元
PSN B-2013-311-1/1

冰雪蓝皮书
中国冰上运动产业发展报告（2018）
著(编)者：孙承华 杨占武 刘戈 张鸿俊
2018年9月出版 / 估价：99.00元
PSN B-2017-648-3/3

冰雪蓝皮书
中国滑雪产业发展报告（2018）
著(编)者：孙承华 伍斌 魏庆华 张鸿俊
2018年9月出版 / 估价：99.00元
PSN B-2016-559-1/3

餐饮产业蓝皮书
中国餐饮产业发展报告（2018）
著(编)者：邢颖
2018年6月出版 / 估价：99.00元
PSN B-2009-151-1/1

茶业蓝皮书
中国茶产业发展报告（2018）
著(编)者：杨江帆 李闽榕
2018年10月出版 / 估价：99.00元
PSN B-2010-164-1/1

产业安全蓝皮书
中国文化产业安全报告（2018）
著(编)者：北京印刷学院文化产业安全研究院
2018年12月出版 / 估价：99.00元
PSN B-2014-378-12/14

产业安全蓝皮书
中国新媒体产业安全报告（2016~2017）
著(编)者：肖丽　　2018年6月出版 / 估价：99.00元
PSN B-2015-500-14/14

产业安全蓝皮书
中国出版传媒产业安全报告（2017~2018）
著(编)者：北京印刷学院文化产业安全研究院
2018年3月出版 / 估价：99.00元
PSN B-2014-384-13/14

产业蓝皮书
中国产业竞争力报告 （2018）No.8
著(编)者：张其仔　　2018年12月出版 / 估价：168.00元
PSN B-2010-175-1/1

动力电池蓝皮书
中国新能源汽车动力电池产业发展报告（2018）
著(编)者：中国汽车技术研究中心
2018年8月出版 / 估价：99.00元
PSN B-2017-639-1/1

杜仲产业绿皮书
中国杜仲橡胶资源与产业发展报告（2017~2018）
著(编)者：杜红岩 胡文臻 俞锐
2018年1月出版 / 估价：99.00元
PSN G-2013-350-1/1

房地产蓝皮书
中国房地产发展报告No.15（2018）
著(编)者：李春华 王业强
2018年5月出版 / 估价：99.00元
PSN B-2004-028-1/1

服务外包蓝皮书
中国服务外包产业发展报告（2017~2018）
著(编)者：王晓红 刘德军
2018年6月出版 / 估价：99.00元
PSN B-2013-331-2/2

服务外包蓝皮书
中国服务外包竞争力报告（2017~2018）
著(编)者：刘春生 王力 黄育华
2018年12月出版 / 估价：99.00元
PSN B-2011-216-1/2

工业和信息化蓝皮书
世界信息技术产业发展报告（2017~2018）
著(编)者：尹丽波　　2018年6月出版 / 估价：99.00元
PSN B-2015-449-2/6

工业和信息化蓝皮书
战略性新兴产业发展报告（2017~2018）
著(编)者：尹丽波　　2018年6月出版 / 估价：99.00元
PSN B-2015-450-3/6

客车蓝皮书
中国客车产业发展报告（2017～2018）
著(编)者: 姚蔚   2018年10月出版 / 估价: 99.00元
PSN B-2013-361-1/1

流通蓝皮书
中国商业发展报告（2018～2019）
著(编)者: 王雪峰 林诗慧
2018年7月出版 / 估价: 99.00元
PSN B-2009-152-1/2

能源蓝皮书
中国能源发展报告（2018）
著(编)者: 崔民选 王军生 陈义和
2018年12月出版 / 估价: 99.00元
PSN B-2006-049-1/1

农产品流通蓝皮书
中国农产品流通产业发展报告（2017）
著(编)者: 贾敬敦 张东科 张玉玺 张鹏毅 周伟
2018年1月出版 / 估价: 99.00元
PSN B-2012-288-1/1

汽车工业蓝皮书
中国汽车工业发展年度报告（2018）
著(编)者: 中国汽车工业协会
        中国汽车技术研究中心
        丰田汽车公司
2018年5月出版 / 估价: 168.00元
PSN B-2015-463-1/2

汽车工业蓝皮书
中国汽车零部件产业发展报告（2017～2018）
著(编)者: 中国汽车工业协会
        中国汽车工程研究院深圳市沃特玛电池有限公司
2018年9月出版 / 估价: 99.00元
PSN B-2016-515-2/2

汽车蓝皮书
中国汽车产业发展报告（2018）
著(编)者: 中国汽车工程学会
        大众汽车集团（中国）
2018年11月出版 / 估价: 99.00元
PSN B-2008-124-1/1

世界茶业蓝皮书
世界茶业发展报告（2018）
著(编)者: 李闽榕 冯廷佺
2018年5月出版 / 估价: 168.00元
PSN B-2017-619-1/1

世界能源蓝皮书
世界能源发展报告（2018）
著(编)者: 黄晓勇   2018年6月出版 / 估价: 168.00元
PSN B-2013-349-1/1

体育蓝皮书
国家体育产业基地发展报告（2016～2017）
著(编)者: 李颖川   2018年4月出版 / 估价: 168.00元
PSN B-2017-609-5/5

体育蓝皮书
中国体育产业发展报告（2018）
著(编)者: 阮伟 钟秉枢
2018年12月出版 / 估价: 99.00元
PSN B-2010-179-1/5

文化金融蓝皮书
中国文化金融发展报告（2018）
著(编)者: 杨涛 金巍
2018年5月出版 / 估价: 99.00元
PSN B-2017-610-1/1

新能源汽车蓝皮书
中国新能源汽车产业发展报告（2018）
著(编)者: 中国汽车技术研究中心
        日产（中国）投资有限公司
        东风汽车有限公司
2018年8月出版 / 估价: 99.00元
PSN B-2013-347-1/1

薏仁米产业蓝皮书
中国薏仁米产业发展报告No.2（2018）
著(编)者: 李发耀 石明 秦礼康
2018年8月出版 / 估价: 99.00元
PSN B-2017-645-1/1

邮轮绿皮书
中国邮轮产业发展报告（2018）
著(编)者: 汪泓   2018年10月出版 / 估价: 99.00元
PSN G-2014-419-1/1

智能养老蓝皮书
中国智能养老产业发展报告（2018）
著(编)者: 朱勇   2018年10月出版 / 估价: 99.00元
PSN B-2015-488-1/1

中国节能汽车蓝皮书
中国节能汽车发展报告（2017～2018）
著(编)者: 中国汽车工程研究院股份有限公司
2018年9月出版 / 估价: 99.00元
PSN B-2016-565-1/1

中国陶瓷产业蓝皮书
中国陶瓷产业发展报告（2018）
著(编)者: 左和平 黄速建
2018年10月出版 / 估价: 99.00元
PSN B-2016-573-1/1

装备制造业蓝皮书
中国装备制造业发展报告（2018）
著(编)者: 徐东华   2018年12月出版 / 估价: 118.00元
PSN B-2015-505-1/1

行业及其他类

"三农"互联网金融蓝皮书
中国"三农"互联网金融发展报告（2018）
著(编)者：李勇坚 王弢
2018年8月出版 / 估价：99.00元
PSN B-2016-560-1/1

SUV蓝皮书
中国SUV市场发展报告（2017～2018）
著(编)者：靳军　2018年9月出版 / 估价：99.00元
PSN B-2016-571-1/1

冰雪蓝皮书
中国冬季奥运会发展报告（2018）
著(编)者：孙承华 伍斌 魏庆华 张鸿俊
2018年9月出版 / 估价：99.00元
PSN B-2017-647-2/3

彩票蓝皮书
中国彩票发展报告（2018）
著(编)者：益彩基金　2018年4月出版 / 估价：99.00元
PSN B-2015-462-1/1

测绘地理信息蓝皮书
测绘地理信息供给侧结构性改革研究报告（2018）
著(编)者：库热西·买合苏提
2018年12月出版 / 估价：168.00元
PSN B-2009-145-1/1

产权市场蓝皮书
中国产权市场发展报告（2017）
著(编)者：曹和平　2018年5月出版 / 估价：99.00元
PSN B-2009-147-1/1

城投蓝皮书
中国城投行业发展报告（2018）
著(编)者：华景斌
2018年11月出版 / 估价：300.00元
PSN B-2016-514-1/1

大数据蓝皮书
中国大数据发展报告（No.2）
著(编)者：连玉明　2018年5月出版 / 估价：99.00元
PSN B-2017-620-1/1

大数据应用蓝皮书
中国大数据应用发展报告No.2（2018）
著(编)者：陈军君　2018年8月出版 / 估价：99.00元
PSN B-2017-644-1/1

对外投资与风险蓝皮书
中国对外直接投资与国家风险报告（2018）
著(编)者：中债资信评估有限责任公司
　　　　　中国社会科学院世界经济与政治研究所
2018年4月出版 / 估价：189.00元
PSN B-2017-606-1/1

工业和信息化蓝皮书
人工智能发展报告（2017～2018）
著(编)者：尹丽波　2018年6月出版 / 估价：99.00元
PSN B-2015-448-1/6

工业和信息化蓝皮书
世界智慧城市发展报告（2017～2018）
著(编)者：尹丽波　2018年6月出版 / 估价：99.00元
PSN B-2017-624-6/6

工业和信息化蓝皮书
世界网络安全发展报告（2017～2018）
著(编)者：尹丽波　2018年6月出版 / 估价：99.00元
PSN B-2015-452-5/6

工业和信息化蓝皮书
世界信息化发展报告（2017～2018）
著(编)者：尹丽波　2018年6月出版 / 估价：99.00元
PSN B-2015-451-4/6

工业设计蓝皮书
中国工业设计发展报告（2018）
著(编)者：王晓红 于炜 张立群　2018年9月出版 / 估价：168.00元
PSN B-2014-420-1/1

公共关系蓝皮书
中国公共关系发展报告（2018）
著(编)者：柳斌杰　2018年11月出版 / 估价：99.00元
PSN B-2016-579-1/1

管理蓝皮书
中国管理发展报告（2018）
著(编)者：张晓东　2018年10月出版 / 估价：99.00元
PSN B-2014-416-1/1

海关发展蓝皮书
中国海关发展前沿报告（2018）
著(编)者：干春晖　2018年6月出版 / 估价：99.00元
PSN B-2017-616-1/1

互联网医疗蓝皮书
中国互联网健康医疗发展报告（2018）
著(编)者：芮晓武　2018年6月出版 / 估价：99.00元
PSN B-2016-567-1/1

黄金市场蓝皮书
中国商业银行黄金业务发展报告（2017～2018）
著(编)者：平安银行　2018年3月出版 / 估价：99.00元
PSN B-2016-524-1/1

会展蓝皮书
中外会展业动态评估研究报告（2018）
著(编)者：张敏 任中峰 聂鑫焱 牛盼强
2018年12月出版 / 估价：99.00元
PSN B-2013-327-1/1

基金会蓝皮书
中国基金会发展报告（2017~2018）
著(编)者：中国基金会发展报告课题组
2018年4月出版 / 估价：99.00元
PSN B-2013-368-1/1

基金会绿皮书
中国基金会发展独立研究报告（2018）
著(编)者：基金会中心网　中央民族大学基金会研究中心
2018年6月出版 / 估价：99.00元
PSN G-2011-213-1/1

基金会透明度蓝皮书
中国基金会透明度发展研究报告（2018）
著(编)者：基金会中心网
　　　　清华大学廉政与治理研究中心
2018年9月出版 / 估价：99.00元
PSN B-2013-339-1/1

建筑装饰蓝皮书
中国建筑装饰行业发展报告（2018）
著(编)者：葛道顺 刘晓一
2018年10月出版 / 估价：198.00元
PSN B-2016-553-1/1

金融监管蓝皮书
中国金融监管报告（2018）
著(编)者：胡滨 2018年5月出版 / 估价：99.00元
PSN B-2012-281-1/1

金融蓝皮书
中国互联网金融行业分析与评估（2018～2019）
著(编)者：黄国平 伍旭川 2018年12月出版 / 估价：99.00元
PSN B-2016-585-7/7

金融科技蓝皮书
中国金融科技发展报告（2018）
著(编)者：李扬 孙国峰 2018年10月出版 / 估价：99.00元
PSN B-2014-374-1/1

金融信息服务蓝皮书
中国金融信息服务发展报告（2018）
著(编)者：李平 2018年5月出版 / 估价：99.00元
PSN B-2017-621-1/1

京津冀金融蓝皮书
京津冀金融发展报告（2018）
著(编)者：王爱俭 王璟怡 2018年10月出版 / 估价：99.00元
PSN B-2016-527-1/1

科普蓝皮书
国家科普能力发展报告（2018）
著(编)者：王康友 2018年5月出版 / 估价：138.00元
PSN B-2017-632-4/4

科普蓝皮书
中国基层科普发展报告（2017～2018）
著(编)者：赵立新 陈玲 2018年9月出版 / 估价：99.00元
PSN B-2016-568-3/4

科普蓝皮书
中国科普基础设施发展报告（2017～2018）
著(编)者：任福君 2018年6月出版 / 估价：99.00元
PSN B-2010-174-1/3

科普蓝皮书
中国科普人才发展报告（2017～2018）
著(编)者：郑念 任嵘嵘 2018年7月出版 / 估价：99.00元
PSN B-2016-512-2/4

科普能力蓝皮书
中国科普能力评价报告（2018～2019）
著(编)者：李富强 李群 2018年8月出版 / 估价：99.00元
PSN B-2016-555-1/1

临空经济蓝皮书
中国临空经济发展报告（2018）
著(编)者：连玉明 2018年9月出版 / 估价：99.00元
PSN B-2014-421-1/1

旅游安全蓝皮书
中国旅游安全报告（2018）
著(编)者：郑向敏 谢朝武 2018年5月出版 / 估价：158.00元
PSN B-2012-280-1/1

旅游绿皮书
2017～2018年中国旅游发展分析与预测
著(编)者：宋瑞 2018年2月出版 / 估价：99.00元
PSN G-2002-018-1/1

煤炭蓝皮书
中国煤炭工业发展报告（2018）
著(编)者：岳福斌 2018年12月出版 / 估价：99.00元
PSN B-2008-123-1/1

民营企业社会责任蓝皮书
中国民营企业社会责任报告（2018）
著(编)者：中华全国工商业联合会
2018年12月出版 / 估价：99.00元
PSN B-2015-510-1/1

民营医院蓝皮书
中国民营医院发展报告（2017）
著(编)者：薛晓林 2018年1月出版 / 估价：99.00元
PSN B-2012-299-1/1

闽商蓝皮书
闽商发展报告（2018）
著(编)者：李闽榕 王日根 林琛
2018年12月出版 / 估价：99.00元
PSN B-2012-298-1/1

农业应对气候变化蓝皮书
中国农业气象灾害及其灾损评估报告（No.3）
著(编)者：矫梅燕 2018年1月出版 / 估价：118.00元
PSN B-2014-413-1/1

品牌蓝皮书
中国品牌战略发展报告（2018）
著(编)者：汪同三 2018年10月出版 / 估价：99.00元
PSN B-2016-580-1/1

企业扶贫蓝皮书
中国企业扶贫研究报告（2018）
著(编)者：钟宏武 2018年12月出版 / 估价：99.00元
PSN B-2016-593-1/1

企业公益蓝皮书
中国企业公益研究报告（2018）
著(编)者：钟宏武 汪杰 黄晓娟
2018年12月出版 / 估价：99.00元
PSN B-2015-501-1/1

企业国际化蓝皮书
中国企业全球化报告（2018）
著(编)者：王辉耀 苗绿 2018年11月出版 / 估价：99.00元
PSN B-2014-427-1/1

企业蓝皮书
中国企业绿色发展报告No.2（2018）
著(编)者：李红玉 朱光辉
2018年8月出版 / 估价：99.00元
PSN B-2015-481-2/2

企业社会责任蓝皮书
中资企业海外社会责任研究报告（2017~2018）
著(编)者：钟宏武 叶柳红 张蕙
2018年1月出版 / 估价：99.00元
PSN B-2017-603-2/2

企业社会责任蓝皮书
中国企业社会责任研究报告（2018）
著(编)者：黄群慧 钟宏武 张蕙 汪杰
2018年11月出版 / 估价：99.00元
PSN B-2009-149-1/2

汽车安全蓝皮书
中国汽车安全发展报告（2018）
著(编)者：中国汽车技术研究中心
2018年8月出版 / 估价：99.00元
PSN B-2014-385-1/1

汽车电子商务蓝皮书
中国汽车电子商务发展报告（2018）
著(编)者：中华全国工商业联合会汽车经销商商会
　　　　　北方工业大学
　　　　　北京易观智库网络科技有限公司
2018年10月出版 / 估价：158.00元
PSN B-2015-485-1/1

汽车知识产权蓝皮书
中国汽车产业知识产权发展报告（2018）
著(编)者：中国汽车工程研究院股份有限公司
　　　　　中国汽车工程学会
　　　　　重庆长安汽车股份有限公司
2018年12月出版 / 估价：99.00元
PSN B-2016-594-1/1

青少年体育蓝皮书
中国青少年体育发展报告（2017）
著(编)者：刘扶民 杨桦　2018年1月出版 / 估价：99.00元
PSN B-2015-482-1/1

区块链蓝皮书
中国区块链发展报告（2018）
著(编)者：李伟　2018年9月出版 / 估价：99.00元
PSN B-2017-649-1/1

群众体育蓝皮书
中国群众体育发展报告（2017）
著(编)者：刘国永 戴健　2018年5月出版 / 估价：99.00元
PSN B-2014-411-1/3

群众体育蓝皮书
中国社会体育指导员发展报告（2018）
著(编)者：刘国永 王欢　2018年4月出版 / 估价：99.00元
PSN B-2016-520-3/3

人力资源蓝皮书
中国人力资源发展报告（2018）
著(编)者：余兴安　2018年11月出版 / 估价：99.00元
PSN B-2012-287-1/1

融资租赁蓝皮书
中国融资租赁业发展报告（2017~2018）
著(编)者：李光荣 王力　2018年8月出版 / 估价：99.00元
PSN B-2015-443-1/1

商会蓝皮书
中国商会发展报告No.5（2017）
著(编)者：王钦敏　2018年7月出版 / 估价：99.00元
PSN B-2008-125-1/1

商务中心区蓝皮书
中国商务中心区发展报告No.4（2017~2018）
著(编)者：李国红 单菁菁　2018年9月出版 / 估价：99.00元
PSN B-2015-444-1/1

设计产业蓝皮书
中国创新设计发展报告（2018）
著(编)者：王晓红 张立群 于炜
2018年11月出版 / 估价：99.00元
PSN B-2016-581-2/2

社会责任管理蓝皮书
中国上市公司社会责任能力成熟度报告No.4（2018）
著(编)者：肖红军 王晓光 李伟阳
2018年12月出版 / 估价：99.00元
PSN B-2015-507-2/2

社会责任管理蓝皮书
中国企业公众透明度报告No.4（2017~2018）
著(编)者：黄速建 熊梦 王晓光 肖红军
2018年4月出版 / 估价：99.00元
PSN B-2015-440-1/2

食品药品蓝皮书
食品药品安全与监管政策研究报告（2016~2017）
著(编)者：唐民皓　2018年6月出版 / 估价：99.00元
PSN B-2009-129-1/1

输血服务蓝皮书
中国输血行业发展报告（2018）
著(编)者：孙俊　2018年12月出版 / 估价：99.00元
PSN B-2016-582-1/1

水利风景区蓝皮书
中国水利风景区发展报告（2018）
著(编)者：董建文 兰思仁
2018年10月出版 / 估价：99.00元
PSN B-2015-480-1/1

私募市场蓝皮书
中国私募股权市场发展报告（2017~2018）
著(编)者：曹和平　2018年12月出版 / 估价：99.00元
PSN B-2010-162-1/1

碳排放权交易蓝皮书
中国碳排放权交易报告（2018）
著(编)者：孙永平　2018年11月出版 / 估价：99.00元
PSN B-2017-652-1/1

碳市场蓝皮书
中国碳市场报告（2018）
著(编)者：定金彪　2018年11月出版 / 估价：99.00元
PSN B-2014-430-1/1

体育蓝皮书
中国公共体育服务发展报告（2018）
著(编)者：戴健　2018年12月出版 / 估价：99.00元
PSN B-2013-367-2/5

土地市场蓝皮书
中国农村土地市场发展报告（2017～2018）
著(编)者：李光荣　2018年3月出版 / 估价：99.00元
PSN B-2016-526-1/1

土地整治蓝皮书
中国土地整治发展研究报告（No.5）
著(编)者：国土资源部土地整治中心
2018年7月出版 / 估价：99.00元
PSN B-2014-401-1/1

土地政策蓝皮书
中国土地政策研究报告（2018）
著(编)者：高延利　李宪文　2017年12月出版 / 估价：99.00元
PSN B-2015-506-1/1

网络空间安全蓝皮书
中国网络空间安全发展报告（2018）
著(编)者：惠志斌　覃庆玲
2018年11月出版 / 估价：99.00元
PSN B-2015-466-1/1

文化志愿服务蓝皮书
中国文化志愿服务发展报告（2018）
著(编)者：张永新　良警宇　2018年11月出版 / 估价：128.00元
PSN B-2015-596-1/1

西部金融蓝皮书
中国西部金融发展报告（2017～2018）
著(编)者：李忠民　2018年8月出版 / 估价：99.00元
PSN B-2010-160-1/1

协会商会蓝皮书
中国行业协会商会发展报告（2017）
著(编)者：景朝阳　李勇　2018年4月出版 / 估价：99.00元
PSN B-2015-461-1/1

新三板蓝皮书
中国新三板市场发展报告（2018）
著(编)者：王力　2018年8月出版 / 估价：99.00元
PSN B-2016-533-1/1

信托市场蓝皮书
中国信托业市场报告（2017～2018）
著(编)者：用益金融信托研究院
2018年1月出版 / 估价：198.00元
PSN B-2014-371-1/1

信息化蓝皮书
中国信息化形势分析与预测（2017～2018）
著(编)者：周宏仁　2018年8月出版 / 估价：99.00元
PSN B-2010-168-1/1

信用蓝皮书
中国信用发展报告（2017～2018）
著(编)者：章政　田侃　2018年4月出版 / 估价：99.00元
PSN B-2013-328-1/1

休闲绿皮书
2017～2018年中国休闲发展报告
著(编)者：宋瑞　2018年7月出版 / 估价：99.00元
PSN G-2010-158-1/1

休闲体育蓝皮书
中国休闲体育发展报告（2017～2018）
著(编)者：李相如　钟秉枢
2018年10月出版 / 估价：99.00元
PSN B-2016-516-1/1

养老金融蓝皮书
中国养老金融发展报告（2018）
著(编)者：董克用　姚余栋
2018年9月出版 / 估价：99.00元
PSN B-2016-583-1/1

遥感监测绿皮书
中国可持续发展遥感监测报告（2017）
著(编)者：顾行发　汪克强　潘教峰　李闽榕　徐东华　王琦安
2018年6月出版 / 估价：298.00元
PSN B-2017-629-1/1

药品流通蓝皮书
中国药品流通行业发展报告（2018）
著(编)者：佘鲁林　温再兴
2018年7月出版 / 估价：198.00元
PSN B-2014-429-1/1

医疗器械蓝皮书
中国医疗器械行业发展报告（2018）
著(编)者：王宝亭　耿鸿武
2018年10月出版 / 估价：99.00元
PSN B-2017-661-1/1

医院蓝皮书
中国医院竞争力报告（2018）
著(编)者：庄一强　曾益新　2018年3月出版 / 估价：118.00元
PSN B-2016-528-1/1

瑜伽蓝皮书
中国瑜伽业发展报告（2017~2018）
著(编)者：张永建　徐华锋　朱泰余
2018年6月出版 / 估价：198.00元
PSN B-2017-625-1/1

债券市场蓝皮书
中国债券市场发展报告（2017～2018）
著(编)者：杨农　2018年10月出版 / 估价：99.00元
PSN B-2016-572-1/1

志愿服务蓝皮书
中国志愿服务发展报告（2018）
著(编)者：中国志愿服务联合会
2018年11月出版 / 估价：99.00元
PSN B-2017-664-1/1

中国上市公司蓝皮书
中国上市公司发展报告（2018）
著(编)者：张鹏　张平　黄胤英
2018年9月出版 / 估价：99.00元
PSN B-2014-414-1/1

中国新三板蓝皮书
中国新三板创新与发展报告（2018）
著(编)者：刘平安 闻召林
2018年8月出版 / 估价：158.00元
PSN B-2017-638-1/1

中医文化蓝皮书
北京中医药文化传播发展报告（2018）
著(编)者：毛嘉陵　2018年5月出版 / 估价：99.00元
PSN B-2015-468-1/2

中医文化蓝皮书
中国中医药文化传播发展报告（2018）
著(编)者：毛嘉陵　2018年7月出版 / 估价：99.00元
PSN B-2016-584-2/2

中医药蓝皮书
北京中医药知识产权发展报告No.2
著(编)者：汪洪 屠志涛　2018年4月出版 / 估价：168.00元
PSN B-2017-602-1/1

资本市场蓝皮书
中国场外交易市场发展报告（2016~2017）
著(编)者：高峦　2018年3月出版 / 估价：99.00元
PSN B-2009-153-1/1

资产管理蓝皮书
中国资产管理行业发展报告（2018）
著(编)者：郑智　2018年7月出版 / 估价：99.00元
PSN B-2014-407-2/2

资产证券化蓝皮书
中国资产证券化发展报告（2018）
著(编)者：纪志宏　2018年11月出版 / 估价：99.00元
PSN B-2017-660-1/1

自贸区蓝皮书
中国自贸区发展报告（2018）
著(编)者：王力 黄育华　2018年6月出版 / 估价：99.00元
PSN B-2016-558-1/1

国际问题与全球治理类

"一带一路"跨境通道蓝皮书
"一带一路"跨境通道建设研究报告（2018）
著(编)者：郭业洲　2018年8月出版 / 估价：99.00元
PSN B-2016-557-1/1

"一带一路"蓝皮书
"一带一路"建设发展报告（2018）
著(编)者：王晓泉　2018年6月出版 / 估价：99.00元
PSN B-2016-552-1/1

"一带一路"投资安全蓝皮书
中国"一带一路"投资与安全研究报告（2017~2018）
著(编)者：邹统钎 梁昊光　2018年4月出版 / 估价：99.00元
PSN B-2017-612-1/1

"一带一路"文化交流蓝皮书
中阿文化交流发展报告（2017）
著(编)者：王辉　2018年9月出版 / 估价：99.00元
PSN B-2017-655-1/1

G20国家创新竞争力黄皮书
二十国集团（G20）国家创新竞争力发展报告（2017~2018）
著(编)者：李建平 李闽榕 赵新力 周天勇
2018年7月出版 / 估价：168.00元
PSN Y-2011-229-1/1

阿拉伯黄皮书
阿拉伯发展报告（2016~2017）
著(编)者：罗林　2018年3月出版 / 估价：99.00元
PSN Y-2014-381-1/1

北部湾蓝皮书
泛北部湾合作发展报告（2017~2018）
著(编)者：吕余生　2018年12月出版 / 估价：99.00元
PSN B-2008-114-1/1

北极蓝皮书
北极地区发展报告（2017）
著(编)者：刘惠荣　2018年7月出版 / 估价：99.00元
PSN B-2017-634-1/1

大洋洲蓝皮书
大洋洲发展报告（2017~2018）
著(编)者：喻常森　2018年10月出版 / 估价：99.00元
PSN B-2013-341-1/1

东北亚区域合作蓝皮书
2017年"一带一路"倡议与东北亚区域合作
著(编)者：刘亚政 金美花
2018年5月出版 / 估价：99.00元
PSN B-2017-631-1/1

东盟黄皮书
东盟发展报告（2017）
著(编)者：杨晓强 庄国土
2018年3月出版 / 估价：99.00元
PSN Y-2012-303-1/1

东南亚蓝皮书
东南亚地区发展报告（2017~2018）
著(编)者：王勤　2018年12月出版 / 估价：99.00元
PSN B-2012-240-1/1

非洲黄皮书
非洲发展报告No.20（2017~2018）
著(编)者：张宏明　2018年7月出版 / 估价：99.00元
PSN Y-2012-239-1/1

非传统安全蓝皮书
中国非传统安全研究报告（2017~2018）
著(编)者：潇枫 罗中枢　2018年8月出版 / 估价：99.00元
PSN B-2012-273-1/1

国际安全蓝皮书
中国国际安全研究报告（2018）
著（编）者：刘慧　2018年7月出版 / 估价：99.00元
PSN B-2016-521-1/1

国际城市蓝皮书
国际城市发展报告（2018）
著（编）者：屠启宇　2018年2月出版 / 估价：99.00元
PSN B-2012-260-1/1

国际形势黄皮书
全球政治与安全报告（2018）
著（编）者：张宇燕　2018年1月出版 / 估价：99.00元
PSN Y-2001-016-1/1

公共外交蓝皮书
中国公共外交发展报告（2018）
著（编）者：赵启正 雷蔚真　2018年4月出版 / 估价：99.00元
PSN B-2015-457-1/1

金砖国家黄皮书
金砖国家综合创新竞争力发展报告（2018）
著（编）者：赵新力 李闽榕 黄茂兴
2018年8月出版 / 估价：128.00元
PSN Y-2017-643-1/1

拉美黄皮书
拉丁美洲和加勒比发展报告（2017~2018）
著（编）者：袁东振　2018年6月出版 / 估价：99.00元
PSN Y-1999-007-1/1

澜湄合作蓝皮书
澜沧江-湄公河合作发展报告（2018）
著（编）者：刘稚　2018年9月出版 / 估价：99.00元
PSN B-2011-196-1/1

欧洲蓝皮书
欧洲发展报告（2017~2018）
著（编）者：黄平 周弘 程卫东
2018年6月出版 / 估价：99.00元
PSN B-1999-009-1/1

葡语国家蓝皮书
葡语国家发展报告（2016~2017）
著（编）者：王成安 张敏 刘金兰
2018年4月出版 / 估价：99.00元
PSN B-2015-503-1/2

葡语国家蓝皮书
中国与葡语国家关系发展报告·巴西（2016）
著（编）者：张曙光　2018年8月出版 / 估价：99.00元
PSN B-2016-563-2/2

气候变化绿皮书
应对气候变化报告（2018）
著（编）者：王伟光 郑国光　2018年11月出版 / 估价：99.00元
PSN G-2009-144-1/1

全球环境竞争力绿皮书
全球环境竞争力报告（2018）
著（编）者：李建平 李闽榕 王金南
2018年12月出版 / 估价：198.00元
PSN G-2013-363-1/1

全球信息社会蓝皮书
全球信息社会发展报告（2018）
著（编）者：丁波涛 唐涛　2018年10月出版 / 估价：99.00元
PSN B-2017-665-1/1

日本经济蓝皮书
日本经济与中日经贸关系研究报告（2018）
著（编）者：张季风　2018年6月出版 / 估价：99.00元
PSN B-2008-102-1/1

上海合作组织黄皮书
上海合作组织发展报告（2018）
著（编）者：李进峰　2018年6月出版 / 估价：99.00元
PSN Y-2009-130-1/1

世界创新竞争力黄皮书
世界创新竞争力发展报告（2017）
著（编）者：李建平 李闽榕 赵新力
2018年1月出版 / 估价：168.00元
PSN Y-2013-318-1/1

世界经济黄皮书
2018年世界经济形势分析与预测
著（编）者：张宇燕　2018年1月出版 / 估价：99.00元
PSN Y-1999-006-1/1

丝绸之路蓝皮书
丝绸之路经济带发展报告（2018）
著（编）者：任宗哲 白宽犁 谷孟宾
2018年1月出版 / 估价：99.00元
PSN B-2014-410-1/1

新兴经济体蓝皮书
金砖国家发展报告（2018）
著（编）者：林跃勤 周文　2018年8月出版 / 估价：99.00元
PSN B-2011-195-1/1

亚太蓝皮书
亚太地区发展报告（2018）
著（编）者：李向阳　2018年5月出版 / 估价：99.00元
PSN B-2001-015-1/1

印度洋地区蓝皮书
印度洋地区发展报告（2018）
著（编）者：汪戎　2018年6月出版 / 估价：99.00元
PSN B-2013-334-1/1

渝新欧蓝皮书
渝新欧沿线国家发展报告（2018）
著（编）者：杨柏 黄薇　2018年6月出版 / 估价：99.00元
PSN B-2017-626-1/1

中阿蓝皮书
中国-阿拉伯国家经贸发展报告（2018）
著（编）者：张廉 段庆林 王林聪 杨巧红
2018年12月出版 / 估价：99.00元
PSN B-2016-598-1/1

中东黄皮书
中东发展报告No.20（2017~2018）
著（编）者：杨光　2018年10月出版 / 估价：99.00元
PSN Y-1998-004-1/1

中亚黄皮书
中亚国家发展报告（2018）
著（编）者：孙力　2018年6月出版 / 估价：99.00元
PSN Y-2012-238-1/1

国别类

澳大利亚蓝皮书
澳大利亚发展报告（2017-2018）
著(编)者：孙有中 韩锋　2018年12月出版 / 估价：99.00元
PSN B-2016-587-1/1

巴西黄皮书
巴西发展报告（2017）
著(编)者：刘国枝　2018年5月出版 / 估价：99.00元
PSN Y-2017-614-1/1

德国蓝皮书
德国发展报告（2018）
著(编)者：郑春荣　2018年6月出版 / 估价：99.00元
PSN B-2012-278-1/1

俄罗斯黄皮书
俄罗斯发展报告（2018）
著(编)者：李永全　2018年6月出版 / 估价：99.00元
PSN Y-2006-061-1/1

韩国蓝皮书
韩国发展报告（2017）
著(编)者：牛林杰 刘宝全　2018年5月出版 / 估价：99.00元
PSN B-2010-155-1/1

加拿大蓝皮书
加拿大发展报告（2018）
著(编)者：唐小松　2018年9月出版 / 估价：99.00元
PSN B-2014-389-1/1

美国蓝皮书
美国研究报告（2018）
著(编)者：郑秉文 黄平　2018年5月出版 / 估价：99.00元
PSN B-2011-210-1/1

缅甸蓝皮书
缅甸国情报告（2017）
著(编)者：孔鹏 杨祥章　2018年1月出版 / 估价：99.00元
PSN B-2013-343-1/1

日本蓝皮书
日本研究报告（2018）
著(编)者：杨伯江　2018年6月出版 / 估价：99.00元
PSN B-2002-020-1/1

土耳其蓝皮书
土耳其发展报告（2018）
著(编)者：郭长刚 刘义　2018年9月出版 / 估价：99.00元
PSN B-2014-412-1/1

伊朗蓝皮书
伊朗发展报告（2017~2018）
著(编)者：冀开运　2018年10月 / 估价：99.00元
PSN B-2016-574-1/1

以色列蓝皮书
以色列发展报告（2018）
著(编)者：张倩红　2018年8月出版 / 估价：99.00元
PSN B-2015-483-1/1

印度蓝皮书
印度国情报告（2017）
著(编)者：吕昭义　2018年4月出版 / 估价：99.00元
PSN B-2012-241-1/1

英国蓝皮书
英国发展报告（2017~2018）
著(编)者：王展鹏　2018年12月出版 / 估价：99.00元
PSN B-2015-486-1/1

越南蓝皮书
越南国情报告（2018）
著(编)者：谢林城　2018年1月出版 / 估价：99.00元
PSN B-2006-056-1/1

泰国蓝皮书
泰国研究报告（2018）
著(编)者：庄国土 张禹东 刘文正
2018年10月出版 / 估价：99.00元
PSN B-2016-556-1/1

文化传媒类

"三农"舆情蓝皮书
中国"三农"网络舆情报告（2017~2018）
著(编)者：农业部信息中心
2018年6月出版 / 估价：99.00元
PSN B-2017-640-1/1

传媒竞争力蓝皮书
中国传媒国际竞争力研究报告（2018）
著(编)者：李本乾 刘强 王大可
2018年8月出版 / 估价：99.00元
PSN B-2013-356-1/1

传媒蓝皮书
中国传媒产业发展报告（2018）
著(编)者：崔保国　2018年5月出版 / 估价：99.00元
PSN B-2005-035-1/1

传媒投资蓝皮书
中国传媒投资发展报告（2018）
著(编)者：张向东 谭云明
2018年6月出版 / 估价：148.00元
PSN B-2015-474-1/1

非物质文化遗产蓝皮书
中国非物质文化遗产发展报告（2018）
著(编)者：陈平　2018年5月出版 / 估价：128.00元
PSN B-2015-469-1/2

非物质文化遗产蓝皮书
中国非物质文化遗产保护发展报告（2018）
著(编)者：宋俊华　2018年10月出版 / 估价：128.00元
PSN B-2016-586-2/2

广电蓝皮书
中国广播电影电视发展报告（2018）
著(编)者：国家新闻出版广电总局发展研究中心
2018年7月出版 / 估价：99.00元
PSN B-2006-072-1/1

广告主蓝皮书
中国广告主营销传播趋势报告No.9
著(编)者：黄升民 杜国清 邵华冬 等
2018年10月出版 / 估价：158.00元
PSN B-2005-041-1/1

国际传播蓝皮书
中国国际传播发展报告（2018）
著(编)者：胡正荣 李继东 姬德强
2018年12月出版 / 估价：99.00元
PSN B-2014-408-1/1

国家形象蓝皮书
中国国家形象传播报告（2017）
著(编)者：张昆　2018年3月出版 / 估价：128.00元
PSN B-2017-605-1/1

互联网治理蓝皮书
中国网络社会治理研究报告（2018）
著(编)者：罗昕 支庭荣
2018年9月出版 / 估价：118.00元
PSN B-2017-653-1/1

纪录片蓝皮书
中国纪录片发展报告（2018）
著(编)者：何苏六　2018年10月出版 / 估价：99.00元
PSN B-2011-222-1/1

科学传播蓝皮书
中国科学传播报告（2016~2017）
著(编)者：詹正茂　2018年6月出版 / 估价：99.00元
PSN B-2008-120-1/1

两岸创意经济蓝皮书
两岸创意经济研究报告（2018）
著(编)者：罗昌智 董泽平
2018年10月出版 / 估价：99.00元
PSN B-2014-437-1/1

媒介与女性蓝皮书
中国媒介与女性发展报告（2017~2018）
著(编)者：刘利群　2018年5月出版 / 估价：99.00元
PSN B-2013-345-1/1

媒体融合蓝皮书
中国媒体融合发展报告（2017）
著(编)者：梅宁华 支庭荣　2018年1月出版 / 估价：99.00元
PSN B-2015-479-1/1

全球传媒蓝皮书
全球传媒发展报告（2017~2018）
著(编)者：胡正荣 李继东　2018年6月出版 / 估价：99.00元
PSN B-2012-237-1/1

少数民族非遗蓝皮书
中国少数民族非物质文化遗产发展报告（2018）
著(编)者：肖远平（彝）柴立（满）
2018年10月出版 / 估价：118.00元
PSN B-2015-467-1/1

视听新媒体蓝皮书
中国视听新媒体发展报告（2018）
著(编)者：国家新闻出版广电总局发展研究中心
2018年7月出版 / 估价：118.00元
PSN B-2011-184-1/1

数字娱乐产业蓝皮书
中国动画产业发展报告（2018）
著(编)者：孙立军 孙平 牛兴侦
2018年10月出版 / 估价：99.00元
PSN B-2011-198-1/2

数字娱乐产业蓝皮书
中国游戏产业发展报告（2018）
著(编)者：孙立军 刘跃军
2018年10月出版 / 估价：99.00元
PSN B-2017-662-2/2

文化创新蓝皮书
中国文化创新报告（2017·No.8）
著(编)者：傅才武　2018年4月出版 / 估价：99.00元
PSN B-2009-143-1/1

文化建设蓝皮书
中国文化发展报告（2018）
著(编)者：江畅 孙伟平 戴茂堂
2018年5月出版 / 估价：99.00元
PSN B-2014-392-1/1

文化科技蓝皮书
文化科技创新发展报告（2018）
著(编)者：于平 李凤亮　2018年10月出版 / 估价：99.00元
PSN B-2013-342-1/1

文化蓝皮书
中国公共文化服务发展报告（2017~2018）
著(编)者：刘新成 张永新 张旭
2018年12月出版 / 估价：99.00元
PSN B-2007-093-2/10

文化蓝皮书
中国少数民族文化发展报告（2017~2018）
著(编)者：武翠英 张晓明 任乌晶
2018年9月出版 / 估价：99.00元
PSN B-2013-369-9/10

文化蓝皮书
中国文化产业供需协调检测报告（2018）
著(编)者：王亚南　2018年2月出版 / 估价：99.00元
PSN B-2013-323-8/10

文化蓝皮书
中国文化消费需求景气评价报告（2018）
著（编）者：王亚南　　2018年2月出版 / 估价：99.00元
PSN B-2011-236-4/10

文化蓝皮书
中国公共文化投入增长测评报告（2018）
著（编）者：王亚南　　2018年2月出版 / 估价：99.00元
PSN B-2014-435-10/10

文化品牌蓝皮书
中国文化品牌发展报告（2018）
著（编）者：欧阳友权　　2018年5月出版 / 估价：99.00元
PSN B-2012-277-1/1

文化遗产蓝皮书
中国文化遗产事业发展报告（2017～2018）
著（编）者：苏杨 张颖岚 卓杰 白海峰 陈晨 陈叙图
2018年8月出版 / 估价：99.00元
PSN B-2008-119-1/1

文学蓝皮书
中国文情报告（2017～2018）
著（编）者：白烨　　2018年5月出版 / 估价：99.00元
PSN B-2011-221-1/1

新媒体蓝皮书
中国新媒体发展报告No.9（2018）
著（编）者：唐绪军　　2018年7月出版 / 估价：99.00元
PSN B-2010-169-1/1

新媒体社会责任蓝皮书
中国新媒体社会责任研究报告（2018）
著（编）者：钟瑛　　2018年12月出版 / 估价：99.00元
PSN B-2014-423-1/1

移动互联网蓝皮书
中国移动互联网发展报告（2018）
著（编）者：余清楚　　2018年6月出版 / 估价：99.00元
PSN B-2012-282-1/1

影视蓝皮书
中国影视产业发展报告（2018）
著（编）者：司若 陈鹏 陈锐　　2018年4月出版 / 估价：99.00元
PSN B-2016-529-1/1

舆情蓝皮书
中国社会舆情与危机管理报告（2018）
著（编）者：谢耘耕　　2018年9月出版 / 估价：138.00元
PSN B-2011-235-1/1

地方发展类-经济

澳门蓝皮书
澳门经济社会发展报告（2017～2018）
著（编）者：吴志良 郝雨凡　　2018年7月出版 / 估价：99.00元
PSN B-2009-138-1/1

澳门绿皮书
澳门旅游休闲发展报告（2017～2018）
著（编）者：郝雨凡 林广志　　2018年5月出版 / 估价：99.00元
PSN G-2014-617-1/1

北京蓝皮书
北京经济发展报告（2017～2018）
著（编）者：杨松　　2018年6月出版 / 估价：99.00元
PSN B-2006-054-2/8

北京旅游绿皮书
北京旅游发展报告（2018）
著（编）者：北京旅游学会
2018年7月出版 / 估价：99.00元
PSN G-2012-301-1/1

北京体育蓝皮书
北京体育产业发展报告（2017～2018）
著（编）者：钟秉枢 陈杰 杨铁黎
2018年9月出版 / 估价：99.00元
PSN B-2015-475-1/1

滨海金融蓝皮书
滨海新区金融发展报告（2017）
著（编）者：王爱俭 李向前　　2018年4月出版 / 估价：99.00元
PSN B-2014-424-1/1

城乡一体化蓝皮书
北京城乡一体化发展报告（2017～2018）
著（编）者：吴宝新 张宝秀 黄序
2018年5月出版 / 估价：99.00元
PSN B-2012-258-2/2

非公有制企业社会责任蓝皮书
北京非公有制企业社会责任报告（2018）
著（编）者：宋贵伦 冯培　　2018年6月出版 / 估价：99.00元
PSN B-2017-613-1/1

福建旅游蓝皮书
福建省旅游产业发展现状研究（2017～2018）
著（编）者：陈敏华 黄远水
2018年12月出版 / 估价：128.00元
PSN B-2016-591-1/1

福建自贸区蓝皮书
中国（福建）自由贸易试验区发展报告（2017～2018）
著（编）者：黄茂兴　　2018年4月出版 / 估价：118.00元
PSN B-2016-531-1/1

甘肃蓝皮书
甘肃经济发展分析与预测（2018）
著（编）者：安文华 罗哲　　2018年1月出版 / 估价：99.00元
PSN B-2013-312-1/6

甘肃蓝皮书
甘肃商贸流通发展报告（2018）
著（编）者：张应华 王福生 王晓芳
2018年1月出版 / 估价：99.00元
PSN B-2016-522-6/6

甘肃蓝皮书
甘肃县域和农村发展报告（2018）
著(编)者：朱智文　包东红　王建兵
2018年1月出版 / 估价：99.00元
PSN B-2013-316-5/6

甘肃农业科技绿皮书
甘肃农业科技发展研究报告（2018）
著(编)者：魏胜文　乔德华　张东伟
2018年12月出版 / 估价：198.00元
PSN B-2016-592-1/1

巩义蓝皮书
巩义经济社会发展报告（2018）
著(编)者：丁同民　朱军　2018年4月出版 / 估价：99.00元
PSN B-2016-532-1/1

广东外经贸蓝皮书
广东对外经济贸易发展研究报告（2017~2018）
著(编)者：陈万灵　2018年6月出版 / 估价：99.00元
PSN B-2012-286-1/1

广西北部湾经济区蓝皮书
广西北部湾经济区开放开发报告（2017~2018）
著(编)者：广西壮族自治区北部湾经济区和东盟开放合作办公室
　　　　　广西社会科学院
　　　　　广西北部湾发展研究院
2018年2月出版 / 估价：99.00元
PSN B-2010-181-1/1

广州蓝皮书
广州城市国际化发展报告（2018）
著(编)者：张跃国　2018年8月出版 / 估价：99.00元
PSN B-2012-246-11/14

广州蓝皮书
中国广州城市建设与管理发展报告（2018）
著(编)者：张其学　陈小钢　王宏伟　2018年8月出版 / 估价：99.00元
PSN B-2007-087-4/14

广州蓝皮书
广州创新型城市发展报告（2018）
著(编)者：尹涛　2018年6月出版 / 估价：99.00元
PSN B-2012-247-12/14

广州蓝皮书
广州经济发展报告（2018）
著(编)者：张跃国　尹涛　2018年7月出版 / 估价：99.00元
PSN B-2005-040-1/14

广州蓝皮书
2018年中国广州经济形势分析与预测
著(编)者：魏明海　谢博能　李华
2018年6月出版 / 估价：99.00元
PSN B-2011-185-9/14

广州蓝皮书
中国广州科技创新发展报告（2018）
著(编)者：于欣伟　陈爽　邓佑满　2018年8月出版 / 估价：99.00元
PSN B-2006-065-2/14

广州蓝皮书
广州农村发展报告（2018）
著(编)者：朱名宏　2018年7月出版 / 估价：99.00元
PSN B-2010-167-8/14

广州蓝皮书
广州汽车产业发展报告（2018）
著(编)者：杨再高　冯兴亚　2018年7月出版 / 估价：99.00元
PSN B-2006-066-3/14

广州蓝皮书
广州商贸业发展报告（2018）
著(编)者：张跃国　陈杰　荀振英
2018年7月出版 / 估价：99.00元
PSN B-2012-245-10/14

贵阳蓝皮书
贵阳城市创新发展报告No.3（白云篇）
著(编)者：连玉明　2018年5月出版 / 估价：99.00元
PSN B-2015-491-3/10

贵阳蓝皮书
贵阳城市创新发展报告No.3（观山湖篇）
著(编)者：连玉明　2018年5月出版 / 估价：99.00元
PSN B-2015-497-9/10

贵阳蓝皮书
贵阳城市创新发展报告No.3（花溪篇）
著(编)者：连玉明　2018年5月出版 / 估价：99.00元
PSN B-2015-490-2/10

贵阳蓝皮书
贵阳城市创新发展报告No.3（开阳篇）
著(编)者：连玉明　2018年5月出版 / 估价：99.00元
PSN B-2015-492-4/10

贵阳蓝皮书
贵阳城市创新发展报告No.3（南明篇）
著(编)者：连玉明　2018年5月出版 / 估价：99.00元
PSN B-2015-496-8/10

贵阳蓝皮书
贵阳城市创新发展报告No.3（清镇篇）
著(编)者：连玉明　2018年5月出版 / 估价：99.00元
PSN B-2015-489-1/10

贵阳蓝皮书
贵阳城市创新发展报告No.3（乌当篇）
著(编)者：连玉明　2018年5月出版 / 估价：99.00元
PSN B-2015-495-7/10

贵阳蓝皮书
贵阳城市创新发展报告No.3（息烽篇）
著(编)者：连玉明　2018年5月出版 / 估价：99.00元
PSN B-2015-493-5/10

贵阳蓝皮书
贵阳城市创新发展报告No.3（修文篇）
著(编)者：连玉明　2018年5月出版 / 估价：99.00元
PSN B-2015-494-6/10

贵阳蓝皮书
贵阳城市创新发展报告No.3（云岩篇）
著(编)者：连玉明　2018年5月出版 / 估价：99.00元
PSN B-2015-498-10/10

贵州房地产蓝皮书
贵州房地产发展报告No.5（2018）
著(编)者：武廷方　2018年7月出版 / 估价：99.00元
PSN B-2014-426-1/1

贵州蓝皮书
贵州册亨经济社会发展报告（2018）
著(编)者：黄德林　2018年3月出版 / 估价：99.00元
PSN B-2016-525-8/9

贵州蓝皮书
贵州地理标志产业发展报告（2018）
著(编)者：李发耀 黄其松　2018年8月出版 / 估价：99.00元
PSN B-2017-646-10/10

贵州蓝皮书
贵安新区发展报告（2017～2018）
著(编)者：马长青 吴大华　2018年6月出版 / 估价：99.00元
PSN B-2015-459-4/10

贵州蓝皮书
贵州国家级开放创新平台发展报告（2017～2018）
著(编)者：申晓庆 吴大华 季泓
2018年11月出版 / 估价：99.00元
PSN B-2016-518-7/10

贵州蓝皮书
贵州国有企业社会责任发展报告（2017～2018）
著(编)者：郭丽　2018年12月出版 / 估价：99.00元
PSN B-2015-511-6/10

贵州蓝皮书
贵州民航业发展报告（2017）
著(编)者：申振东 吴大华　2018年1月出版 / 估价：99.00元
PSN B-2015-471-5/10

贵州蓝皮书
贵州民营经济发展报告（2017）
著(编)者：杨静 吴大华　2018年3月出版 / 估价：99.00元
PSN B-2016-530-9/9

杭州都市圈蓝皮书
杭州都市圈发展报告（2018）
著(编)者：沈翔 戚建国　2018年5月出版 / 估价：128.00元
PSN B-2012-302-1/1

河北经济蓝皮书
河北省经济发展报告（2018）
著(编)者：马树强 金浩 张贵　2018年4月出版 / 估价：99.00元
PSN B-2014-380-1/1

河北蓝皮书
河北经济社会发展报告（2018）
著(编)者：康振海　2018年1月出版 / 估价：99.00元
PSN B-2014-372-1/3

河北蓝皮书
京津冀协同发展报告（2018）
著(编)者：陈璐　2018年1月出版 / 估价：99.00元
PSN B-2017-601-2/3

河南经济蓝皮书
2018年河南经济形势分析与预测
著(编)者：王世炎　2018年3月出版 / 估价：99.00元
PSN B-2007-086-1/1

河南蓝皮书
河南城市发展报告（2018）
著(编)者：张占仓 王建国　2018年5月出版 / 估价：99.00元
PSN B-2009-131-3/9

河南蓝皮书
河南工业发展报告（2018）
著(编)者：张占仓　2018年5月出版 / 估价：99.00元
PSN B-2013-317-5/9

河南蓝皮书
河南金融发展报告（2018）
著(编)者：喻新安 谷建全
2018年6月出版 / 估价：99.00元
PSN B-2014-390-7/9

河南蓝皮书
河南经济发展报告（2018）
著(编)者：张占仓 完世伟
2018年4月出版 / 估价：99.00元
PSN B-2010-157-4/9

河南蓝皮书
河南能源发展报告（2018）
著(编)者：国网河南省电力公司经济技术研究院
　　　　　河南省社会科学院
2018年3月出版 / 估价：99.00元
PSN B-2017-607-9/9

河南商务蓝皮书
河南商务发展报告（2018）
著(编)者：焦锦淼 穆荣国　2018年5月出版 / 估价：99.00元
PSN B-2014-399-1/1

河南双创蓝皮书
河南创新创业发展报告（2018）
著(编)者：喻新安 杨雪梅　2018年8月出版 / 估价：99.00元
PSN B-2017-641-1/1

黑龙江蓝皮书
黑龙江经济发展报告（2018）
著(编)者：朱宇　2018年1月出版 / 估价：99.00元
PSN B-2011-190-2/2

湖南城市蓝皮书
区域城市群整合
著(编)者：童中贤 韩未名　2018年12月出版 / 估价：99.00元
PSN B-2006-064-1/1

湖南蓝皮书
湖南城乡一体化发展报告（2018）
著(编)者：陈文胜 王文强 陆福兴
2018年8月出版 / 估价：99.00元
PSN B-2015-477-8/8

湖南蓝皮书
2018年湖南电子政务发展报告
著(编)者：梁志峰　2018年5月出版 / 估价：128.00元
PSN B-2014-394-6/8

湖南蓝皮书
2018年湖南经济发展报告
著(编)者：卞鹰　2018年5月出版 / 估价：128.00元
PSN B-2011-207-2/8

湖南蓝皮书
2016年湖南经济展望
著(编)者：梁志峰　2018年5月出版 / 估价：128.00元
PSN B-2011-206-1/8

湖南蓝皮书
2018年湖南县域经济社会发展报告
著(编)者：梁志峰　2018年5月出版 / 估价：128.00元
PSN B-2014-395-7/8

湖南县域绿皮书
湖南县域发展报告（No.5）
著(编)者：袁准　周小毛　黎仁寅
2018年3月出版 / 估价：99.00元
PSN G-2012-274-1/1

沪港蓝皮书
沪港发展报告（2018）
著(编)者：尤安山　2018年9月出版 / 估价：99.00元
PSN B-2013-362-1/1

吉林蓝皮书
2018年吉林经济社会形势分析与预测
著(编)者：邵汉明　2017年12月出版 / 估价：99.00元
PSN B-2013-319-1/1

吉林省城市竞争力蓝皮书
吉林省城市竞争力报告（2018~2019）
著(编)者：崔岳春　张磊　2018年12月出版 / 估价：99.00元
PSN B-2016-513-1/1

济源蓝皮书
济源经济社会发展报告（2018）
著(编)者：喻新安　2018年4月出版 / 估价：99.00元
PSN B-2014-387-1/1

江苏蓝皮书
2018年江苏经济发展分析与展望
著(编)者：王庆五　吴先满　2018年7月出版 / 估价：128.00元
PSN B-2017-635-1/3

江西蓝皮书
江西经济社会发展报告（2018）
著(编)者：陈石俊　龚建文　2018年10月出版 / 估价：128.00元
PSN B-2015-484-1/2

江西蓝皮书
江西设区市发展报告（2018）
著(编)者：姜玮　梁勇　2018年10月出版 / 估价：99.00元
PSN B-2016-517-2/2

经济特区蓝皮书
中国经济特区发展报告（2017）
著(编)者：陶一桃　2018年1月出版 / 估价：99.00元
PSN B-2009-139-1/1

辽宁蓝皮书
2018年辽宁经济社会形势分析与预测
著(编)者：梁启东　魏红江　2018年6月出版 / 估价：99.00元
PSN B-2006-053-1/1

民族经济蓝皮书
中国民族地区经济发展报告（2018）
著(编)者：李曦辉　2018年7月出版 / 估价：99.00元
PSN B-2017-630-1/1

南宁蓝皮书
南宁经济发展报告（2018）
著(编)者：胡建华　2018年9月出版 / 估价：99.00元
PSN B-2016-569-2/3

浦东新区蓝皮书
上海浦东经济发展报告（2018）
著(编)者：沈开艳　周奇　2018年2月出版 / 估价：99.00元
PSN B-2011-225-1/1

青海蓝皮书
2018年青海经济社会形势分析与预测
著(编)者：陈玮　2017年12月出版 / 估价：99.00元
PSN B-2012-275-1/2

山东蓝皮书
山东经济形势分析与预测（2018）
著(编)者：李广杰　2018年7月出版 / 估价：99.00元
PSN B-2014-404-1/5

山东蓝皮书
山东省普惠金融发展报告（2018）
著(编)者：齐鲁财富网
2018年9月出版 / 估价：99.00元
PSN B2017-676-5/5

山西蓝皮书
山西资源型经济转型发展报告（2018）
著(编)者：李志强　2018年7月出版 / 估价：99.00元
PSN B-2011-197-1/1

陕西蓝皮书
陕西经济发展报告（2018）
著(编)者：任宗哲　白宽犁　裴成荣
2018年1月出版 / 估价：99.00元
PSN B-2009-135-1/6

陕西蓝皮书
陕西精准脱贫研究报告（2018）
著(编)者：任宗哲　白宽犁　王建康
2018年6月出版 / 估价：99.00元
PSN B-2017-623-6/6

上海蓝皮书
上海经济发展报告（2018）
著(编)者：沈开艳
2018年2月出版 / 估价：99.00元
PSN B-2006-057-1/7

上海蓝皮书
上海资源环境发展报告（2018）
著(编)者：周冯琦　汤庆合
2018年2月出版 / 估价：99.00元
PSN B-2006-060-4/7

上饶蓝皮书
上饶发展报告（2016~2017）
著(编)者：廖其志　2018年3月出版 / 估价：128.00元
PSN B-2014-377-1/1

深圳蓝皮书
深圳经济发展报告（2018）
著(编)者：张骁儒　2018年6月出版 / 估价：99.00元
PSN B-2008-112-3/7

四川蓝皮书
四川城镇化发展报告（2018）
著(编)者：侯水平　陈炜
2018年4月出版 / 估价：99.00元
PSN B-2015-456-7/7

四川蓝皮书
2018年四川经济形势分析与预测
著(编)者: 杨钢   2018年1月出版 / 估价: 99.00元
PSN B-2007-098-2/7

四川蓝皮书
四川企业社会责任研究报告（2017~2018）
著(编)者: 侯水平 盛毅   2018年5月出版 / 估价: 99.00元
PSN B-2014-386-4/7

四川蓝皮书
四川生态建设报告（2018）
著(编)者: 李晟之   2018年5月出版 / 估价: 99.00元
PSN B-2015-455-6/7

体育蓝皮书
上海体育产业发展报告（2017~2018）
著(编)者: 张林 黄海燕   2018年10月出版 / 估价: 99.00元
PSN B-2015-454-4/5

体育蓝皮书
长三角地区体育产业发展报告（2017~2018）
著(编)者: 张林   2018年4月出版 / 估价: 99.00元
PSN B-2015-453-3/5

天津金融蓝皮书
天津金融发展报告（2018）
著(编)者: 王爱俭 孔德昌   2018年3月出版 / 估价: 99.00元
PSN B-2014-418-1/1

图们江区域合作蓝皮书
图们江区域合作发展报告（2018）
著(编)者: 李铁   2018年6月出版 / 估价: 99.00元
PSN B-2015-464-1/1

温州蓝皮书
2018年温州经济社会形势分析与预测
著(编)者: 蒋儒标 王春光 金浩
2018年4月出版 / 估价: 99.00元
PSN B-2008-105-1/1

西咸新区蓝皮书
西咸新区发展报告（2018）
著(编)者: 李扬 王军
2018年6月出版 / 估价: 99.00元
PSN B-2016-534-1/1

修武蓝皮书
修武经济社会发展报告（2018）
著(编)者: 张占仓 袁凯声
2018年10月出版 / 估价: 99.00元
PSN B-2017-651-1/1

偃师蓝皮书
偃师经济社会发展报告（2018）
著(编)者: 张占仓 袁凯声 何武周
2018年7月出版 / 估价: 99.00元
PSN B-2017-627-1/1

扬州蓝皮书
扬州经济社会发展报告（2018）
著(编)者: 陈扬
2018年12月出版 / 估价: 108.00元
PSN B-2011-191-1/1

长垣蓝皮书
长垣经济社会发展报告（2018）
著(编)者: 张占仓 袁凯声 秦保建
2018年10月出版 / 估价: 99.00元
PSN B-2017-654-1/1

遵义蓝皮书
遵义发展报告（2018）
著(编)者: 邓彦 曾征 龚永育
2018年9月出版 / 估价: 99.00元
PSN B-2014-433-1/1

地方发展类-社会

安徽蓝皮书
安徽社会发展报告（2018）
著(编)者: 程桦   2018年4月出版 / 估价: 99.00元
PSN B-2013-325-1/1

安徽社会建设蓝皮书
安徽社会建设分析报告（2017~2018）
著(编)者: 黄家海 蔡宪
2018年11月出版 / 估价: 99.00元
PSN B-2013-322-1/1

北京蓝皮书
北京公共服务发展报告（2017~2018）
著(编)者: 施昌奎   2018年3月出版 / 估价: 99.00元
PSN B-2008-103-7/8

北京蓝皮书
北京社会发展报告（2017~2018）
著(编)者: 李伟东
2018年7月出版 / 估价: 99.00元
PSN B-2006-055-3/8

北京蓝皮书
北京社会治理发展报告（2017~2018）
著(编)者: 殷星辰   2018年7月出版 / 估价: 99.00元
PSN B-2014-391-8/8

北京律师蓝皮书
北京律师发展报告 No.3（2018）
著(编)者: 王隽   2018年12月出版 / 估价: 99.00元
PSN B-2011-217-1/1

北京人才蓝皮书
北京人才发展报告（2018）
著（编）者：敏华　2018年12月出版 / 估价：128.00元
PSN B-2011-201-1/1

北京社会心态蓝皮书
北京社会心态分析报告（2017~2018）
北京市社会心理服务促进中心
2018年10月出版 / 估价：99.00元
PSN B-2014-422-1/1

北京社会组织管理蓝皮书
北京社会组织发展与管理（2018）
著（编）者：黄江松
2018年4月出版 / 估价：99.00元
PSN B-2015-446-1/1

北京养老产业蓝皮书
北京居家养老发展报告（2018）
著（编）者：陆杰华　周明明
2018年8月出版 / 估价：99.00元
PSN B-2015-465-1/1

法治蓝皮书
四川依法治省年度报告No.4（2018）
著（编）者：李林　杨天宗　田禾
2018年3月出版 / 估价：118.00元
PSN B-2015-447-2/3

福建妇女发展蓝皮书
福建省妇女发展报告（2018）
著（编）者：刘群英　2018年11月出版 / 估价：99.00元
PSN B-2011-220-1/1

甘肃蓝皮书
甘肃社会发展分析与预测（2018）
著（编）者：安文华　包晓霞　谢增虎
2018年1月出版 / 估价：99.00元
PSN B-2013-313-2/6

广东蓝皮书
广东全面深化改革研究报告（2018）
著（编）者：周林生　涂成林
2018年12月出版 / 估价：99.00元
PSN B-2015-504-3/3

广东蓝皮书
广东社会工作发展报告（2018）
著（编）者：罗观翠　2018年6月出版 / 估价：99.00元
PSN B-2014-402-2/3

广州蓝皮书
广州青年发展报告（2018）
著（编）者：徐柳　张强
2018年8月出版 / 估价：99.00元
PSN B-2013-352-13/14

广州蓝皮书
广州社会保障发展报告（2018）
著（编）者：张跃国　2018年8月出版 / 估价：99.00元
PSN B-2014-425-14/14

广州蓝皮书
2018年中国广州社会形势分析与预测
著（编）者：张强　郭志勇　何镜清
2018年6月出版 / 估价：99.00元
PSN B-2008-110-5/14

贵州蓝皮书
贵州法治发展报告（2018）
著（编）者：吴大华　2018年5月出版 / 估价：99.00元
PSN B-2012-254-2/10

贵州蓝皮书
贵州人才发展报告（2017）
著（编）者：于杰　吴大华
2018年9月出版 / 估价：99.00元
PSN B-2014-382-3/10

贵州蓝皮书
贵州社会发展报告（2018）
著（编）者：王兴骥　2018年4月出版 / 估价：99.00元
PSN B-2010-166-1/10

杭州蓝皮书
杭州妇女发展报告（2018）
著（编）者：魏颖　2018年10月出版 / 估价：99.00元
PSN B-2014-403-1/1

河北蓝皮书
河北法治发展报告（2018）
著（编）者：康振海　2018年6月出版 / 估价：99.00元
PSN B-2017-622-3/3

河北食品药品安全蓝皮书
河北食品药品安全研究报告（2018）
著（编）者：丁锦霞　2018年10月出版 / 估价：99.00元
PSN B-2015-473-1/1

河南蓝皮书
河南法治发展报告（2018）
著（编）者：张林海　2018年7月出版 / 估价：99.00元
PSN B-2014-376-6/9

河南蓝皮书
2018年河南社会形势分析与预测
著（编）者：牛苏林　2018年5月出版 / 估价：99.00元
PSN B-2005-043-1/9

河南民办教育蓝皮书
河南民办教育发展报告（2018）
著（编）者：胡大白　2018年9月出版 / 估价：99.00元
PSN B-2017-642-1/1

黑龙江蓝皮书
黑龙江社会发展报告（2018）
著（编）者：谢宝禄　2018年1月出版 / 估价：99.00元
PSN B-2011-189-1/2

湖南蓝皮书
2018年湖南两型社会与生态文明建设报告
著（编）者：卞鹰　2018年5月出版 / 估价：128.00元
PSN B-2011-208-3/8

湖南蓝皮书
2018年湖南社会发展报告
著（编）者：卞鹰　2018年5月出版 / 估价：128.00元
PSN B-2014-393-5/8

健康城市蓝皮书
北京健康城市建设研究报告（2018）
著（编）者：王鸿春　盛继洪　2018年9月出版 / 估价：99.00元
PSN B-2015-460-1/2

江苏法治蓝皮书
江苏法治发展报告No.6（2017）
著(编)者：蔡道通 龚廷泰　2018年8月出版 / 估价：99.00元
PSN B-2012-290-1/1

江苏蓝皮书
2018年江苏社会发展分析与展望
著(编)者：王庆五 刘旺洪　2018年8月出版 / 估价：128.00元
PSN B-2017-636-2/3

南宁蓝皮书
南宁法治发展报告（2018）
著(编)者：杨维超　2018年12月出版 / 估价：99.00元
PSN B-2015-509-1/3

南宁蓝皮书
南宁社会发展报告（2018）
著(编)者：胡建华　2018年10月出版 / 估价：99.00元
PSN B-2016-570-3/3

内蒙古蓝皮书
内蒙古反腐倡廉建设报告No.2
著(编)者：张志华　2018年6月出版 / 估价：99.00元
PSN B-2013-365-1/1

青海蓝皮书
2018年青海人才发展报告
著(编)者：王宇燕　2018年9月出版 / 估价：99.00元
PSN B-2017-650-2/2

青海生态文明建设蓝皮书
青海生态文明建设报告（2018）
著(编)者：张西明 高华　2018年12月出版 / 估价：99.00元
PSN B-2016-595-1/1

人口与健康蓝皮书
深圳人口与健康发展报告（2018）
著(编)者：陆杰华 傅崇辉　2018年11月出版 / 估价：99.00元
PSN B-2011-228-1/1

山东蓝皮书
山东社会形势分析与预测（2018）
著(编)者：李善峰　2018年6月出版 / 估价：99.00元
PSN B-2014-405-2/5

陕西蓝皮书
陕西社会发展报告（2018）
著(编)者：任宗哲 白宽犁 牛昉　2018年1月出版 / 估价：99.00元
PSN B-2009-136-2/6

上海蓝皮书
上海法治发展报告（2018）
著(编)者：叶必丰　2018年9月出版 / 估价：99.00元
PSN B-2012-296-6/7

上海蓝皮书
上海社会发展报告（2018）
著(编)者：杨雄 周海旺
2018年2月出版 / 估价：99.00元
PSN B-2006-058-2/7

社会建设蓝皮书
2018年北京社会建设分析报告
著(编)者：宋贵伦 冯虹　2018年9月出版 / 估价：99.00元
PSN B-2010-173-1/1

深圳蓝皮书
深圳法治发展报告（2018）
著(编)者：张骁儒　2018年6月出版 / 估价：99.00元
PSN B-2015-470-6/7

深圳蓝皮书
深圳劳动关系发展报告（2018）
著(编)者：汤庭芬　2018年8月出版 / 估价：99.00元
PSN B-2007-097-2/7

深圳蓝皮书
深圳社会治理与发展报告（2018）
著(编)者：张骁儒　2018年6月出版 / 估价：99.00元
PSN B-2008-113-4/7

生态安全绿皮书
甘肃国家生态安全屏障建设发展报告（2018）
著(编)者：刘举科 喜文华
2018年10月出版 / 估价：99.00元
PSN G-2017-659-1/1

顺义社会建设蓝皮书
北京市顺义区社会建设发展报告（2018）
著(编)者：王学武　2018年9月出版 / 估价：99.00元
PSN B-2017-658-1/1

四川蓝皮书
四川法治发展报告（2018）
著(编)者：郑泰安　2018年1月出版 / 估价：99.00元
PSN B-2015-441-5/7

四川蓝皮书
四川社会发展报告（2018）
著(编)者：李羚　2018年6月出版 / 估价：99.00元
PSN B-2008-127-3/7

云南社会治理蓝皮书
云南社会治理年度报告（2017）
著(编)者：晏雄 韩全芳
2018年5月出版 / 估价：99.00元
PSN B-2017-667-1/1

地方发展类-文化

北京传媒蓝皮书
北京新闻出版广电发展报告（2017~2018）
著(编)者：王志　2018年11月出版 / 估价：99.00元
PSN B-2016-588-1/1

北京蓝皮书
北京文化发展报告（2017~2018）
著(编)者：李建盛　2018年5月出版 / 估价：99.00元
PSN B-2007-082-4/8

创意城市蓝皮书
北京文化创意产业发展报告（2018）
著(编)者：郭万超 张京成　2018年12月出版 / 估价：99.00元
PSN B-2012-263-1/7

创意城市蓝皮书
天津文化创意产业发展报告（2017～2018）
著(编)者：谢思全　2018年6月出版 / 估价：99.00元
PSN B-2016-536-7/7

创意城市蓝皮书
武汉文化创意产业发展报告（2018）
著(编)者：黄永林 陈汉桥　2018年12月出版 / 估价：99.00元
PSN B-2013-354-4/7

创意上海蓝皮书
上海文化创意产业发展报告（2017～2018）
著(编)者：王慧敏 王兴全　2018年8月出版 / 估价：99.00元
PSN B-2016-561-1/1

非物质文化遗产蓝皮书
广州市非物质文化遗产保护发展报告（2018）
著(编)者：宋俊华　2018年12月出版 / 估价：99.00元
PSN B-2016-589-1/1

甘肃蓝皮书
甘肃文化发展分析与预测（2018）
著(编)者：王俊莲 周小华　2018年1月出版 / 估价：99.00元
PSN B-2013-314-3/6

甘肃蓝皮书
甘肃舆情分析与预测（2018）
著(编)者：陈双梅 张谦元　2018年1月出版 / 估价：99.00元
PSN B-2013-315-4/6

广州蓝皮书
中国广州文化发展报告（2018）
著(编)者：屈哨兵 陆志强　2018年6月出版 / 估价：99.00元
PSN B-2009-134-7/14

广州蓝皮书
广州文化创意产业发展报告（2018）
著(编)者：徐咏虹　2018年7月出版 / 估价：99.00元
PSN B-2008-111-6/14

海淀蓝皮书
海淀区文化和科技融合发展报告（2018）
著(编)者：陈名杰 孟景伟　2018年5月出版 / 估价：99.00元
PSN B-2013-329-1/1

河南蓝皮书
河南文化发展报告（2018）
著(编)者：卫绍生　2018年7月出版 / 估价：99.00元
PSN B-2008-106-2/9

湖北文化产业蓝皮书
湖北省文化产业发展报告（2018）
著(编)者：黄晓华　2018年9月出版 / 估价：99.00元
PSN B-2017-656-1/1

湖北文化蓝皮书
湖北文化发展报告（2017~2018）
著(编)者：湖北大学高等人文研究院
　　　　　中华文化发展湖北省协同创新中心
2018年10月出版 / 估价：99.00元
PSN B-2016-566-1/1

江苏蓝皮书
2018年江苏文化发展分析与展望
著(编)者：王庆五 樊和平　2018年9月出版 / 估价：128.00元
PSN B-2017-637-3/3

江西文化蓝皮书
江西非物质文化遗产发展报告（2018）
著(编)者：张圣才 傅安平　2018年12月出版 / 估价：128.00元
PSN B-2015-499-1/1

洛阳蓝皮书
洛阳文化发展报告（2018）
著(编)者：刘福兴 陈启明　2018年7月出版 / 估价：99.00元
PSN B-2015-476-1/1

南京蓝皮书
南京文化发展报告（2018）
著(编)者：中共南京市委宣传部
2018年12月出版 / 估价：99.00元
PSN B-2014-439-1/1

宁波文化蓝皮书
宁波"一人一艺" 全民艺术普及发展报告（2017）
著(编)者：张爱琴　2018年11月出版 / 估价：128.00元
PSN B-2017-668-1/1

山东蓝皮书
山东文化发展报告（2018）
著(编)者：涂可国　2018年5月出版 / 估价：99.00元
PSN B-2014-406-3/5

陕西蓝皮书
陕西文化发展报告（2018）
著(编)者：任宗哲 白宽犁 王长寿
2018年1月出版 / 估价：99.00元
PSN B-2009-137-3/6

上海蓝皮书
上海传媒发展报告（2018）
著(编)者：强荧 焦雨虹　2018年2月出版 / 估价：99.00元
PSN B-2012-295-5/7

上海蓝皮书
上海文学发展报告（2018）
著(编)者：陈圣来　2018年6月出版 / 估价：99.00元
PSN B-2012-297-7/7

上海蓝皮书
上海文化发展报告（2018）
著(编)者：荣跃明　2018年2月出版 / 估价：99.00元
PSN B-2006-059-3/7

深圳蓝皮书
深圳文化发展报告（2018）
著(编)者：张骁儒　2018年7月出版 / 估价：99.00元
PSN B-2016-554-7/7

四川蓝皮书
四川文化产业发展报告（2018）
著(编)者：向宝云 张立伟　2018年4月出版 / 估价：99.00元
PSN B-2006-074-1/7

郑州蓝皮书
2018年郑州文化发展报告
著(编)者：王哲　2018年9月出版 / 估价：99.00元
PSN B-2008-107-1/1

❖ 皮书起源 ❖

"皮书"起源于十七、十八世纪的英国，主要指官方或社会组织正式发表的重要文件或报告，多以"白皮书"命名。在中国，"皮书"这一概念被社会广泛接受，并被成功运作、发展成为一种全新的出版形态，则源于中国社会科学院社会科学文献出版社。

❖ 皮书定义 ❖

皮书是对中国与世界发展状况和热点问题进行年度监测，以专业的角度、专家的视野和实证研究方法，针对某一领域或区域现状与发展态势展开分析和预测，具备原创性、实证性、专业性、连续性、前沿性、时效性等特点的公开出版物，由一系列权威研究报告组成。

❖ 皮书作者 ❖

皮书系列的作者以中国社会科学院、著名高校、地方社会科学院的研究人员为主，多为国内一流研究机构的权威专家学者，他们的看法和观点代表了学界对中国与世界的现实和未来最高水平的解读与分析。

❖ 皮书荣誉 ❖

皮书系列已成为社会科学文献出版社的著名图书品牌和中国社会科学院的知名学术品牌。2016 年，皮书系列正式列入"十三五"国家重点出版规划项目；2013~2018 年，重点皮书列入中国社会科学院承担的国家哲学社会科学创新工程项目；2018 年，59 种院外皮书使用"中国社会科学院创新工程学术出版项目"标识。

中国皮书网

（网址：www.pishu.cn）

发布皮书研创资讯，传播皮书精彩内容
引领皮书出版潮流，打造皮书服务平台

栏目设置

关于皮书：何谓皮书、皮书分类、皮书大事记、皮书荣誉、

　　　　　皮书出版第一人、皮书编辑部

最新资讯：通知公告、新闻动态、媒体聚焦、网站专题、视频直播、下载专区

皮书研创：皮书规范、皮书选题、皮书出版、皮书研究、研创团队

皮书评奖评价：指标体系、皮书评价、皮书评奖

互动专区：皮书说、社科数托邦、皮书微博、留言板

所获荣誉

2008 年、2011 年，中国皮书网均在全国新闻出版业网站荣誉评选中获得"最具商业价值网站"称号；

2012 年，获得"出版业网站百强"称号。

网库合一

2014 年，中国皮书网与皮书数据库端口合一，实现资源共享。

权威报告·一手数据·特色资源

皮书数据库
ANNUAL REPORT(YEARBOOK)
DATABASE

当代中国经济与社会发展高端智库平台

所获荣誉

- 2016年，入选"'十三五'国家重点电子出版物出版规划骨干工程"
- 2015年，荣获"搜索中国正能量 点赞2015""创新中国科技创新奖"
- 2013年，荣获"中国出版政府奖·网络出版物奖"提名奖
- 连续多年荣获中国数字出版博览会"数字出版·优秀品牌"奖

成为会员

通过网址www.pishu.com.cn或使用手机扫描二维码进入皮书数据库网站，进行手机号码验证或邮箱验证即可成为皮书数据库会员（建议通过手机号码快速验证注册）。

会员福利

- 使用手机号码首次注册的会员，账号自动充值100元体验金，可直接购买和查看数据库内容（仅限使用手机号码快速注册）。
- 已注册用户购书后可免费获赠100元皮书数据库充值卡。刮开充值卡涂层获取充值密码，登录并进入"会员中心"—"在线充值"—"充值卡充值"，充值成功后即可购买和查看数据库内容。

数据库服务热线：400-008-6695　　　　图书销售热线：010-59367070/7028
数据库服务QQ：2475522410　　　　　　图书服务QQ：1265056568
数据库服务邮箱：database@ssap.cn　　　图书服务邮箱：duzhe@ssap.cn

更多信息请登录

皮书数据库
http://www.pishu.com.cn

中国皮书网
http://www.pishu.cn

皮书微博
http://weibo.com/pishu

皮书微信"皮书说"

咨询 / 邮购电话：010-59367028　59367070

邮　　箱：duzhe@ssap.cn

邮购地址：北京市西城区北三环中路甲29号院3号楼
　　　　　华龙大厦13层读者服务中心

邮　　编：100029

银行户名：社会科学文献出版社

开户银行：中国工商银行北京北太平庄支行

账　　号：0200010019200365434